U0351761

# 人居动态 2015 XII

## 全国人居经典建筑规划设计方案竞赛获奖作品精选

郭志明 陈新 主编

華中科技大學出版社
http://www.hustp.com
中国·武汉

# 目录 CONTENTS

NTENTS

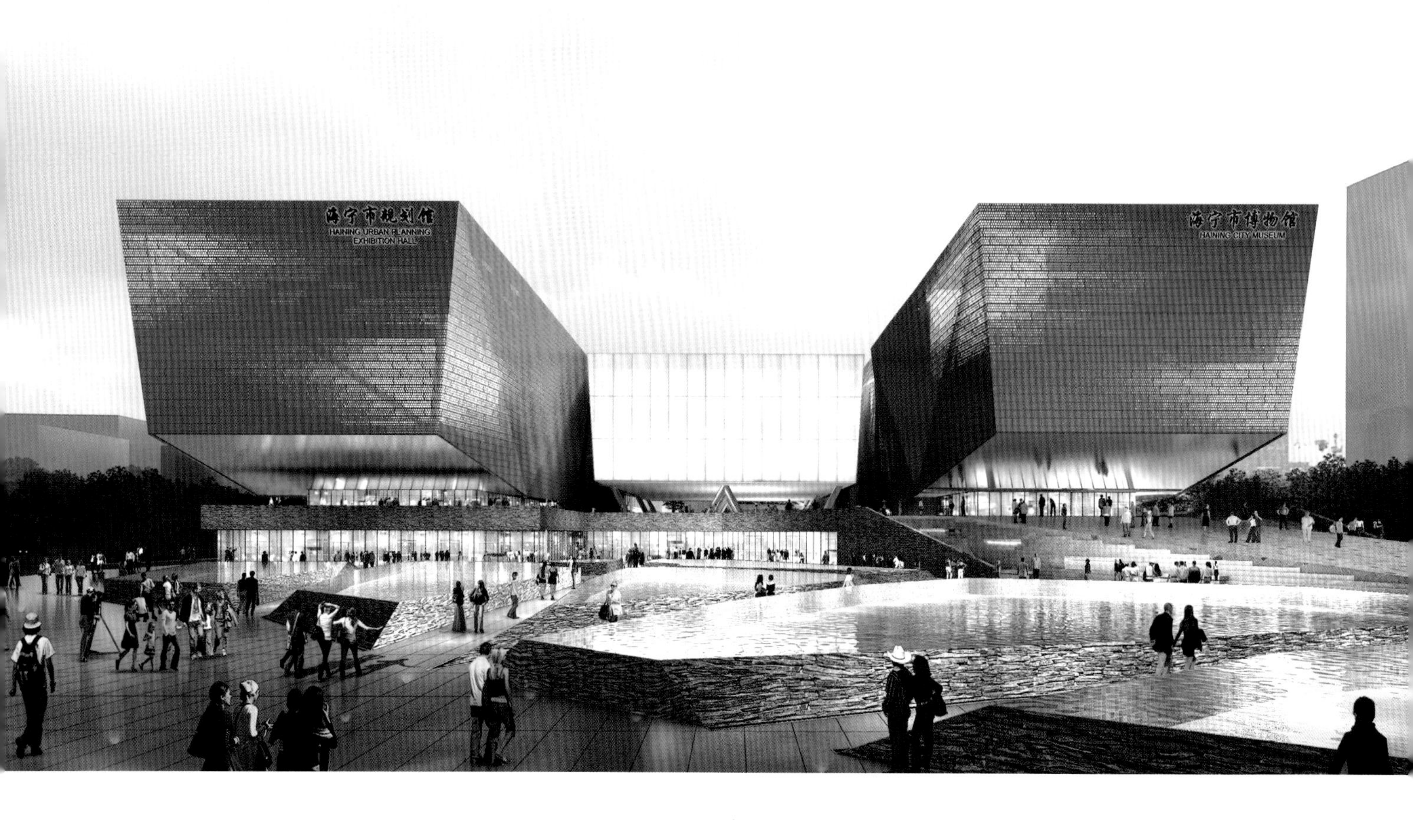


# 海宁 城乡规划馆博物馆

项目名称：海宁城乡规划馆博物馆
开发单位：海宁建设局
设计单位：蔺科（上海）建筑设计顾问有限公司

**技术经济指标**
用地面积：19 457m²
总建筑面积：32 416m²
地上建筑面积：22 491m²
容积率：1.16
建筑密度：44.3%

海宁市位于中国长江三角洲南翼、浙江省北部，是浙北第一经济强市。东距上海100km，西接杭州，南濒钱塘江。海宁气候四季分明，是典型的江南水乡，素有“鱼米之乡、丝绸之府、才子之乡、文化之邦、皮革之都”的美誉。

海宁市城乡规划馆博物馆综合体位于海宁市行政中心区块，学林街北侧，文苑路西侧，文理路东侧。项目用地北侧为海宁市住房和城乡规划建设局，西北侧为李善兰公园，南侧为海宁市城南新区综合体，项目基地位置十分重要。

按照功能要求，建筑被分为城乡规划馆和博物馆两部分。城乡规划馆位于北侧，与海宁

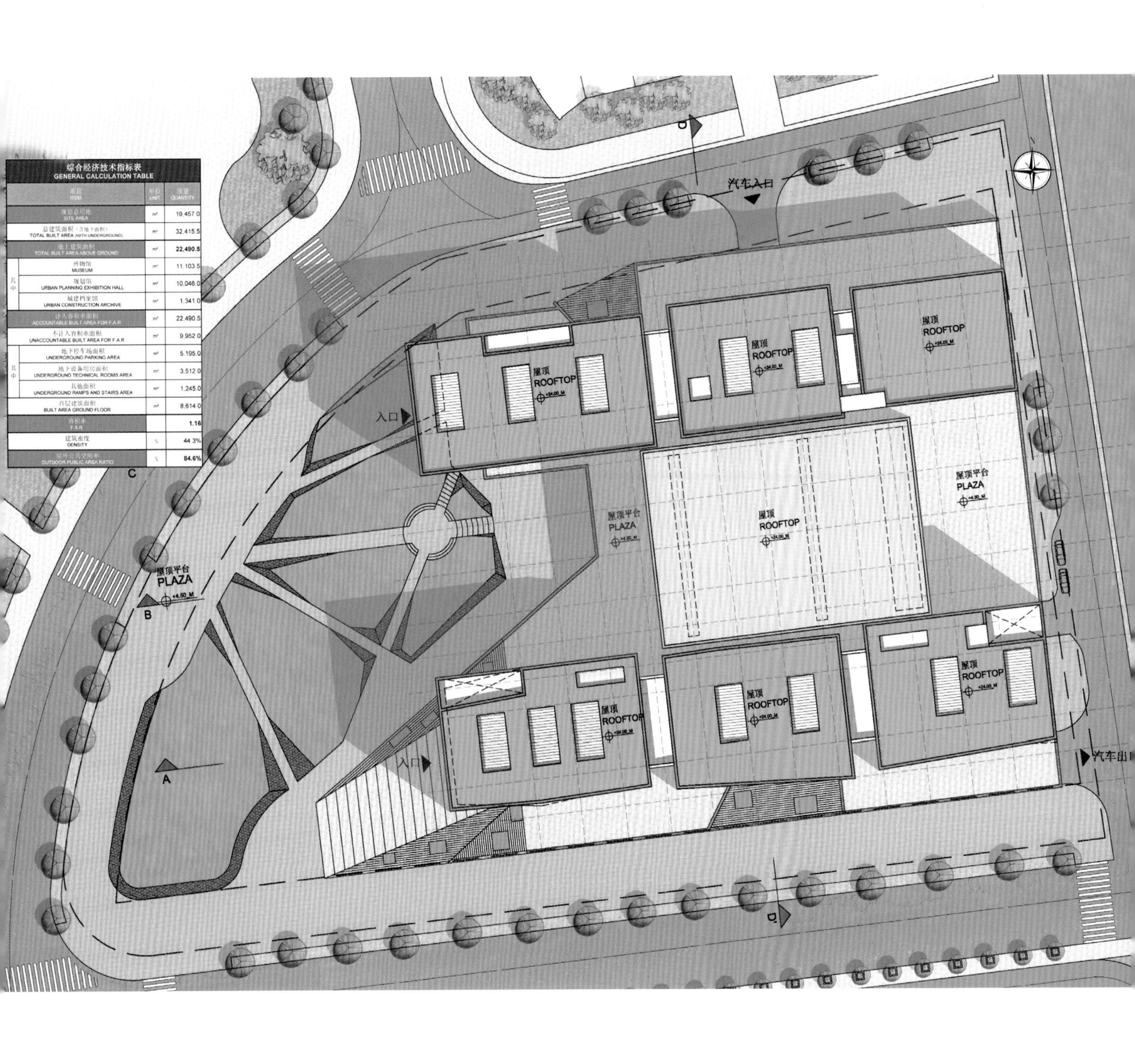

**综合经济技术指标表**
**GENERAL CALCULATION TABLE**

| | 项目 ITEM | 单位 UNIT | 数量 QUANTITY |
|---|---|---|---|
| | 规划总用地 SITE AREA | m² | 19,457.0 |
| | 总建筑面积（含地下面积） TOTAL BUILT AREA (WITH UNDERGROUND) | m² | 32,415.5 |
| | 地上建筑面积 TOTAL BUILT AREA ABOVE GROUND | m² | **22,490.5** |
| 其中 | 博物馆 MUSEUM | m² | 11,103.5 |
| | 规划馆 URBAN PLANNING EXHIBITION HALL | m² | 10,046.0 |
| | 城建档案馆 URBAN CONSTRUCTION ARCHIVE | m² | 1,341.0 |
| | 计入容积率面积 ACCOUNTABLE BUILT AREA FOR F.A.R | m² | 22,490.5 |
| | 不计入容积率面积 UNACCOUNTABLE BUILT AREA FOR F.A.R | m² | 9,952.0 |
| 其中 | 地下停车场面积 UNDERGROUND PARKING AREA | m² | 5,195.0 |
| | 地下设备用房面积 UNDERGROUND TECHNICAL ROOMS AREA | m² | 3,512.0 |
| | 其他面积 UNDERGROUND RAMPS AND STAIRS AREA | m² | 1,245.0 |
| | 首层建筑面积 BUILT AREA GROUND FLOOR | m² | 8,614.0 |
| | 容积率 F.A.R | | **1.16** |
| | 建筑密度 DENSITY | % | 44.3% |
| | 室外公共空间率 OUTDOOR PUBLIC AREA RATIO | % | **84.6%** |

海宁市规划馆
HAINING URBAN PLANNING
EXHIBITION HALL

市住房和城乡规划建设局产生对话；博物馆位于南侧，面向学林街，形成沿街立面，与城市产生对话。南北两个体块之间是城市规划模型展厅。博物馆和规划馆的库房与技术用房位于首层。

城乡规划馆和博物馆体块上移，与首层体块分开。这样，首层体块成为整个建筑的基座，增强了建筑的稳定感与厚重感。首层屋顶可作为屋顶平台，面向城市，对外开放。

观众可通过三个景观式坡道到达屋顶平台。不同位置的人流量不同，坡道的大小也不同。用地西侧靠近李善兰公园，人流量最大，因此在建筑主入口附近设置一个巨型坡道，连接室外广场与屋顶平台。建筑南侧和北侧分别设置较小的坡道，将人流从城市街道引入屋顶平台。上层体块被分为南北两个部分， 有利于两个

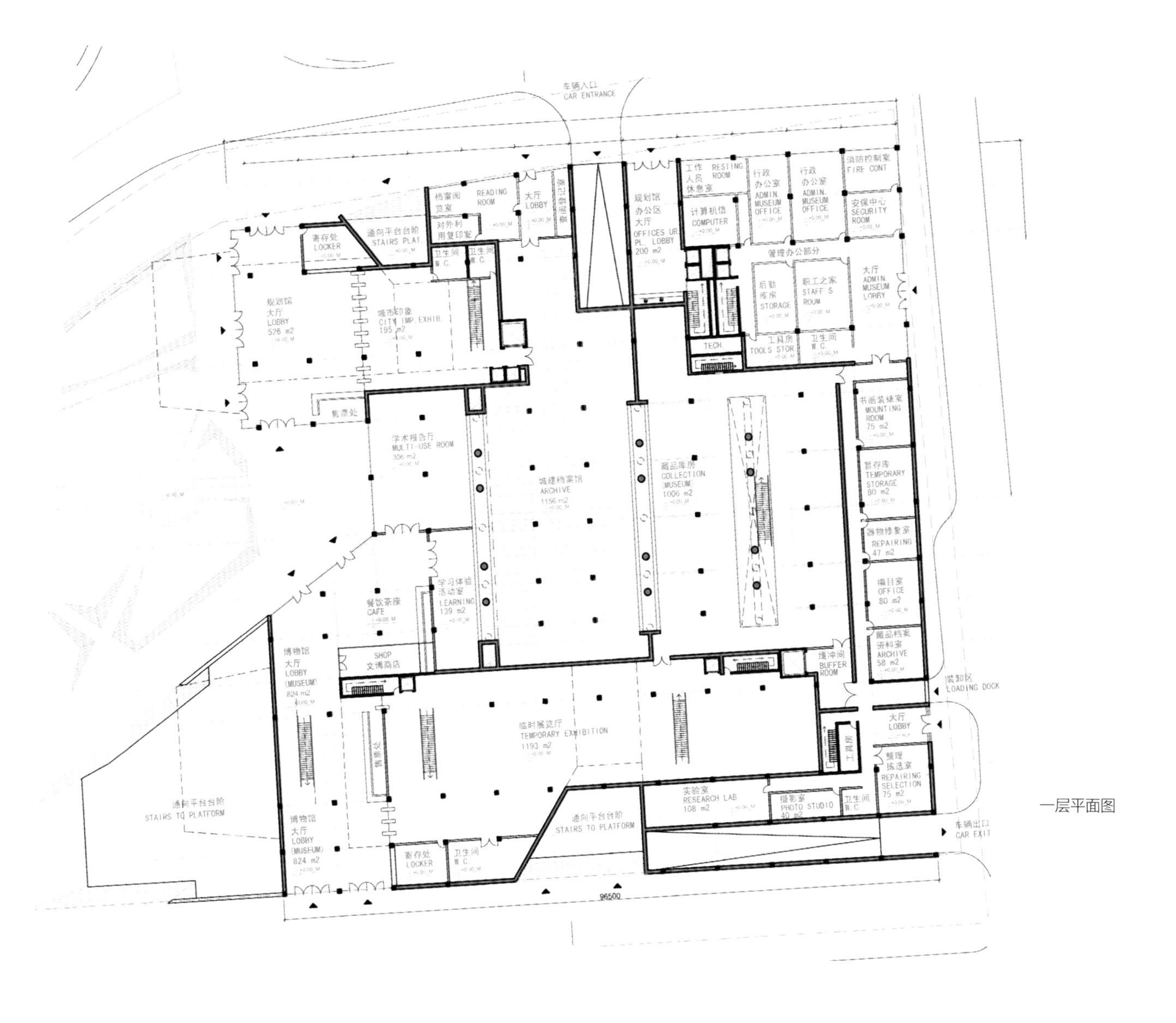


一层平面图

体块的采光与通风。

在入口广场上设置巨大的景观水面。水面被步行道分隔，步行道尽端成为小广场，步行道引导人流穿过水面，汇集到各个小广场，进而通过坡道，到达屋顶平台。

通过以上设计过程，最终完成了预想的建筑的功能与体块组合形式。

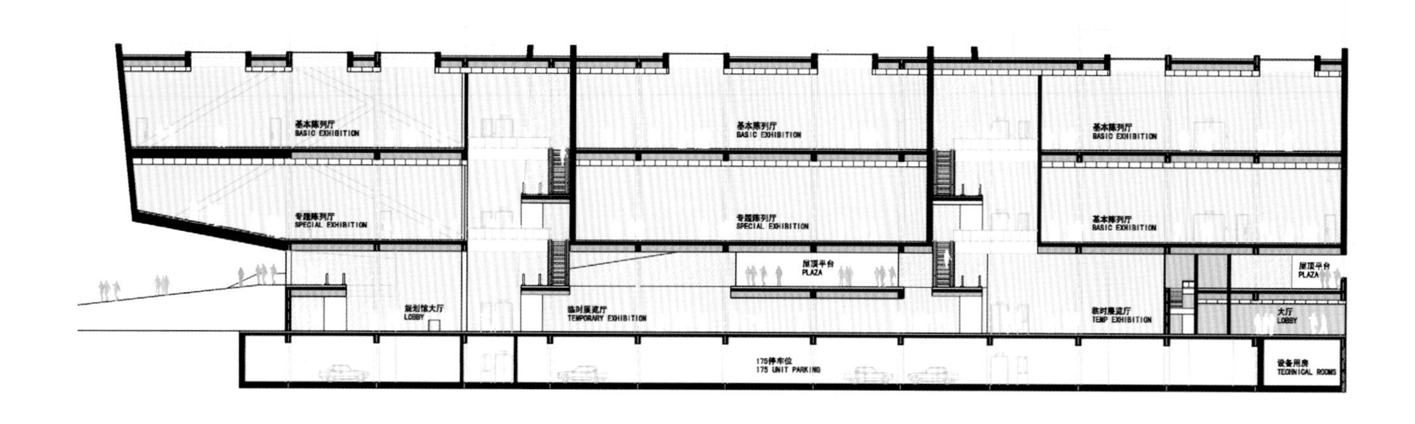

设备用房 TEC
室外交流空间
REST AREA
设备用房 TEC.
室内交流空间
公众互动及
规划公示区
INT. PLAY AREA
397m2
城市映像厅
CINEMA
250 m2
卫生间
W.C
设备用房
区县发展
TOWNS DEVELOPMENT
523 m2
其它办公室
URBAN
PLANNING
OFFICE
规划委员会业务用房
REST AREA
总体规划展区
URBAN PLANNING
CITY MODEL
1350m2
专题陈列厅
SPECIAL EXHIB
556 m2
专题陈列厅
SPECIAL EXHIB
454 m2
基本陈列厅
BASIC EXHIBITION
496 m2

三层平面图

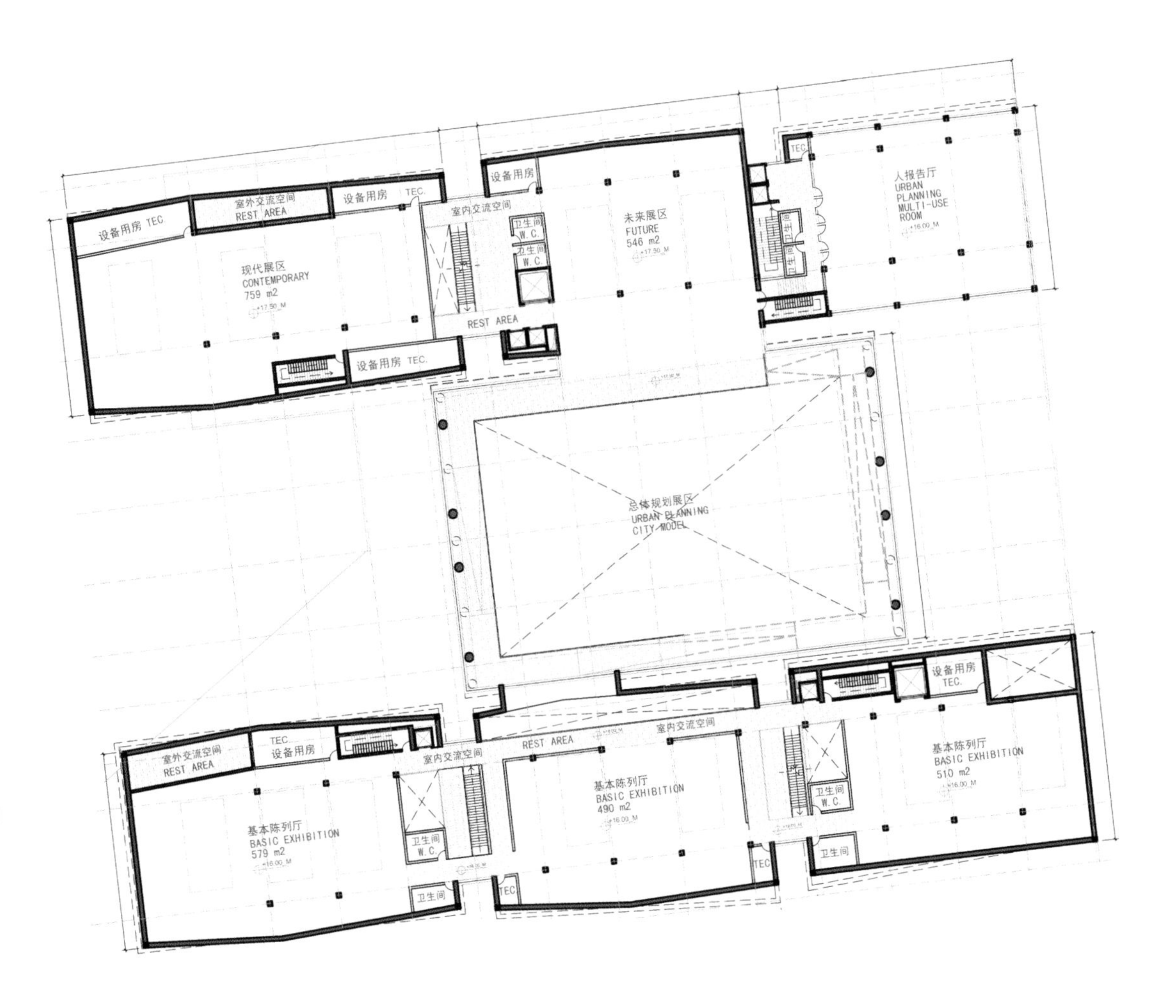
设备用房 TEC
室外交流空间
REST AREA
设备用房
TEC.
室内交流空间
现代展区
CONTEMPORARY
759 m2
卫生间
W.C
未来展区
FUTURE
546 m2
人报告厅
URBAN
PLANNING
MULTI-USE
ROOM
REST AREA
总体规划展区
URBAN PLANNING
CITY MODEL
基本陈列厅
BASIC EXHIBITION
579 m2
基本陈列厅
BASIC EXHIBITION
490 m2
基本陈列厅
BASIC EXHIBITION
510 m2

四层平面图

# 北京 保利·罗兰香谷二期

项目名称：保利·罗兰香谷二期
开发单位：北京润诚嘉信置业有限公司
设计单位：北京东方华脉工程设计有限公司

**技术经济指标**
用地面积：76 674m$^2$
总建筑面积：229 666m$^2$
地上建筑面积：175 155m$^2$
容积率：2.28
建筑密度：20%
绿化率：40%
户数：2059
停车位：1500

本项目位于北京市昌平区。昌平区位于北京市西北部，长城以南，军都山下，为历史文化名城，又是以发展旅游、高教、科技为主的首都卫星城，距北京城正北30km，自古为军事重镇，军事必争之地，是北京北大门，素有“京师之枕”“甲视诸州”之称。

基地位于昌平区沙河镇南一村，东临现状高压走廊，南至翠湖北路，西临福田居住区规划三路，北至沙阳路。基地被福田居住区规划二路分为南、北两侧，对外交通方便，距市区约

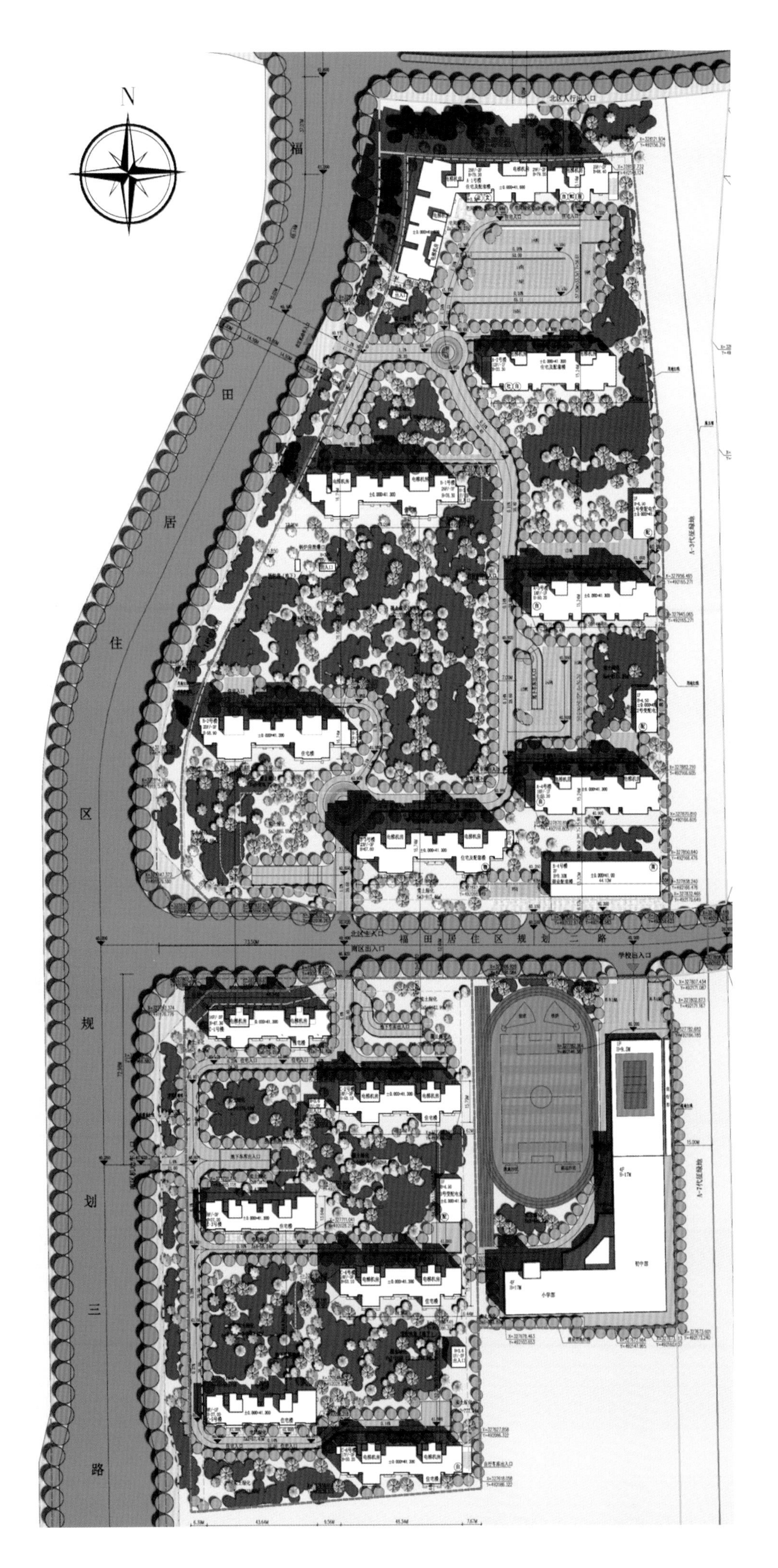
N
福
田
居
住
区
规
划
三
路
福田居住区规划二路
北区人行出入口
北区主入口
南区出入口
学校出入口

17km，北距昌平新城中心区7km，地处昌平新城沙河组团范围内，地理位置较好。

**建筑设计**

1. 户型定位以中等面积的改善型户型为主力户型，品质高端，户型方正，尺度适宜。

2. 楼梯、电梯布局紧凑，有效减少公摊面积，提高户型使用率，使该产品的性价比更趋合理，也因此将对潜在的消费人群产生更大的吸引力。

3. 大面宽，南北通透，为居住者提供了宽敞方正的生活起居空间及舒适的居住空间。平面布局尽量满足通风要求，以减少空调的使用，可营造更加舒适的居住空间。

4. 大面宽的转角窗、落地窗及景观阳台的设计，将室外的景观延展至室内，提供了亲近自然的条件，同时丰富了建筑的立面，也创造出了多变的灵动空间。

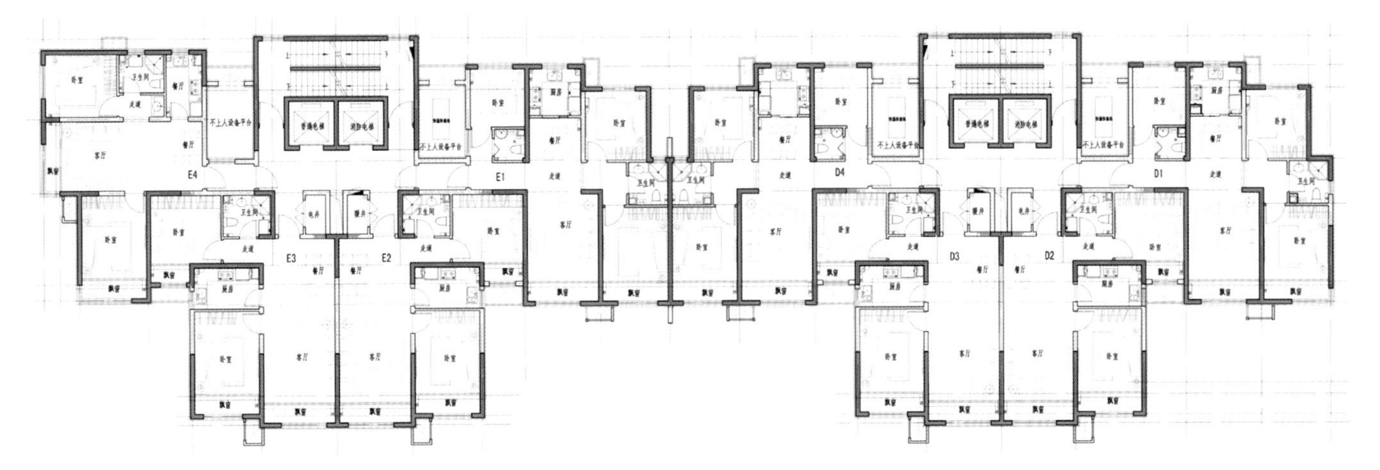

B-1、2号楼标准层平面图

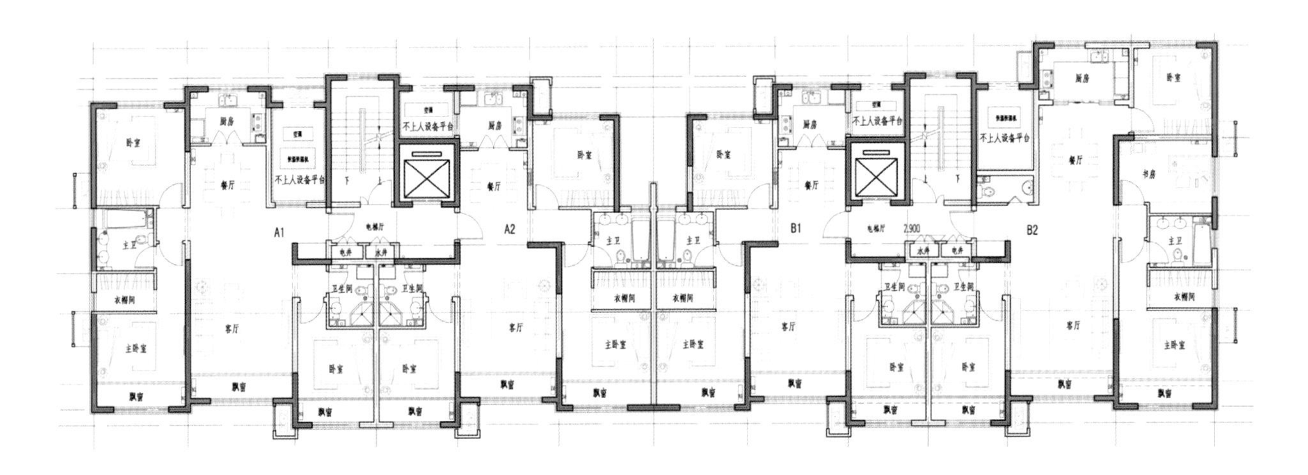

C-3、5号楼标准层平面图

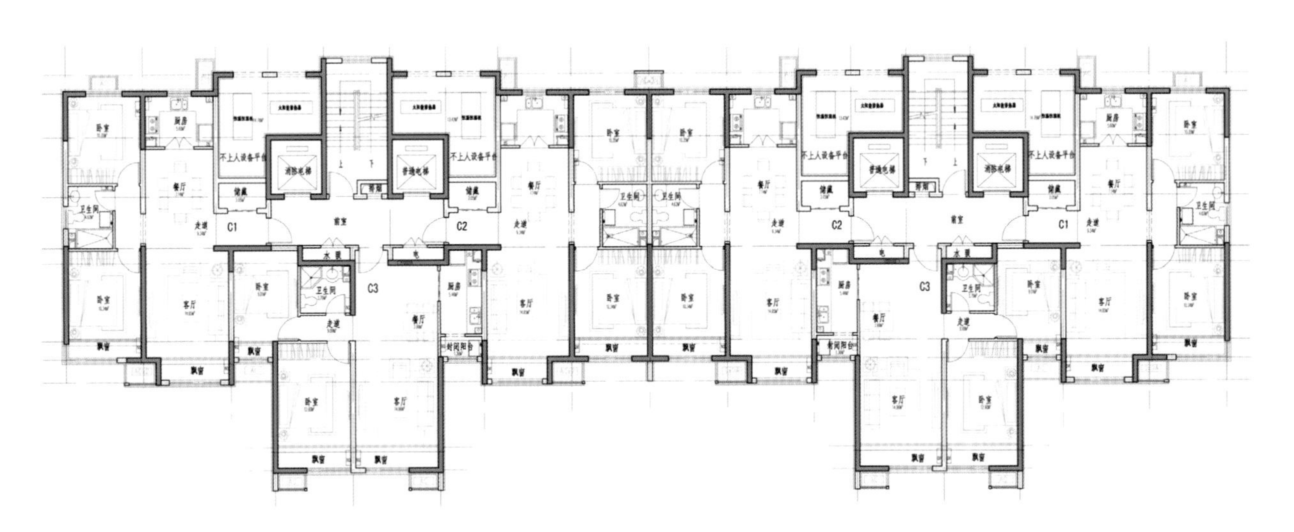

C-2、4、6号楼标准层平面图

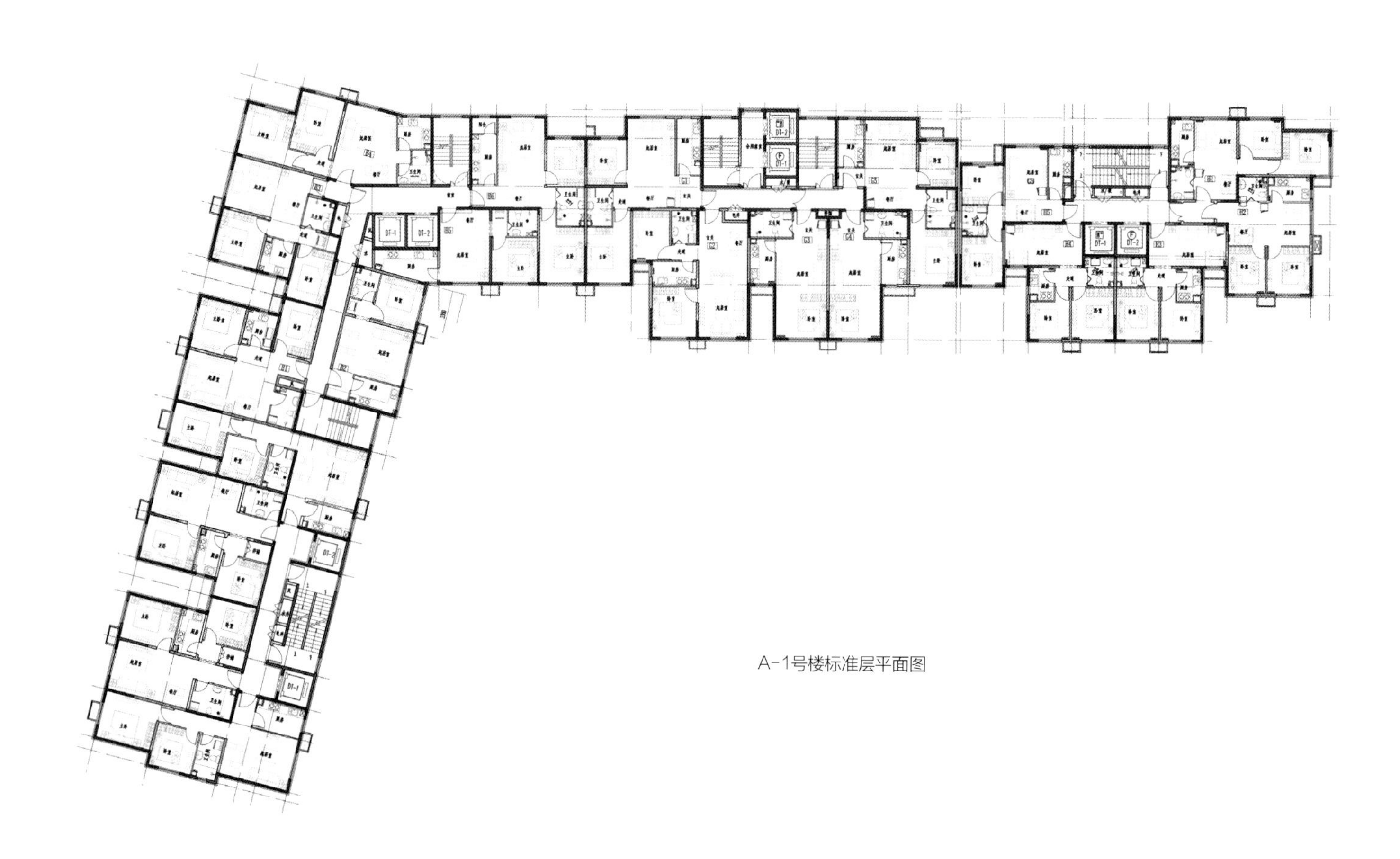

A-1号楼标准层平面图

学校一层平面图
学校二层平面图
学校三层平面图
学校四层平面图

# 盐城 高新区核心区世纪大道周边地块修建性详细规划

项目名称：盐城高新区核心区世纪大道周边地块修建性详细规划
开发单位：盐城咏恒投资发展有限公司
设计单位：华东建筑设计研究院有限公司规划建筑设计院

**技术经济指标**
用地面积：135 630m$^2$
总建筑面积：407 619m$^2$
地上建筑面积：296 100m$^2$
容积率：2.18
建筑密度：35.1%
绿化率：34%
停车位：2099

根据盐城市总体规划，未来盐城市的总体发展方向为南拓西进。老城区沿解放路—人民南路向南拓展城南新区，向西沿青年路、世纪大道发展高新区。

基地位于盐城市高新技术产业区河东片区的核心区域，南侧紧邻世纪大道，东侧为振兴路，西至火炬路，经三路沿南北方向从基地中部穿过，规划范围约32 hm$^2$, 建设用地约13.6 hm$^2$。

N
0
50
100
200
纬六路
马东河
虎踞路
马三路
彩虹路
世纪大道
办公
商业
酒店
娱乐
商业楼房
办公研发服务

基地南部世纪大道南侧为城市综合体，以精品五星级酒店、商场、超市、休闲餐饮等功能为主。基地北侧分布有居住社区、学校和医院。东侧有行政中心、招商和会议中心。

本基地将成为高新区商务中心的主要载体，成为盐城市的重要商务中心之一，服务的人群包括居民、政府工作人员、投资者、企业家、研发人员、创业者。其功能要求多元化、混合化，并具有一定的前瞻性。

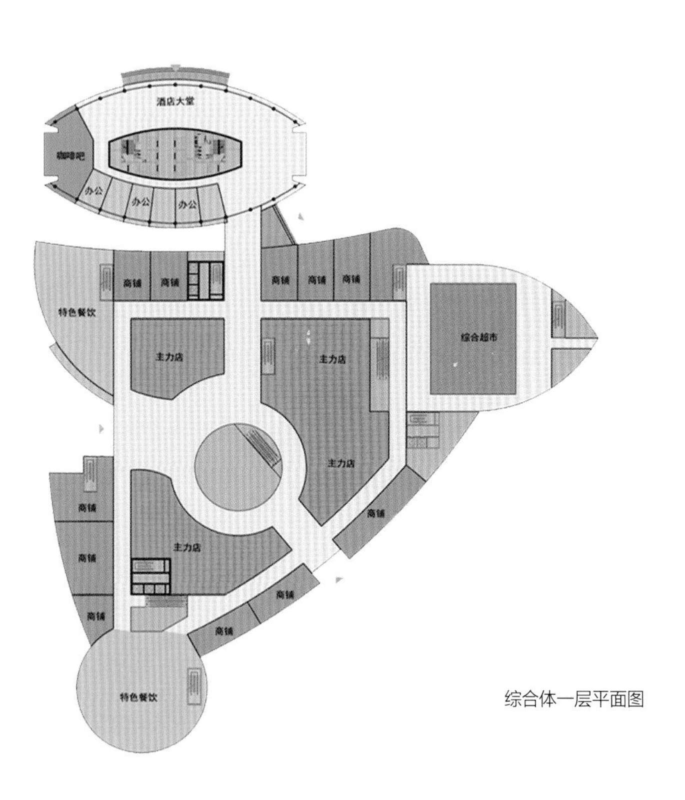

综合体一层平面图

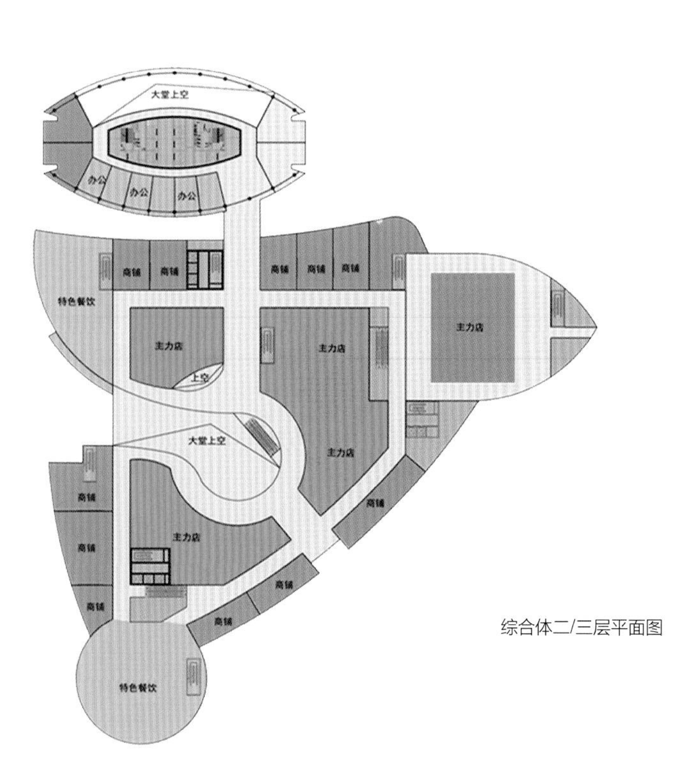

综合体二/三层平面图

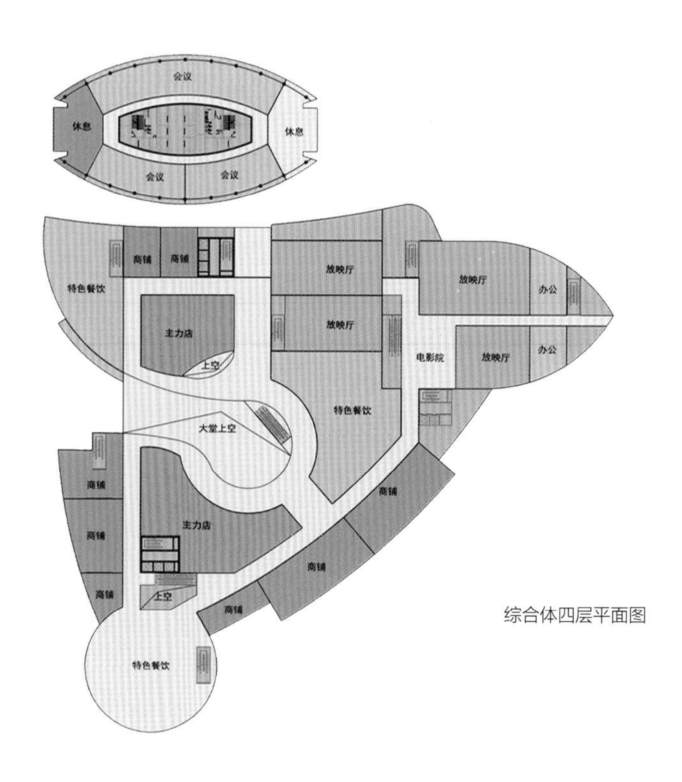

综合体四层平面图

Häagen-Dazs

# 昆明 中海·学府路8号

项目名称：昆明中海 · 学府路8号
开发单位：昆明中海房地产开发有限公司
设计单位：中国建筑西南建筑设计研究院、天华建筑设计有限公司

**技术经济指标**
用地面积：38 974m$^2$
总建筑面积：229 715m$^2$
地上建筑面积：171 482m$^2$
容积率：4.4
建筑密度：22%
绿化率：40%
户数：1755
停车位：1700

项目地块位于昆明市中心核心区域，毗邻一环，周边教育及商业配套设施齐全，具备巨大的开发潜力与价值。

设计理念：全点式塔楼、智能社区、健康生活、公园景观。

该设计优势：充分利用场地打造内部中庭景观，打造经典对

教
研
路
小区人行出入口
消防出入口
消防出入口
龙
泉
路
云南省农业科学院云南大学
云南师范大学
云南师范大学
7-1#(住宅)
30F(层高2.9M)
H=90M(机房层)
7-2#(商业)
3F
H=10.9M
1-2#(商业)
3F
H=10.9M
1-1#(住宅)
30F(层高2.9M)
H=90M(机房层)
6#(住宅)
30F(层高2.9M)
H=90M(机房层)
2#(住宅)
30F(层高2.95M)
H=89.85M(机房层)
5#(住宅)
30F(层高2.9M)
H=90M(机房层)
3#(住宅)
30F(层高2.95M)
H=89.85M(机房层)
4-1#
3F
H=15m(女儿墙)
4-2#(住宅)
29F(层高2.9M)
H=90M(机房层)
小区出入口
小区出入口
消防出入口
砖6
砖6
砖7
砖6
砖
砖2
砖7
砖3
砖9
砖
混3
混7
混7
混6
混6
砖2
混7
混7
混7
混7
混7
混
混8
混5
混5
用地界线
道路红线
道路中心线
府
学
学

称式入口。

项目由七栋30层住宅塔楼及一栋3层独立商业楼组成，塔楼排布错落，并最大限度围合形成中心景观庭院。此外，经过场地周边的调研分析得出，周边缺少生活配套，因此将场地南、北侧设计沿街两层底商，并在场地西侧开辟一条道路，与底层商业联系起来，在满足自身及周边配套的同时，此道路将极大缓解周边交通压力，起到分流作用，为市政做贡献。

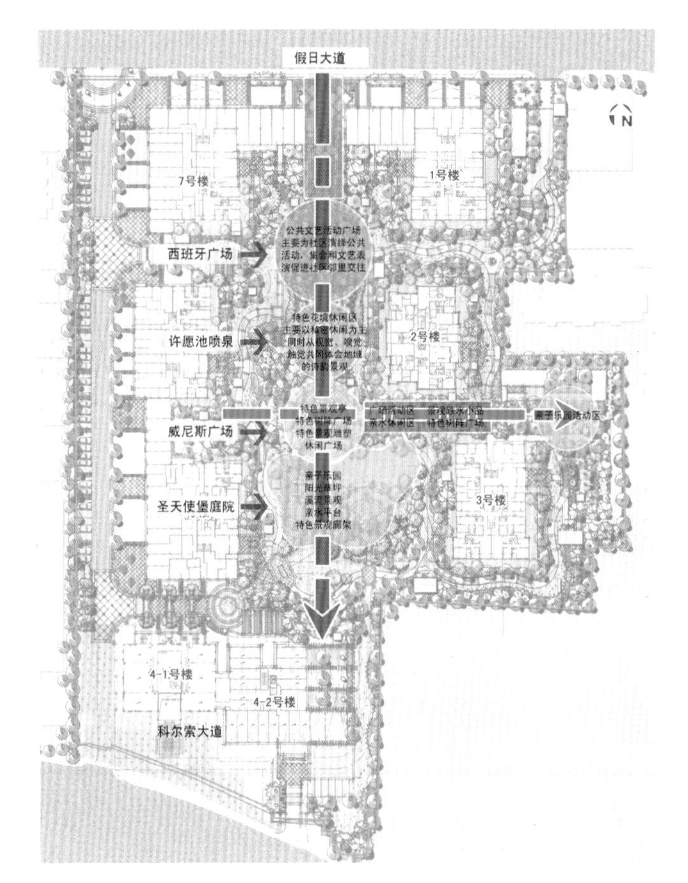

假日大道
N
7号楼
1号楼
西班牙广场
公共文艺活动广场
主要为社区演绎公共
活动、集会和文艺表
演促进社区邻里交往
许愿池喷泉
2号楼
亲子乐园活动区
威尼斯广场
特色景观亭
特色树阵广场
特色景观雕塑
休闲广场
圣天使堡庭院
亲子乐园
阳光草坪
溪流景观
亲水平台
特色景观廊架
3号楼
4-1号楼
4-2号楼
科尔索大道


景观轴线

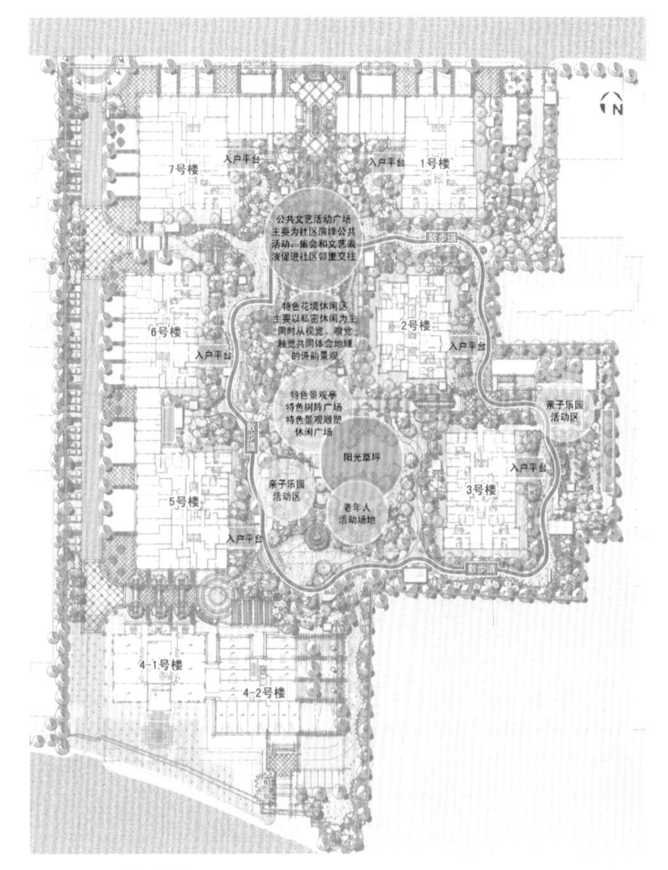

N
入户平台
7号楼
入户平台
1号楼
公共文艺活动广场
主要为社区演绎公共
活动、集会和文艺表
演促进社区邻里交往
散步道
6号楼
特色花境休闲区
主要以私密休闲为主
同时从视觉、嗅觉
触觉共同体会地域
的诗韵景观
2号楼
入户平台
入户平台
特色景观亭
特色树阵广场
特色景观雕塑
休闲广场
亲子乐园
活动区
散步道
阳光草坪
入户平台
亲子乐园
活动区
5号楼
3号楼
老年人
活动场地
入户平台
散步道
4-1号楼
4-2号楼


景观主题

学府路8号

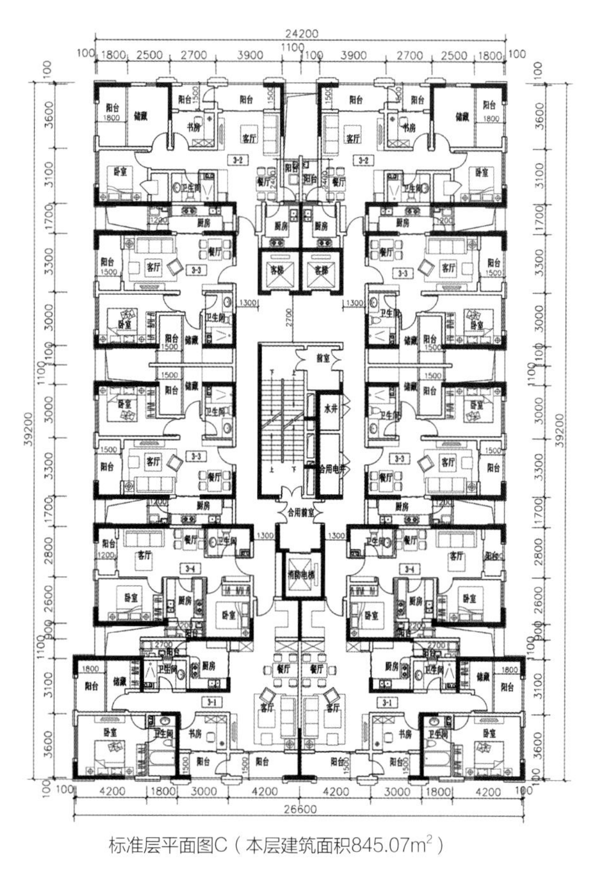

标准层平面图C（本层建筑面积845.07m²）

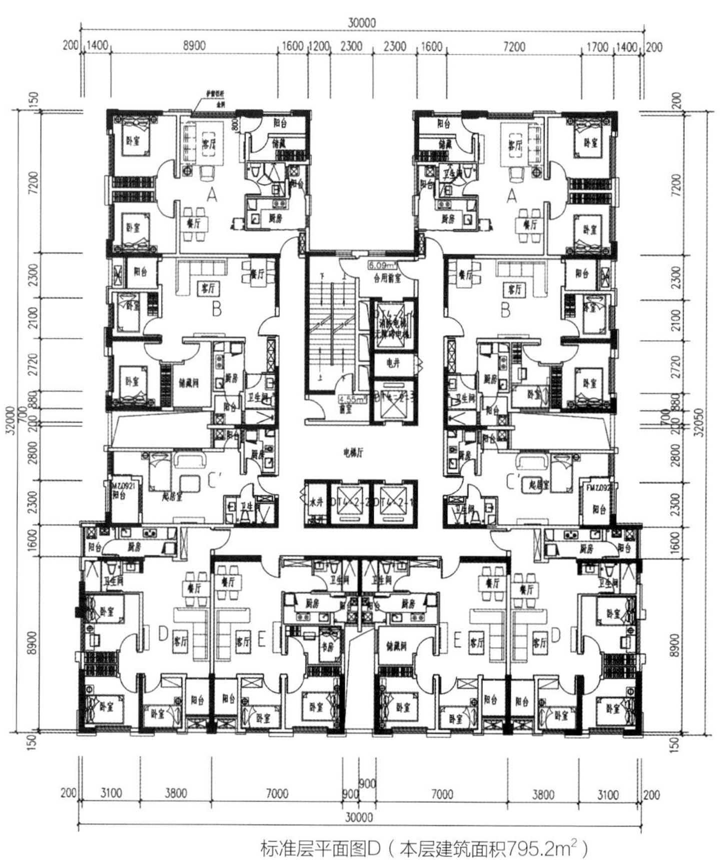

标准层平面图D（本层建筑面积795.2m²）

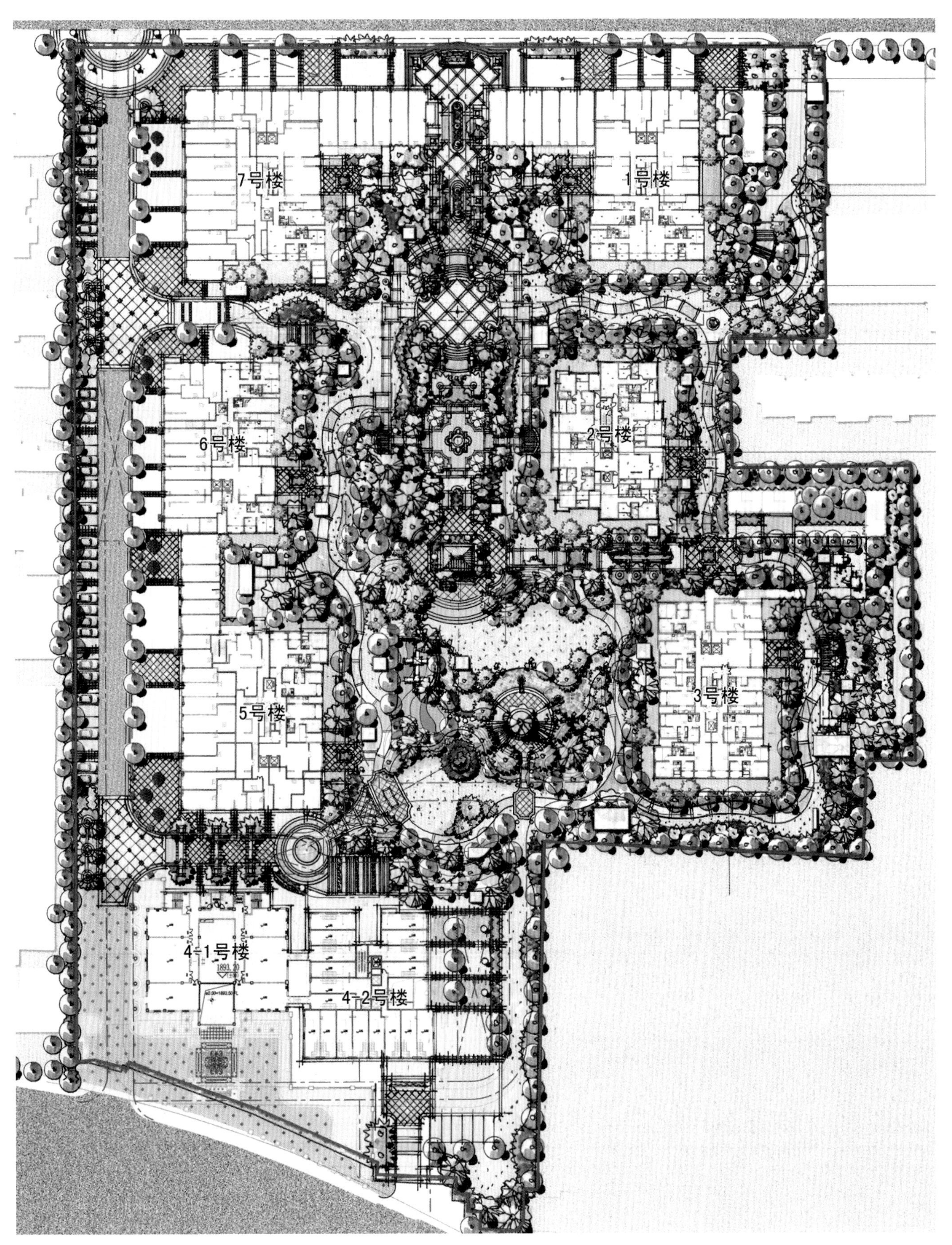


**景观总平面图**

# 福州 桂湖生态温泉城·温泉养生度假中心

项目名称：福州桂湖生态温泉城·温泉养生度假中心
开发单位：福建融汇置业有限公司
设计单位：深圳市华汇设计有限公司

**技术经济指标**
用地面积：106 871m²
总建筑面积：77 638m²
地上建筑面积：51 298m²
容积率：0.48
建筑密度：20%
绿化率：35%
停车位：301

福州桂湖温泉城位于福建省福州市晋安区宦溪镇桂湖地区，向南经贵新隧道进入市区，距长乐机场约1 个小时的车程，交通与地理位置条件极为优越。

该项目共有67栋温泉会馆及1栋温泉中心。温泉会馆层数为3 层，主要分为5种类型；温泉中心裙房为2~3 层；客房部分层数为5 层。规划用地按照红线分为3 块，其中西北侧为12# 地块，西南侧13# 地块，东侧为15# 地块，中间有一条原始的溪流。项目地形比较复杂，为北高南低的山地项

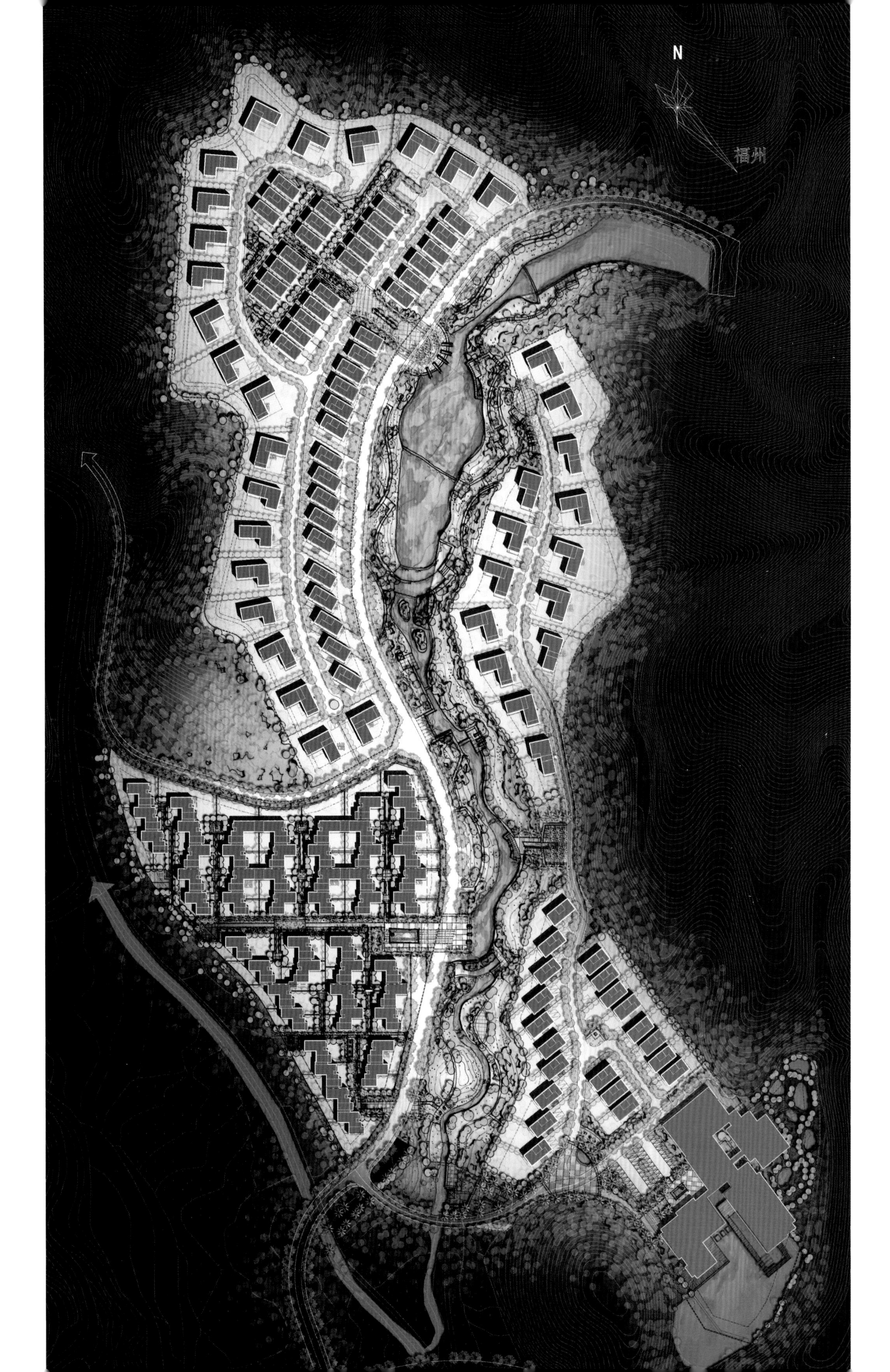
N
福州

page 26

生长成完整群落

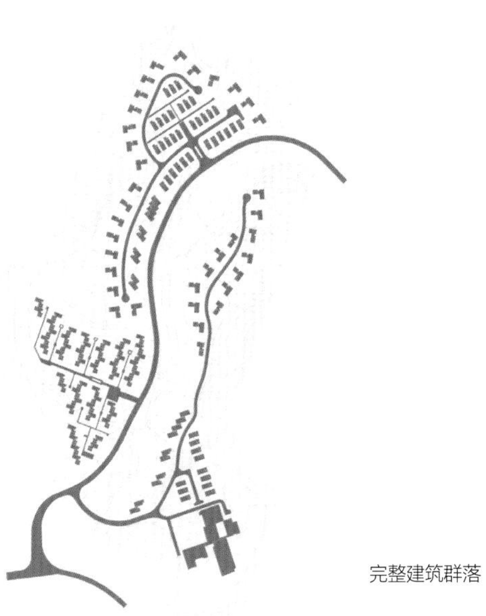

完整建筑群落

目，山坡平均坡度在25% 以上。

**规划结构**

整体结构顺应地形条件，延续福建当地山地聚落与平地聚落的文脉肌理。

1. 在西南侧的13# 地块上规划的平地聚落延续三坊七巷的里坊空间规划结构，强调空间的等级与秩序，由街一坊/ 巷一弄一院落一家，层层推进，将传统的里坊结构在这里充分体现。

2. 在地势陡峭的12#、15# 地块延续当地山地聚落，顺应地形沿等高线布置，建筑层层叠叠，富有韵律，达到天人合一的自然状态。

**建筑设计**

福州传统建筑一般就地取材，采用木材和灰色砖石作为围护结构。本设计建筑造型延续当地建筑特点，建筑造型分为上、下两部分：上部采用木色面砖，与山林的树木形成呼应关系；下部采用深灰色石材，与山体颜色更为贴近。远看，整体建筑群与自然和谐、相互映衬。简练的建筑线条具有中国传统文化的图案结合，表现出沉稳且清爽的东方气质。

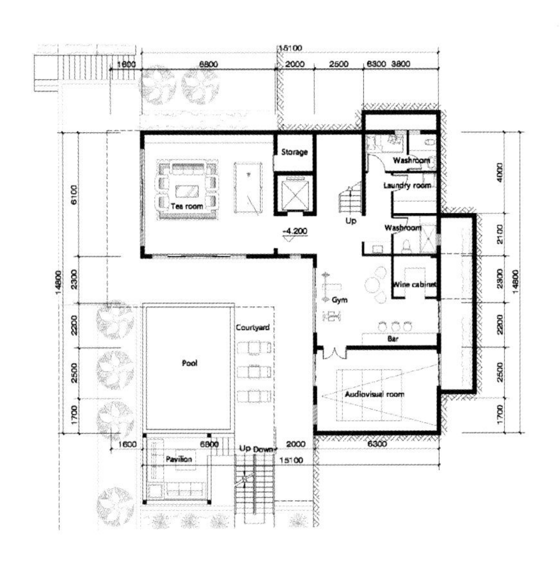


独栋负一层平面

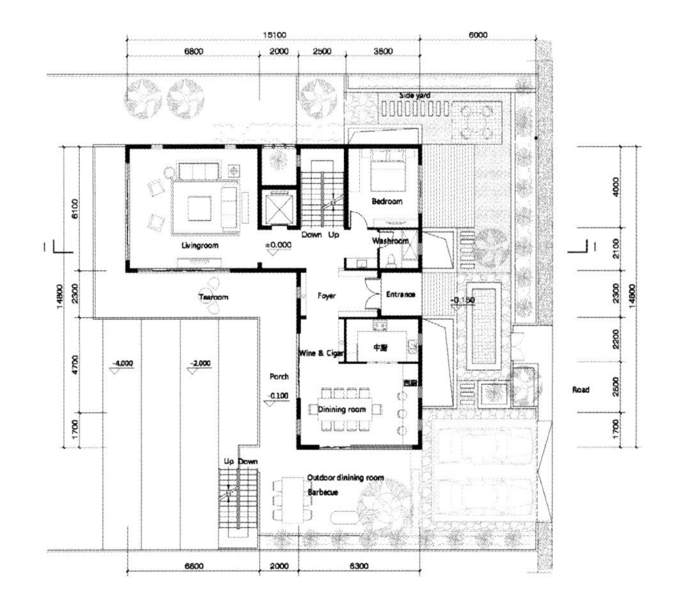


独栋一层平面

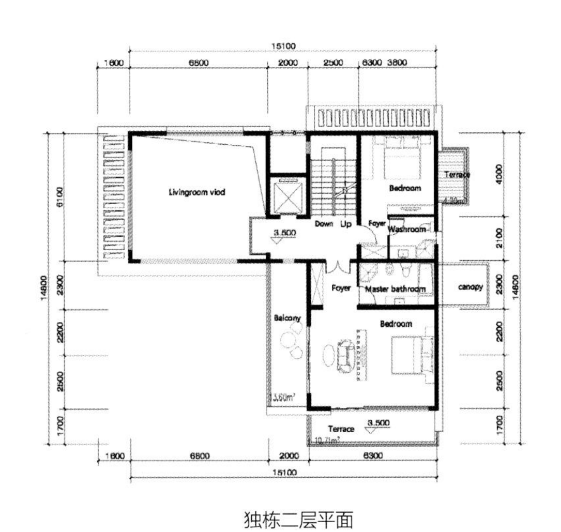


独栋二层平面

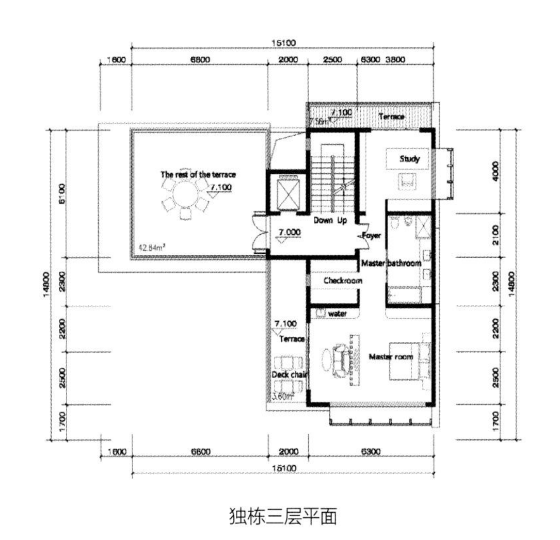


独栋三层平面

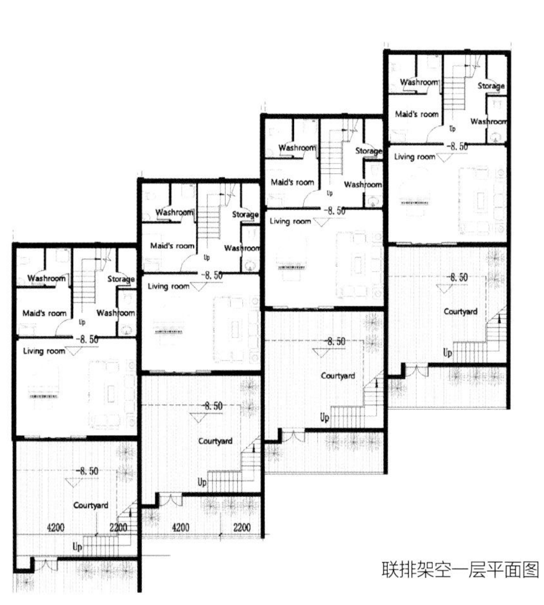


联排架空一层平面图

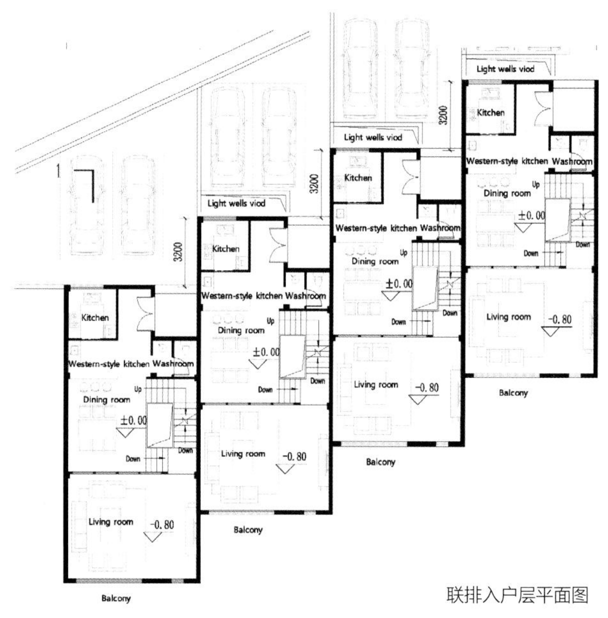


联排入户层平面图

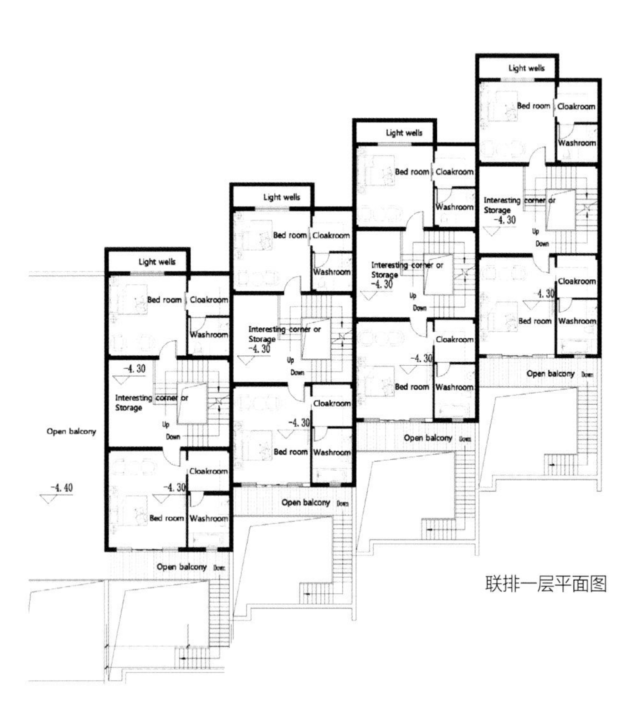


联排一层平面图

联排二层平面图

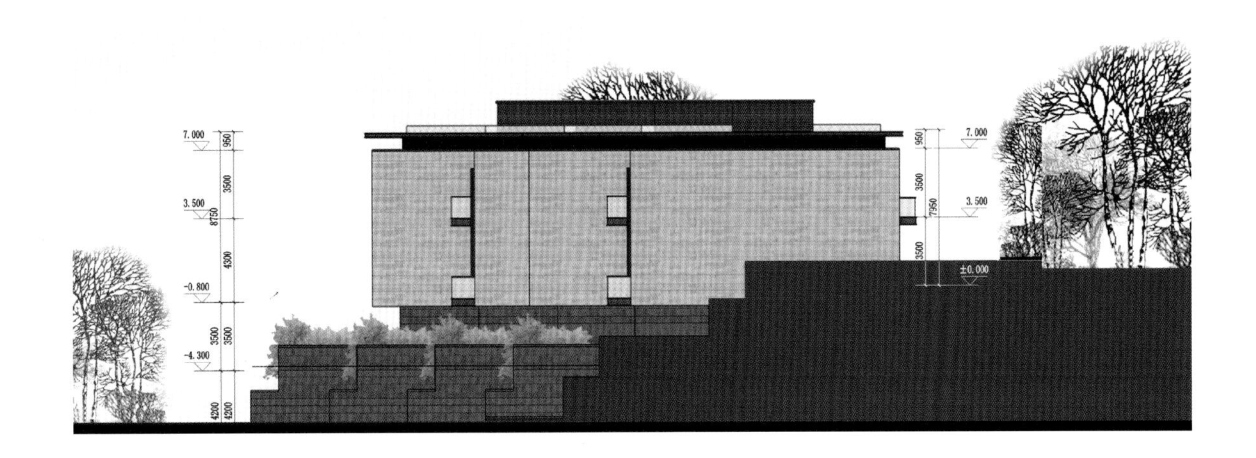

7.000
3.500
-0.800
-4.300
±0.000
950
3500
8750
4300
7950
4200

屋顶
7.000
2F
3.500
±0.000
1层
-3.500
架空1层
-8.500
950
900
3500
2600
8750
800
1200
3100
1500
4200
2700

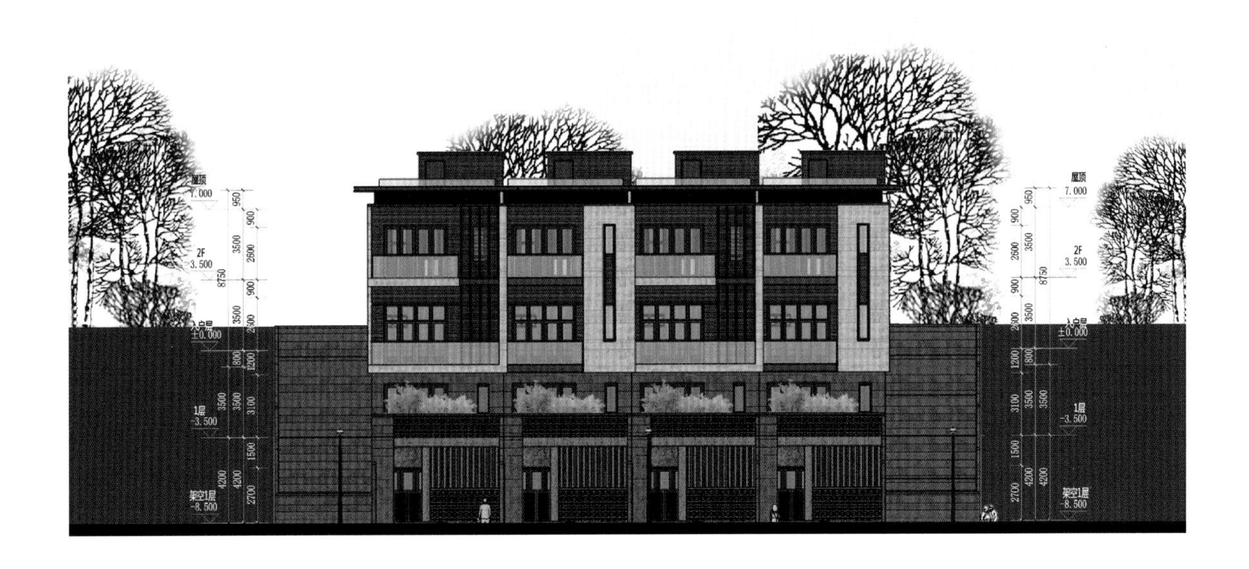

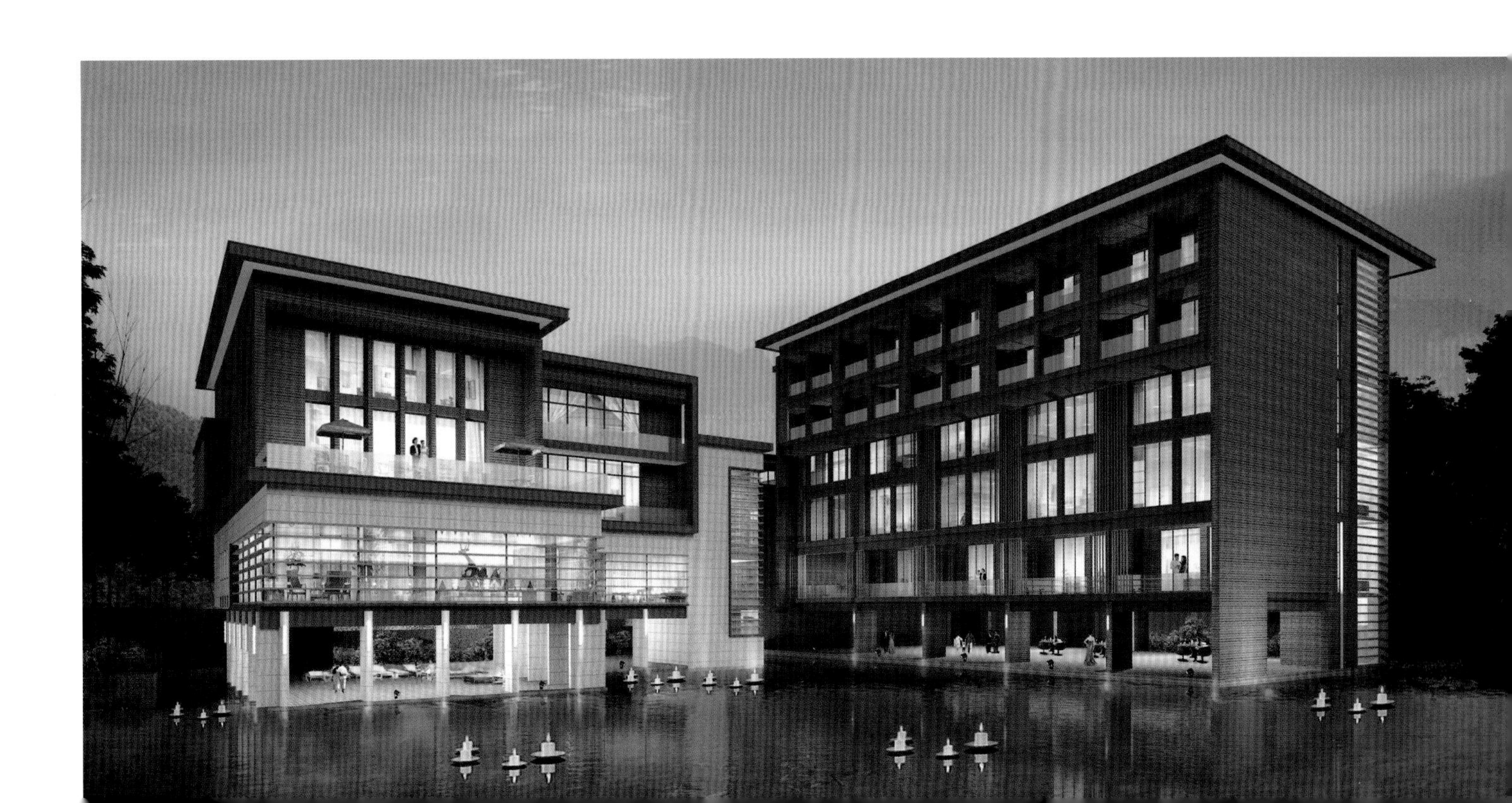

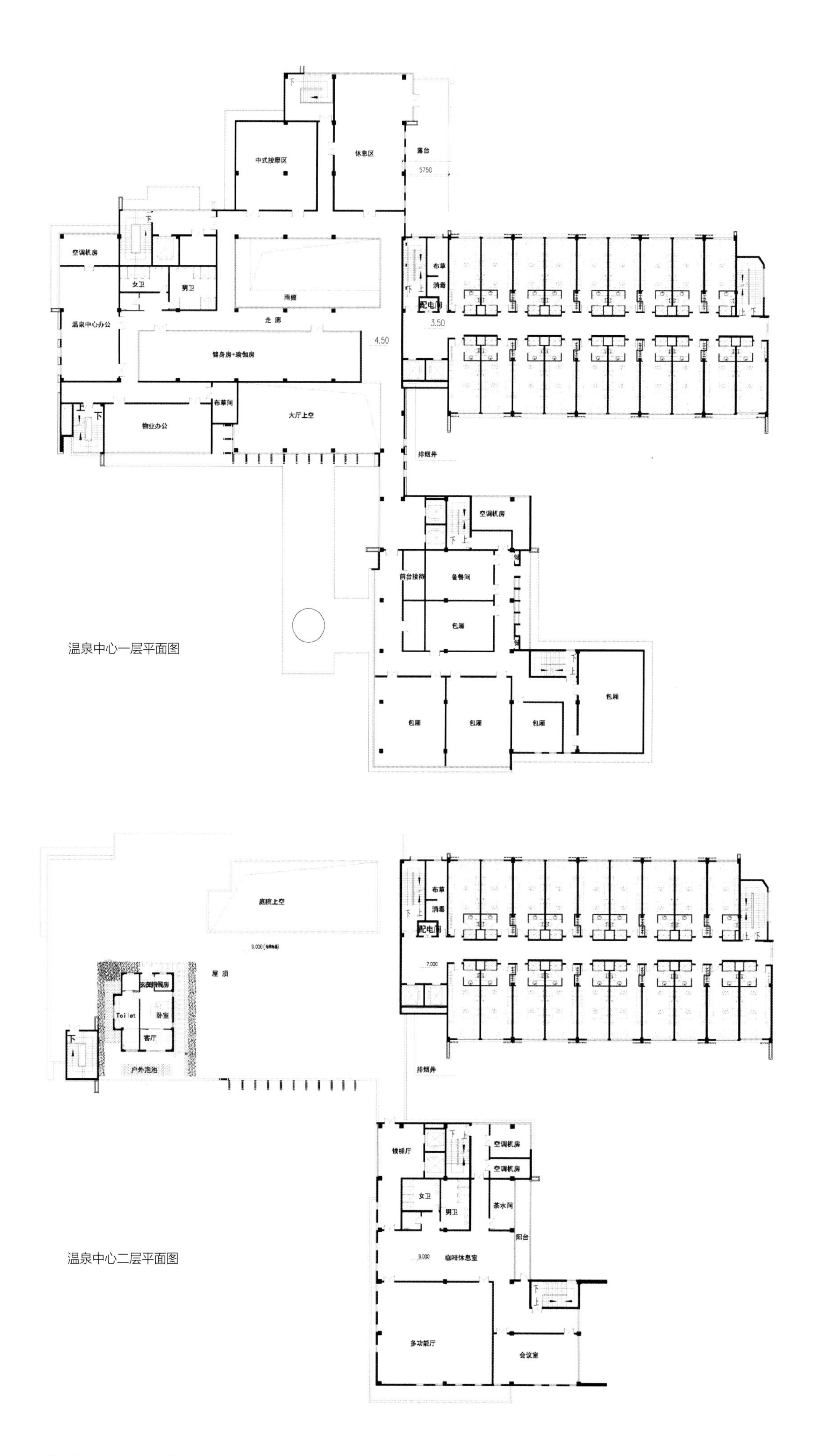


温泉中心一层平面图

温泉中心二层平面图

融汇

# 苏州 九龙仓时代上城花园一区

项目名称：苏州九龙仓时代上城花园一区
开发单位：苏州高龙房产发展有限公司
设计单位：苏州市工业园区设计研究院股份有限公司

**技术经济指标**
地块总面积：116 583$m^2$
占容积率的建筑总面积：173 650$m^2$
不占容积率的建筑面积：65 546$m^2$
建筑密度：27%
容积率：1.49
绿化率：45%
总户数：1432
总停车位：1532

九龙仓时代上城位于苏州工业园区现代大道与钟南街交汇处，地处白塘公园新兴住宅板块，坐拥地铁一号线，进享园区CBD繁华商业，退享白塘公园、沙湖生态公园优美自然环境。占地约11.7万$m^2$，总建面积约24万$m^2$，以美国波士顿建筑为原型，按照美式学院派设计理念，产品规划以洋房和小高层为主。九龙仓时代上城三期年华里产品规划以高层为主产品，包括11幢30层高层、2幢27层高层、4幢26层高层、2幢25层高层、4幢18层高层。

南
建筑退界线
用地红线
街

**设计主题**

本项目在苏州市工业园区创造一个高端的、提供多样性生活方式的、生态化的和谐家园。

在以人为本的街区道路网络内设计一系列生动多样的开放性住宅区、商业区和文化区。项目亲近自然，符合苏州自身环境，打造

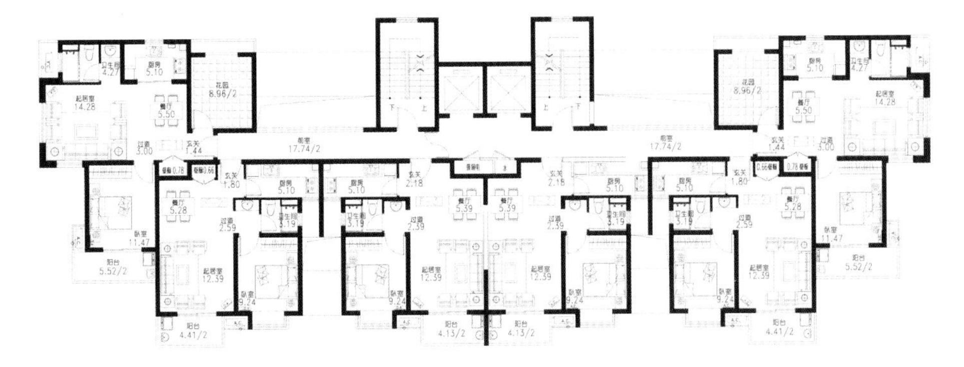

高层公寓标准层平面图

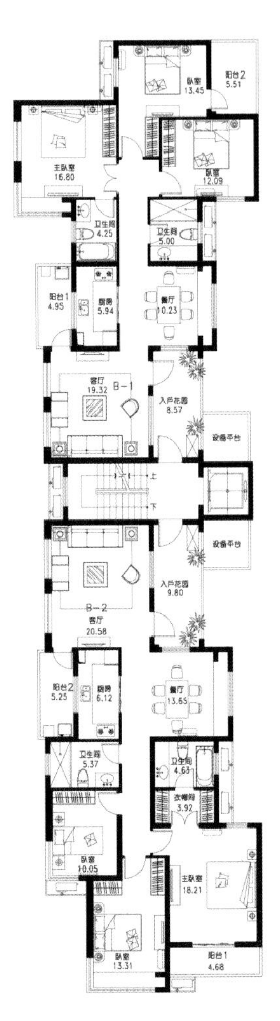

花园洋房二层平面图

以江南水乡为特色的景观网络体系，把整个社区建成一个拥有众多选择和机会的地方，通过设计独特的都市区域，突出基地丰富的历史文化内涵及优美的环境。

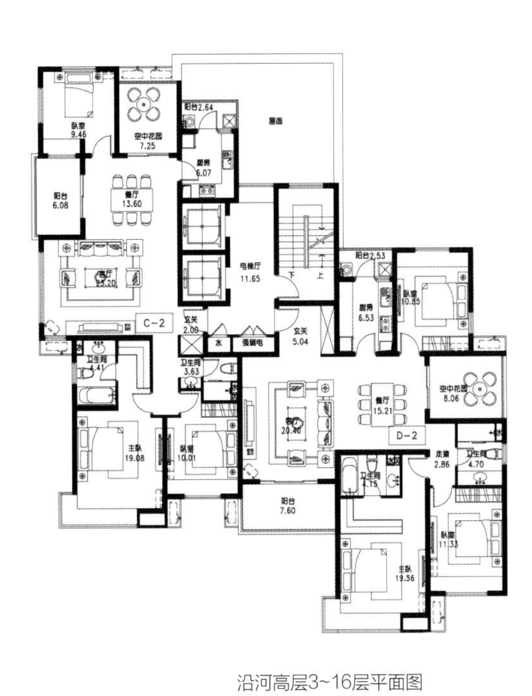


沿河高层3~16层平面图

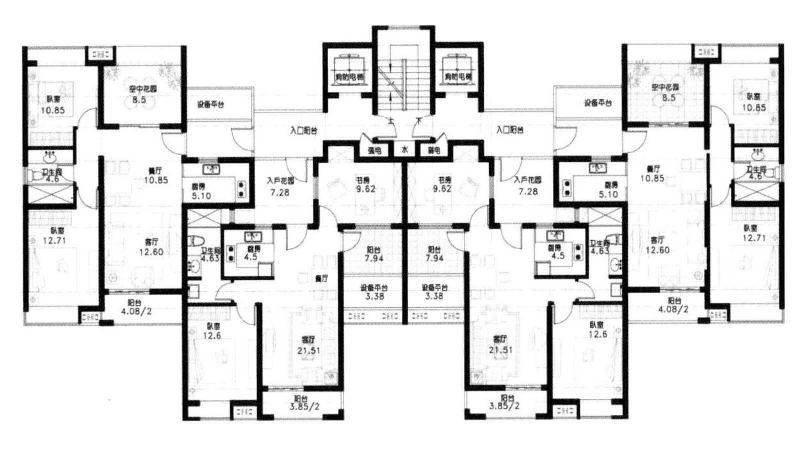


沿街高层标准层平面图

# 汉川 白石湖酒店

项目名称：白石湖酒店
开发单位：达利地产
设计单位：上海海意建筑设计有限公司

**技术经济指标**
规划用地面积：213 241.50m$^2$
建筑红线用地面积：67 793.59m$^2$
总建筑面积：88 098.05m$^2$
建筑密度：45.6%
容积率：1.30
绿化率：54.4%
停车位：257

白石湖位于汉川市马口镇城郊，距离武汉市约40km，20km可达京珠路，22km可上宜黄路，在武汉、孝感、宜昌三角旅游轴中心位置。加之新北公路、蔡城公路及合丁路、窑高等市镇公路环湖而过，并且东面紧邻武汉森林野生动物园，为规划区提供了良好的可达性和可视性。在格局之上，众多国道和省道都与白石湖形成陆路交通网络节点。多条市内外的交通专线增强了新老城区间的联系。

## 规划结构

总体布局以功能中轴对称，浑然一体，酒店和体育馆及其他设施在轴线上由北至南依次展开。酒店采用群落布局方式，环抱白石湖，体育馆与酒店遥相呼应，各功能区分既相对独立，又连为一体，相互联系便捷。

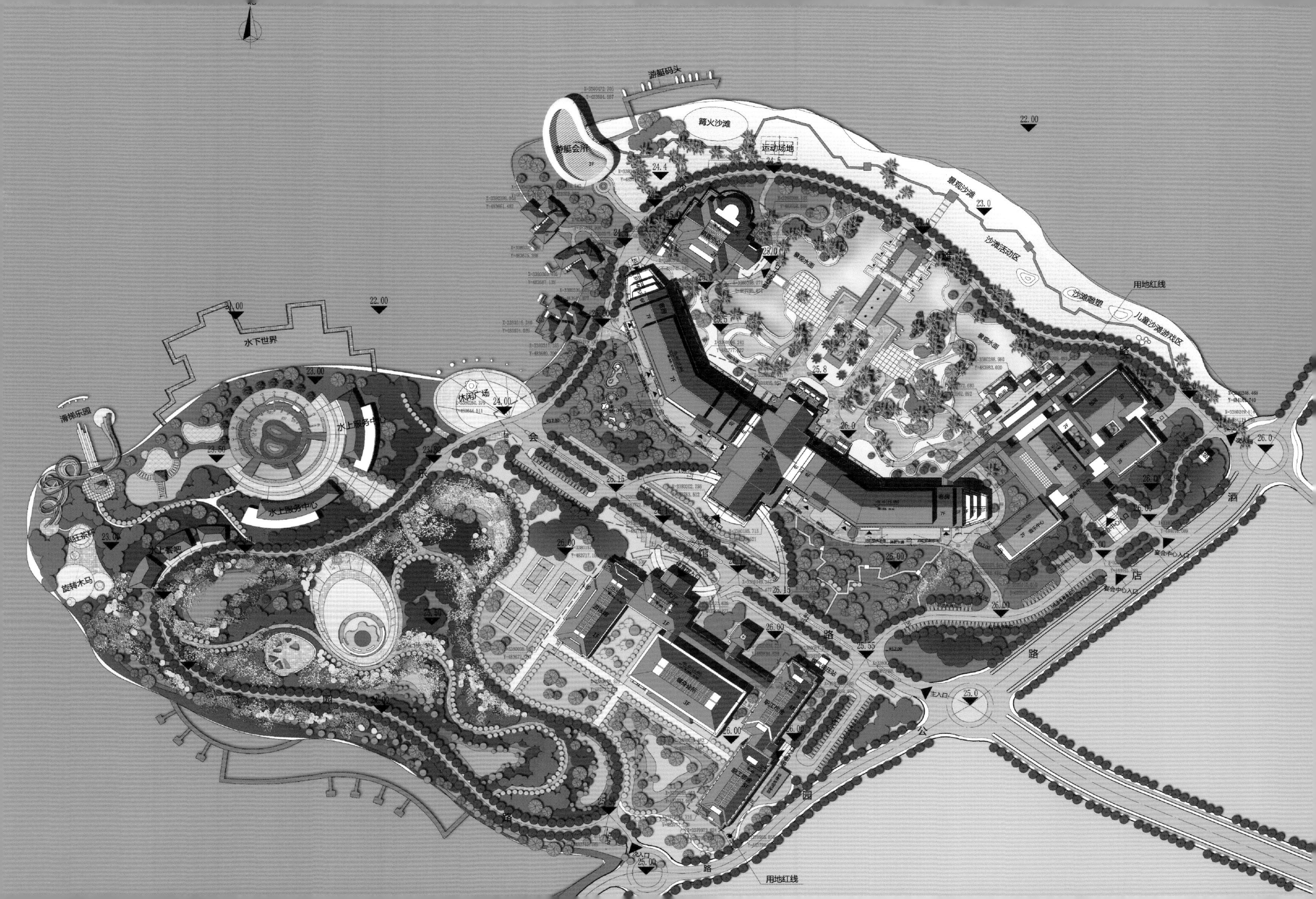

游艇码头
篝火沙滩
游艇会所
运动场地
景观沙滩
沙滩活动区
沙滩雕塑
儿童沙滩游戏区
用地红线
水下世界
休闲广场
水上服务中心
滑梯乐园
水上茶吧
旋转木马
主入口
次入口
宴会中心入口
酒
店
路
公
园
会
馆

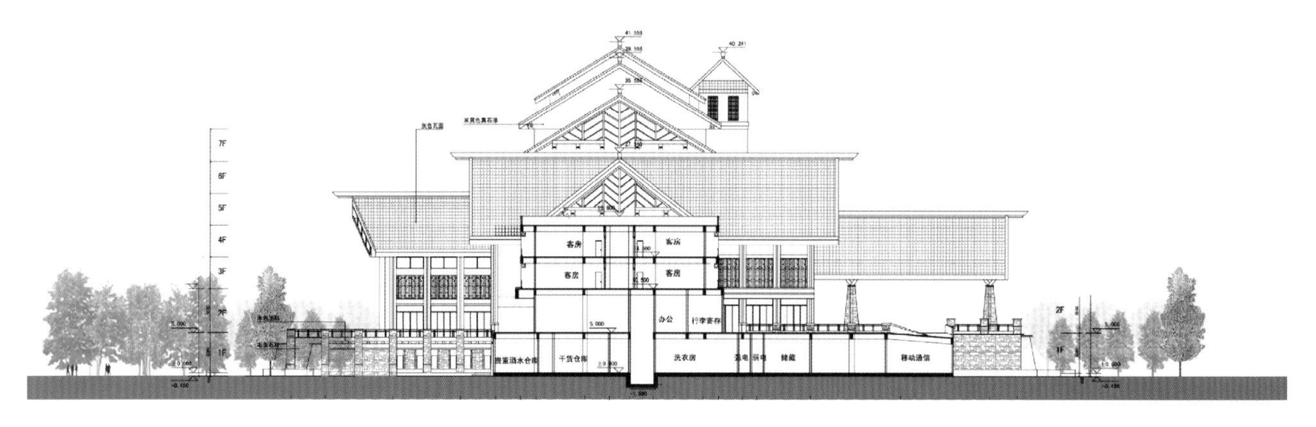

40.241
39.550
35.550
米黄色真石漆
灰色瓦面
27.550
7F
6F
5F
4F
3F
2F
1F
客房
客房
客房
客房
办公
行李寄存
5.000
干货仓库
洗衣房
储藏
移动通信
±0.000
-1.500


酒店2-2剖面图

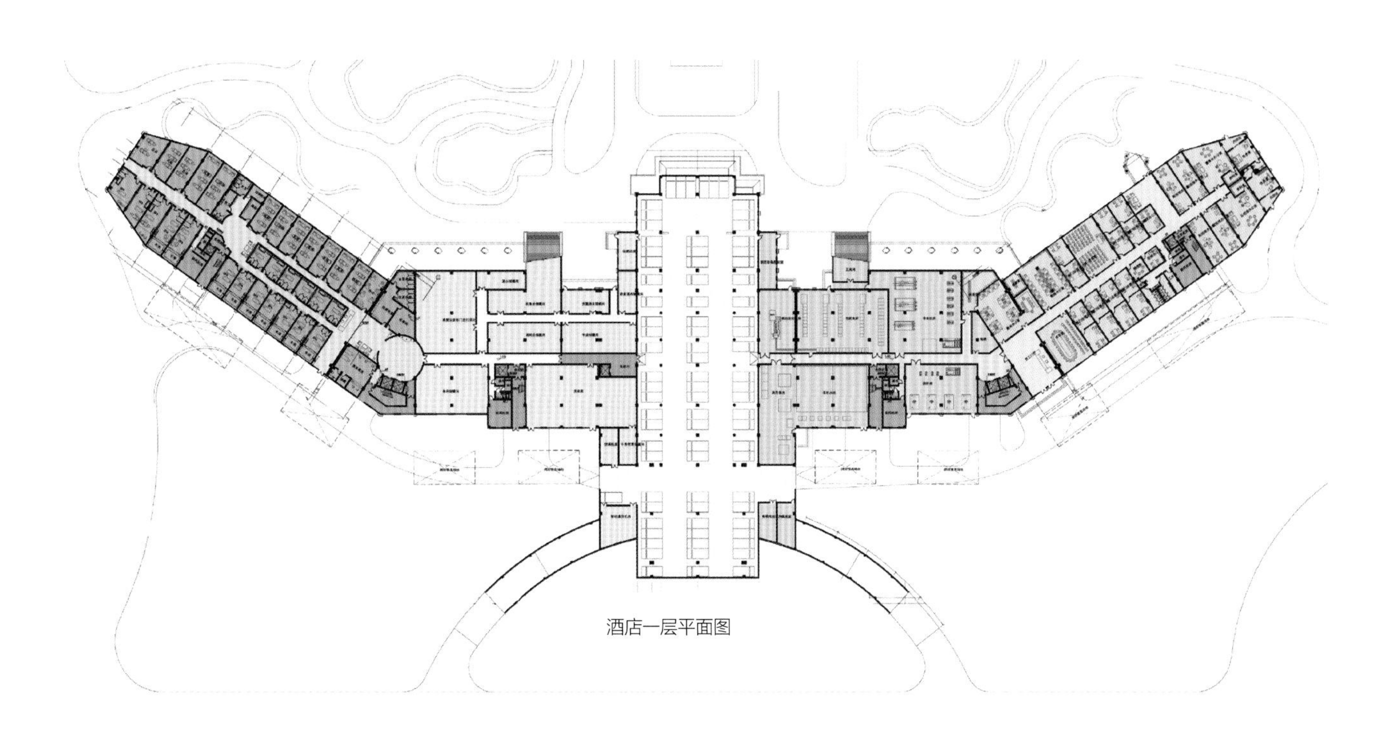

酒店一层平面图

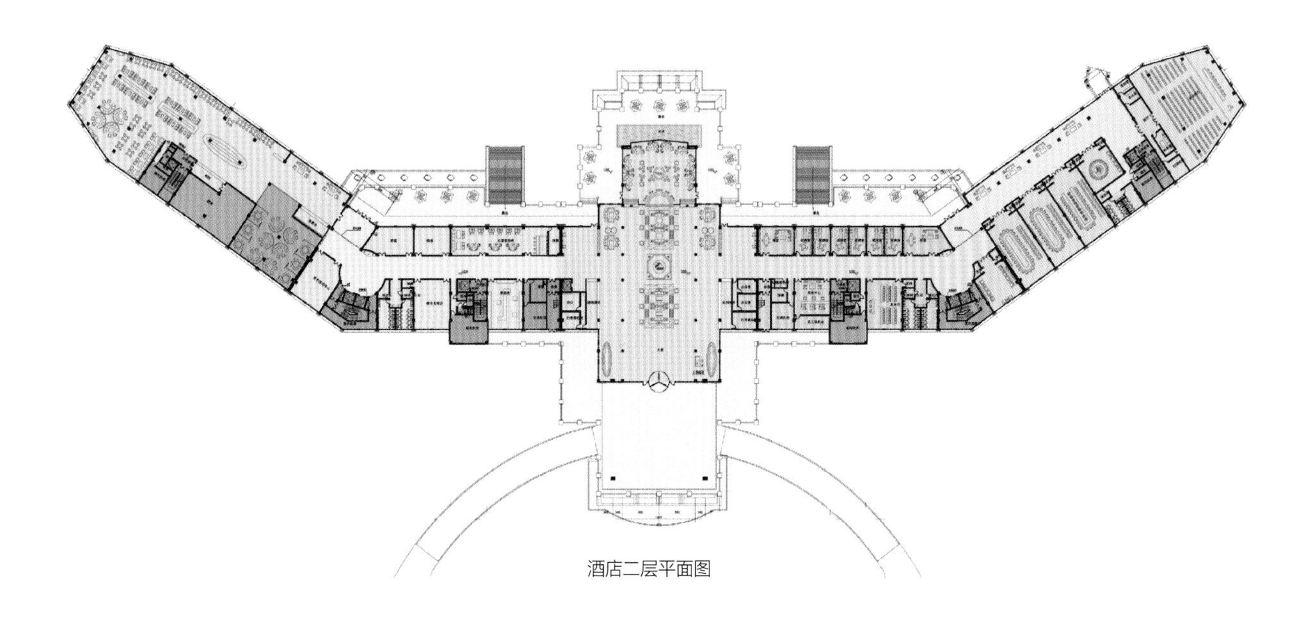

酒店二层平面图

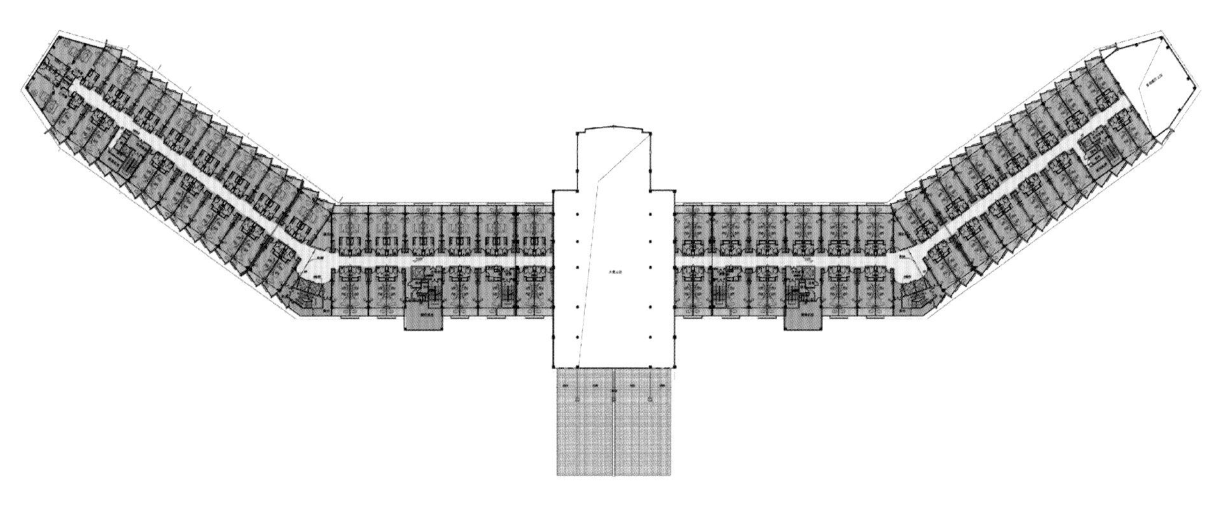

酒店三层平面图

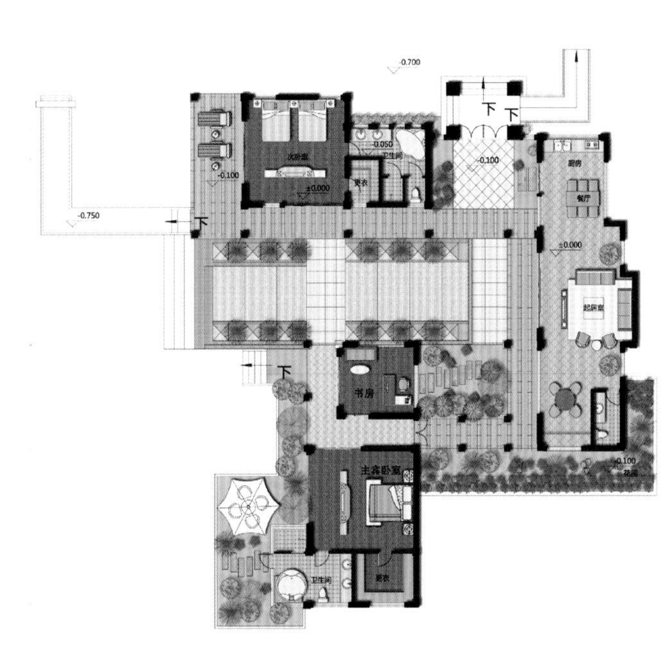

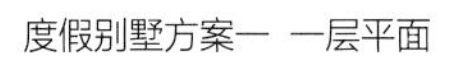

度假别墅方案一 一层平面

度假别墅方案二 一层平面

酒店和体育馆主入口均面向该中轴线形成连接该地块的主干道，并留有宽敞的前广场，满足大人流量的集散要求；广场两侧设有地上车库的出入口，进出车库方便快捷；同时设有独立的的士落客区域，主入口的交通组织比较人性化。

总体规划强调建筑与环境的和谐相生，建筑与入口形成对位关系，建筑围合成组，远可观视线主轴，近可看视线副轴。

**立体有序的景观设计**

在酒店北侧设置优美宜人的景观环境。曲折迂回的景观步道，收放有序的景观水系，充分彰显了江南园林景观“小桥流水人家”的韵味，结合水系和步道，配以花期不同的植物，同时设置平台花园、空中花园、屋顶花园等，使得绿化空间立体化布局，与建筑融为一体。

# 长沙 灰汤龙泉度假酒店

项目名称：长沙灰汤龙泉度假酒店
开发单位：湖南伟恒置业有限公司
设计单位：咨普建筑设计（上海）有限公司

**技术经济指标**
规划用地面积：71 764m$^2$
规划总建筑面积：21 765m$^2$
建筑密度：27%
容积率：0.5
绿化率：42%
停车位：106

本案位于湖南省长沙市宁乡县灰汤镇，属亚热带季风湿润气候，规划地块南北呈长条形，属丘陵地区，用地范围内天然形成两个M形山谷。项目地块地理位置得天独厚，交通条件便利，周边市政配套设施规划较完善。

龙泉度假酒店项目总规划用地71 764m$^2$（其中可建设用地43 267m$^2$，不可建设用地28 497m$^2$），项目定位为五星级温泉度假酒店。

设计理念：璞石，“璞”指未经雕琢的玉，隐喻天真、质朴的状态。

规划主题：隐居，依山就势，叠山理水，打造返璞归真的温泉度假生活。

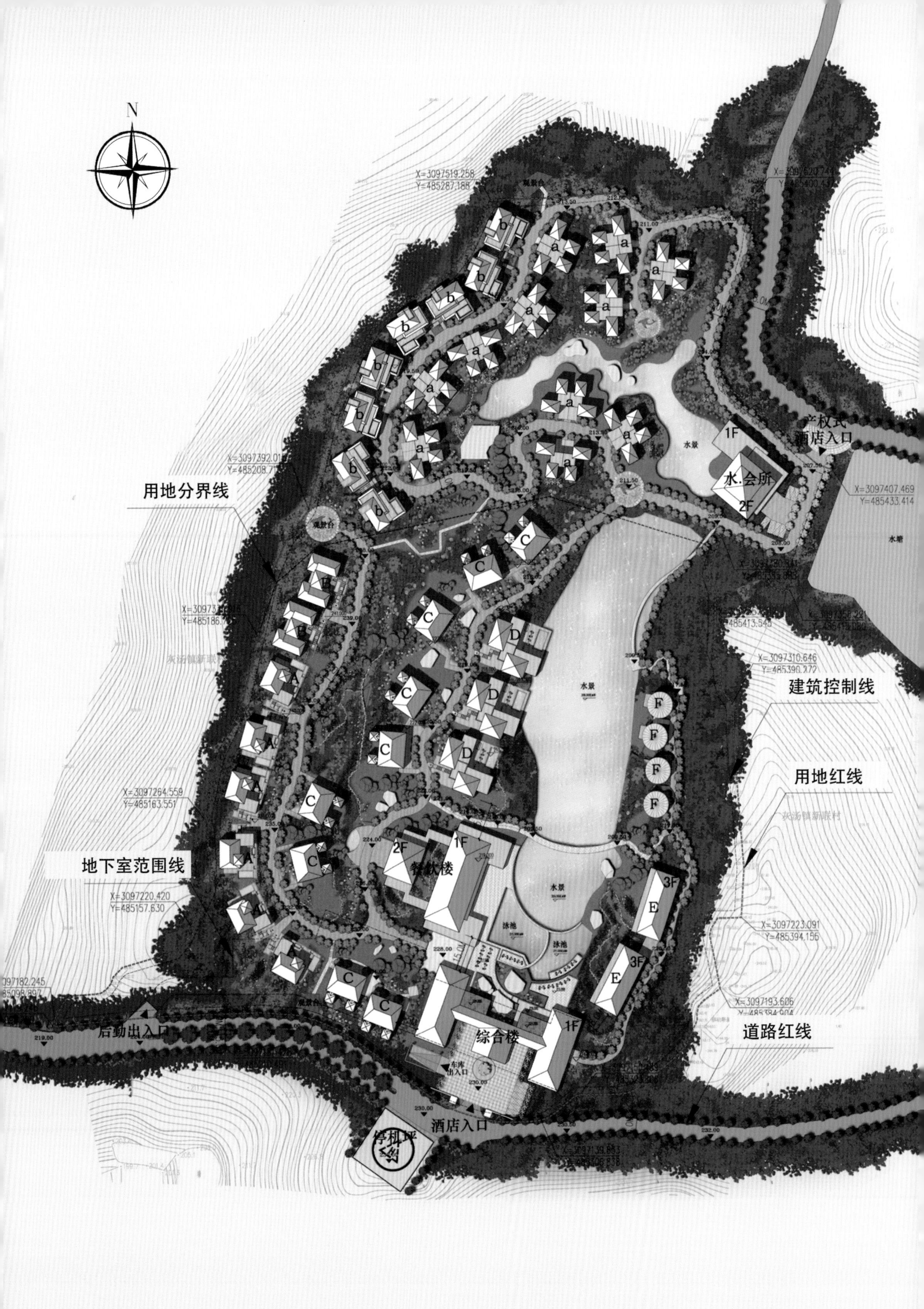

N
用地分界线
建筑控制线
用地红线
地下室范围线
道路红线
产权式酒店入口
水.会所
1F
2F
餐饮楼
综合楼
3F
水景
泳池
后勤出入口
酒店入口
停机坪
车库出入口

**设计原则**

酒店坐落在东鹜山山脉内，背山面水，环境清幽，用地规划也是顺应四周山体，自然蜿蜒，规划设计遵循周边环境特点，建筑布置依山就势，充分利用地形，尊重环境的同时最大范围地利用有利的自然资源，使得建筑与环境融合，最小程度地破坏环境，也为打造一所高端精品星级酒店奠定基础。

灰汤作为湘中地区知名的城镇，设计师在对空间进行设计时，融合了当地地域特色，通过层层递进的院落、不同大小与主题的庭院、简洁素雅的建筑外观、通透的围合空间及原木饰面与木色金属等设计元素的运用，以写意的方式表达对湘中地区传统建筑与文化的敬意。

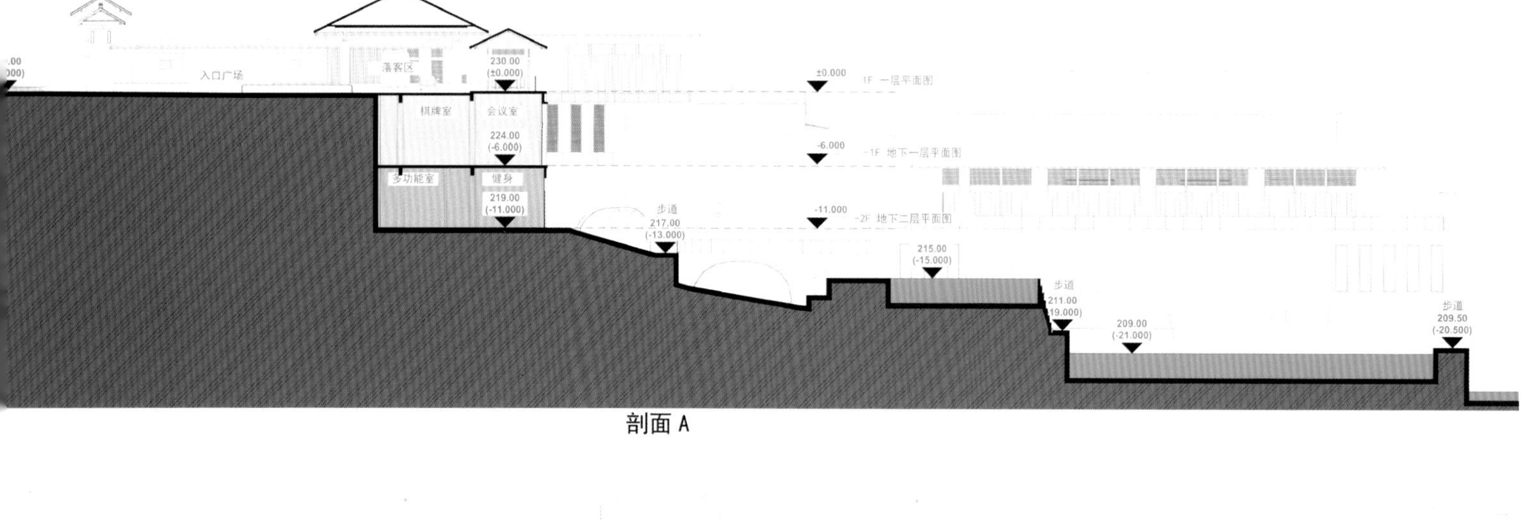


剖面 A

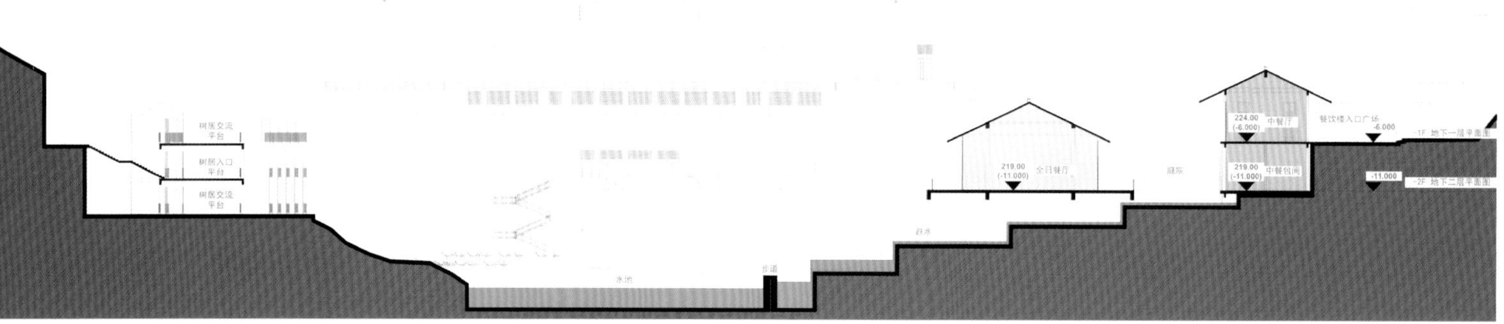


剖面 B

## 入口设计

入口空间能够带给人们进入酒店的第一感受，设计师希望能营造一种相对安静且豁然开朗的空间感受。设计师先通过一条长约200m的景观引道将机动车引入落客的庭院，再通过一个开敞的长廊空间，在俯瞰整个酒店的全貌的同时使人们彻底平静地进入酒店大堂。酒店大堂约700m$^2$，高度约10m，随后穿过大堂层层递进的空间，带给客人不同的体验与感受。

## 酒店立面设计

酒店建筑立面在总体设计原则“现代东方、大气淳朴”的指导下，在追求建筑体量虚实关系的整体比例优美的前提下，建筑立面相对简洁大方，并将景观资源较好的面处理成开敞或大面积通透等方式。同时兼顾酒店私密性较高的要求，控制房间开窗大小及设置遮阳百叶等，也都能有效地实现建筑节能。

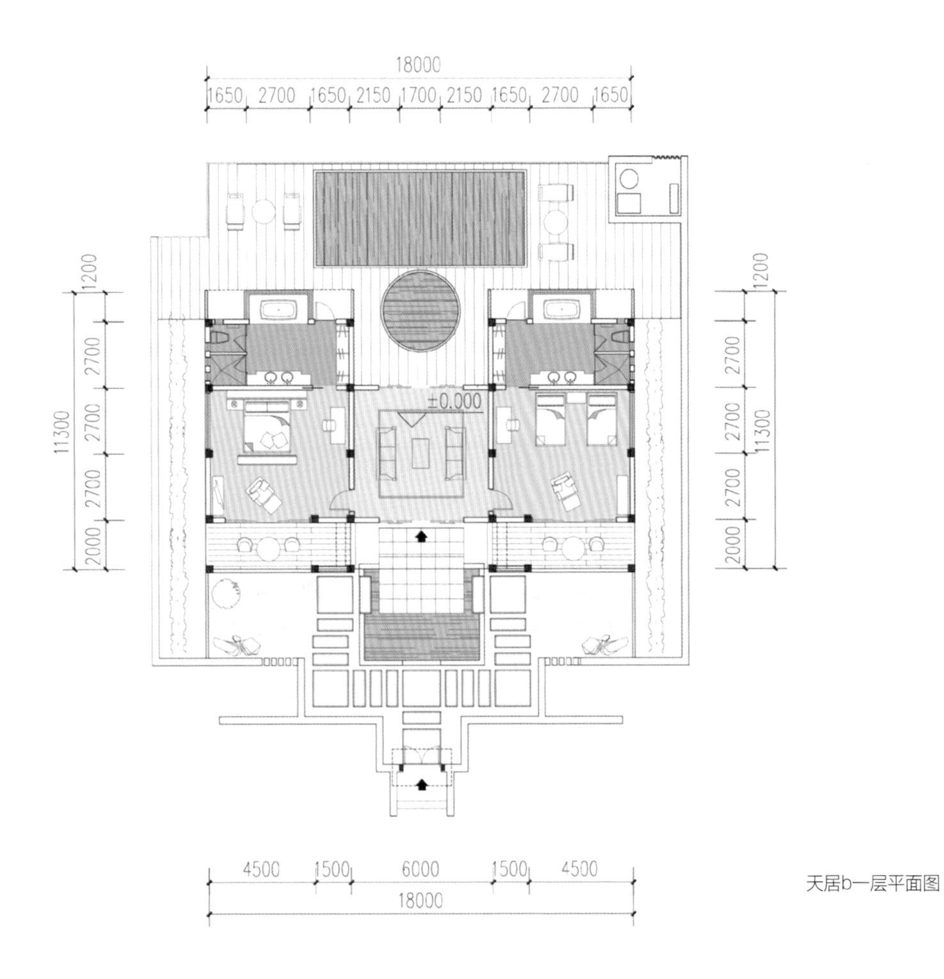
18000
1650 2700 1650 2150 1700 2150 1650 2700 1650
1200
2700
2700
2700
2000
11300
±0.000
4500 1500 6000 1500 4500
18000

天居b一层平面图

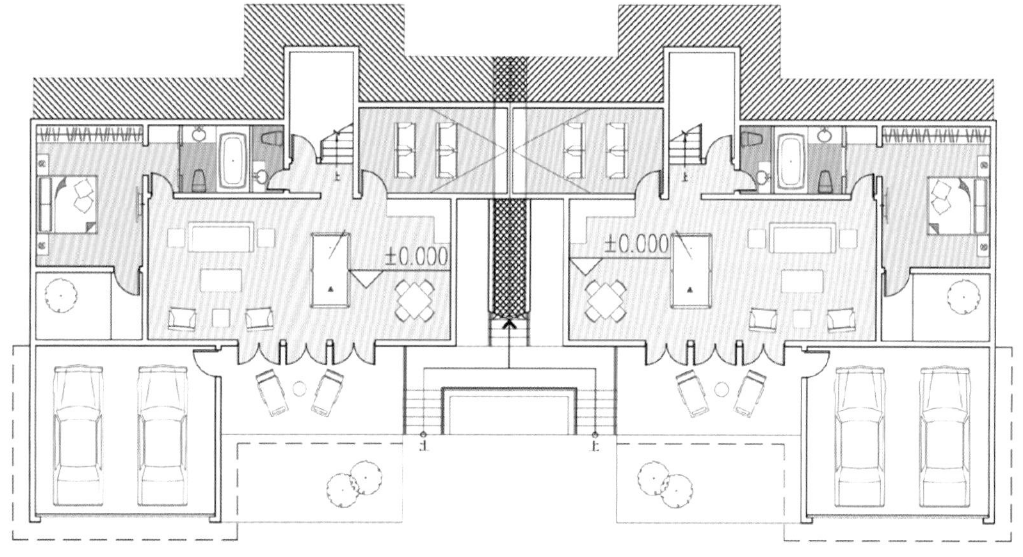


产权别墅b一层平面图

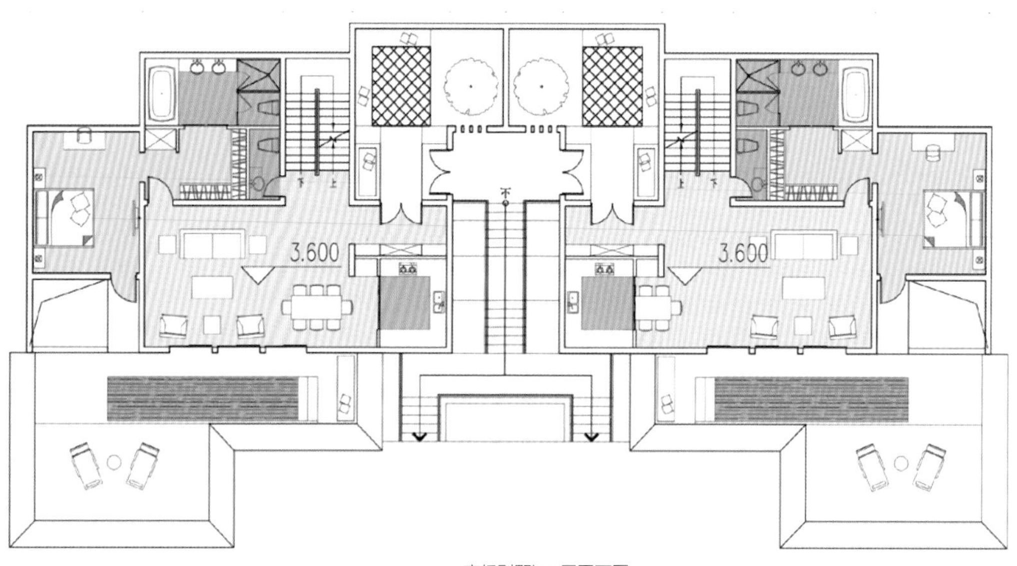


产权别墅b二层平面图

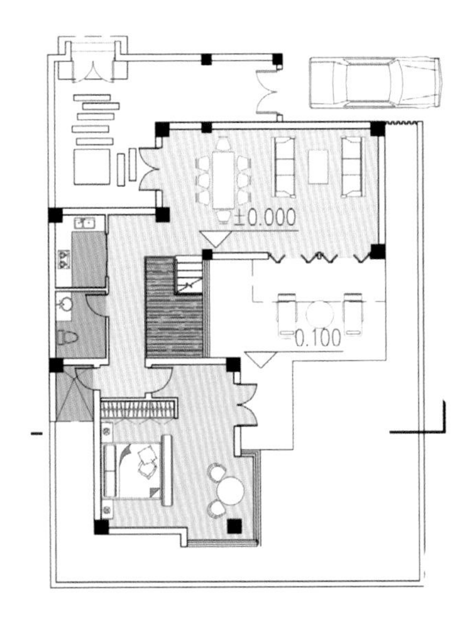

产权别墅a一层平面图

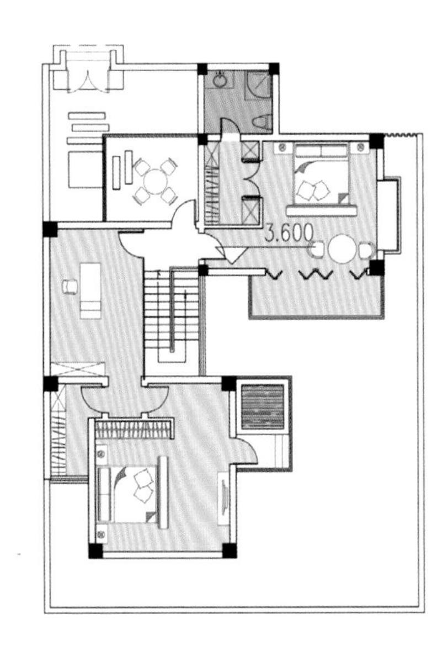

产权别墅a二层平面图

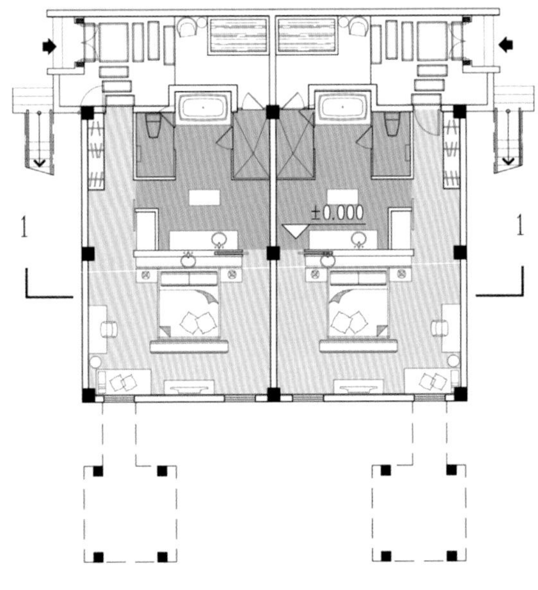

山居c一层平面图

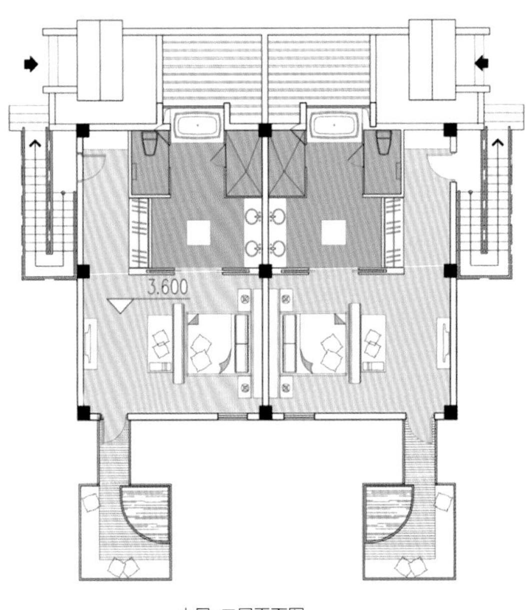

山居c二层平面图

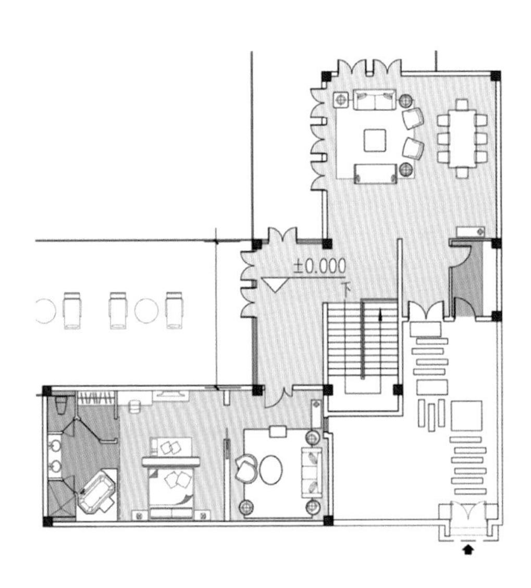

水居d一层平面图

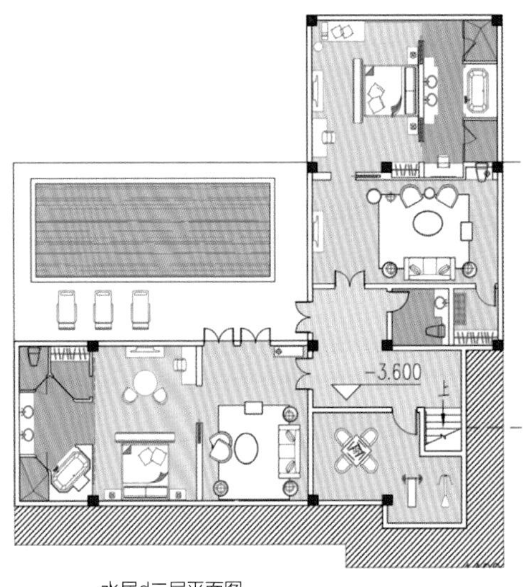

水居d二层平面图

# 柳州 华润•凯旋门

项目名称：柳州华润 · 凯旋门
设计单位：深圳市华域普风设计有限公司

**技术经济指标**
规划净用地面积：171 796.16m²
总建筑面积：971 301.01m²
建筑密度：43.03%
容积率：4.00
绿化率：21.00%
总户数：3337
停车位：4297

本项目位于柳州市鱼峰区，交通便利，距市政府只有2km，离柳州市鱼峰区政府仅0.5km，距柳州市机场只有20km，往西5km处就是柳州的五星商业圈。本项目所在区域是柳州未来发展的重点区域，是柳州城市发展的主方向。

本项目地块东临文龙路，南临龙静路，西临文兴路，北侧为奇美路，规划用地面积为74 490.14m²。该地块为住宅商业区。项目定位为商业、住宅，设置地下停区、人防及物业管理用房等公共服务设施。地块内规划新建住宅16栋，共2985户。

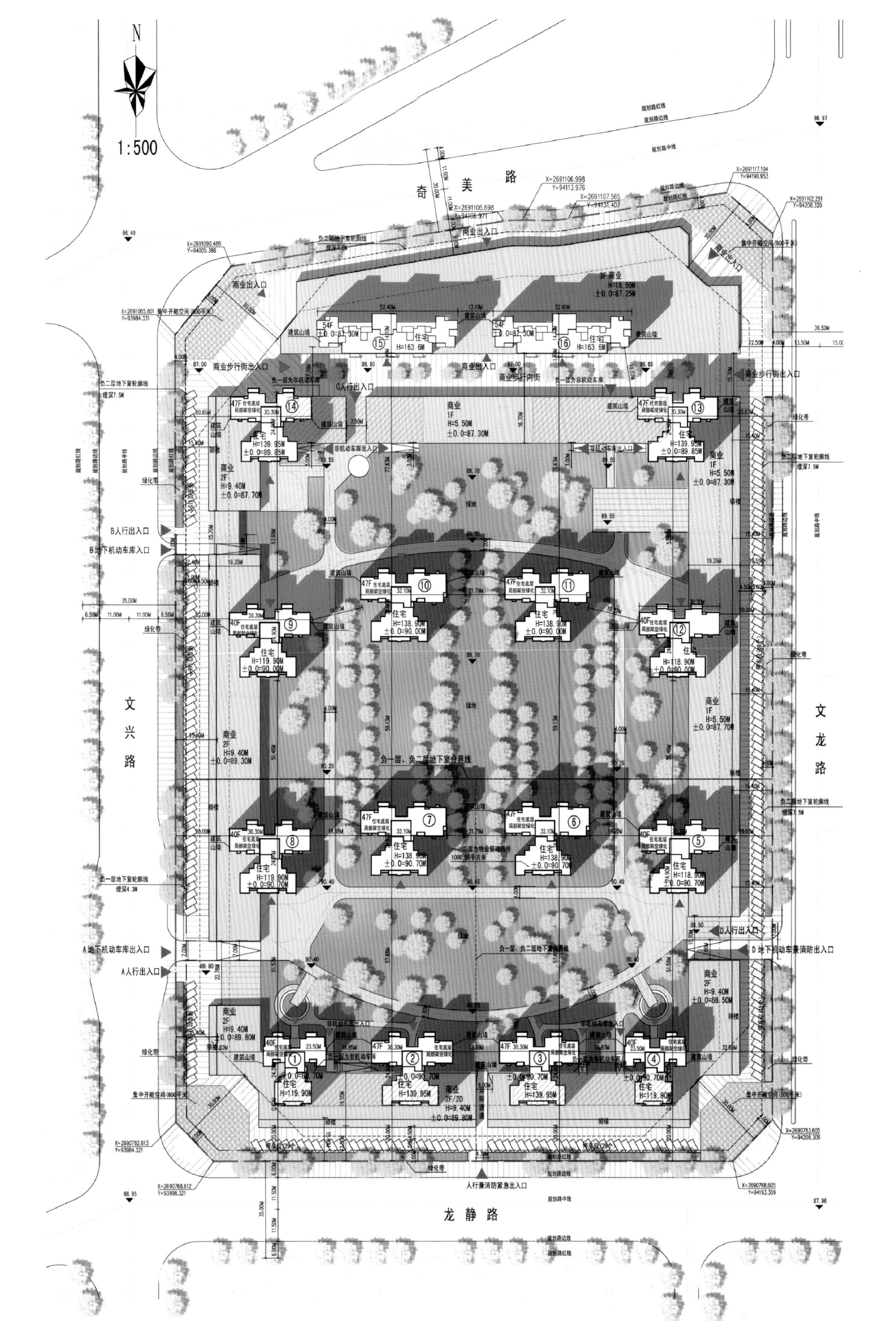

N
1:500
奇美路
文兴路
文龙路
龙静路
商业出入口
商业步行街出入口
商业街出入口
商业步行内街
C人行出入口
B人行出入口
B地下机动车库出入口
A地下机动车库出入口
A人行出入口
D人行出入口
D地下机动车兼消防出入口
人行兼消防紧急出入口
集中开敞空间(600平米)
负一层、负二层地下室分界线
二层为物业管理用房 1000.00平方米
3F商业 H=15.50M ±0.0=87.25M
54F 住宅 H=163.6M
47F 住宅 H=138.90M
40F 住宅 H=119.90M
绿地
绿化带
骑楼
建筑山墙

## 设计概念

1. 从城市设计角度出发，立足现实，远瞻未来，建成高起点、高标准的建筑现代化都市空间风貌。
2. 在注重超前性和理想性的同时兼顾开发和建设实际情况，力求具有可操作性，实现城市景观和开发效益双赢。
3. 贯彻以人为本的思想，在打造高品质居住空间的同时营造极具活力的商业空间。
4. 以绿色节能建筑意识为主导，最大限度降低建筑能耗。

## 规划布局

本次规划建筑退道路交叉口红线30m，缓解了建筑对道路交叉口的压迫感，各栋建筑高低错落，营造了优美的城市天际线。平面布置上，建筑均呈南北朝向，具有良好的通风、采光效果，地块内所有居住建筑东西面均为山墙。小区车行入口通道宽度为7m，另在南面设置4m宽紧急消防通道，地块均设有环形消防通道，满足消防要求。北侧设商业内街，有效激活商业界面，提升土地价值。

## 交通系统

用地西侧临文兴路设有两个出入口，东侧临文龙路设一个出入口，减少对东侧客运站的车行压力。各个出入口均由人行道与车行道组成，紧凑便捷，北侧设置商业内街，临内街设置一个单独人行出入口与商业区有效连接。

小区内部交通设计强调“以人为本，人车分流”的设计理念。小区就近配置地下车库出入口，将小区地面车流及时引入地下。同时，小区停车位均不设置在小区园林内部，而是结合商铺沿小区四周设置，为居民提供一个安静、舒适、优美的居住环境。

Herman's
WESHINE
Hostess
HEAD

业内街人视 Inner Commercial Street

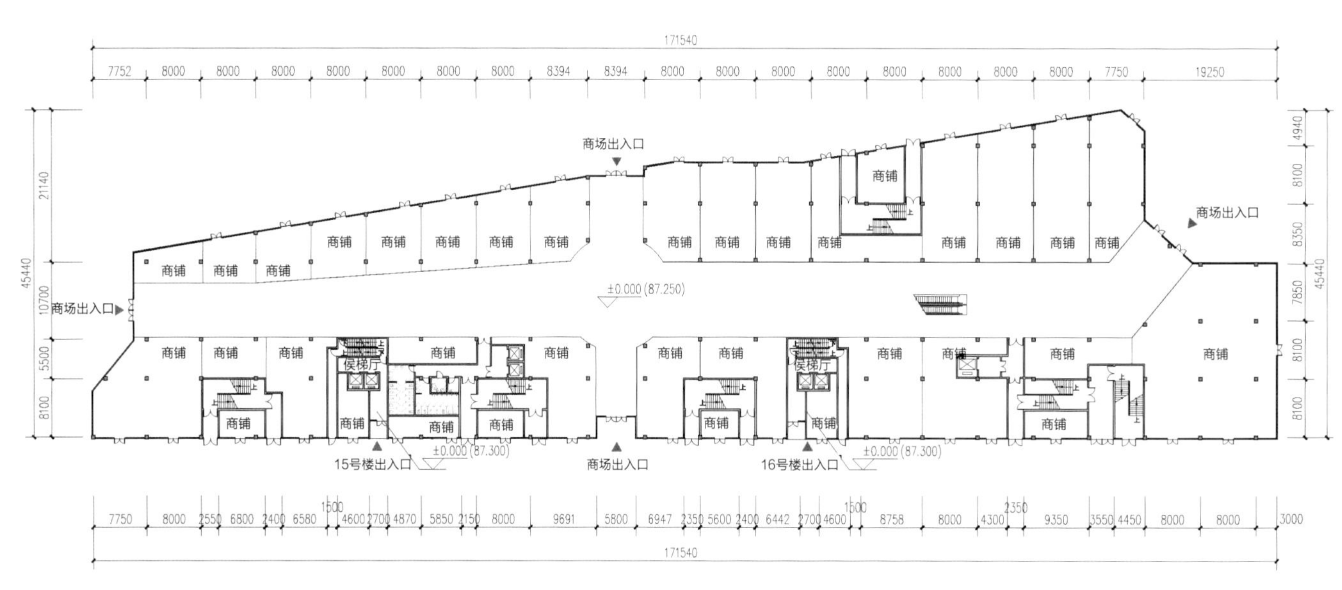


15、16号楼一层组合平面图

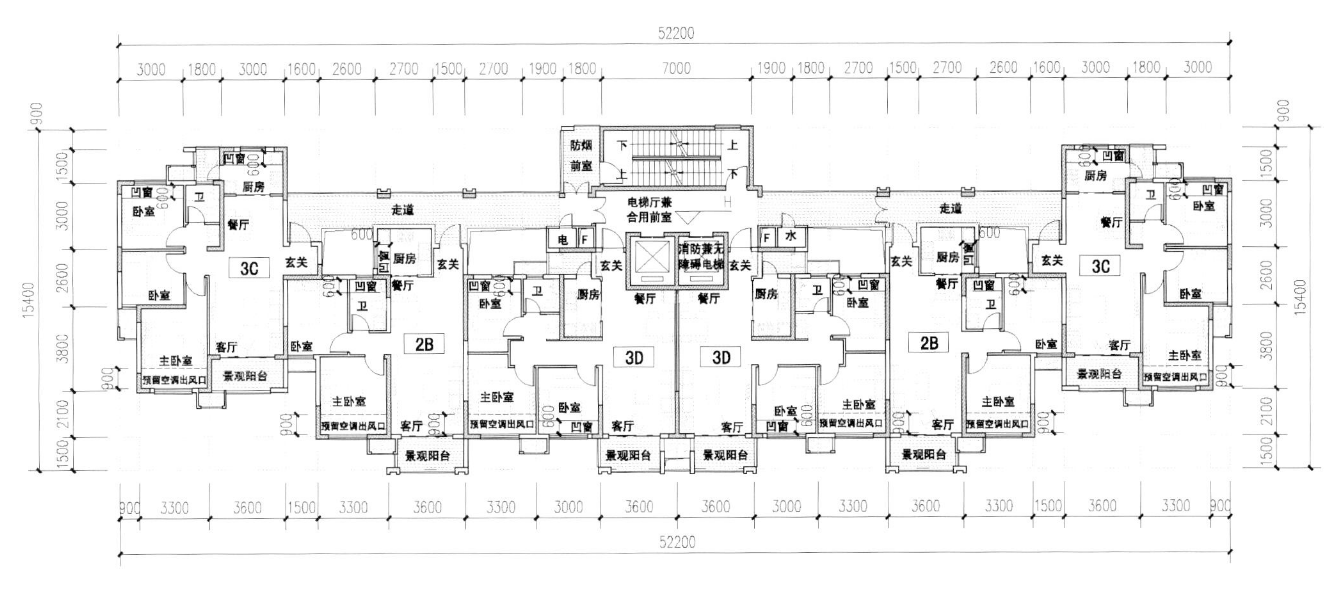


15、16号楼标准层平面图

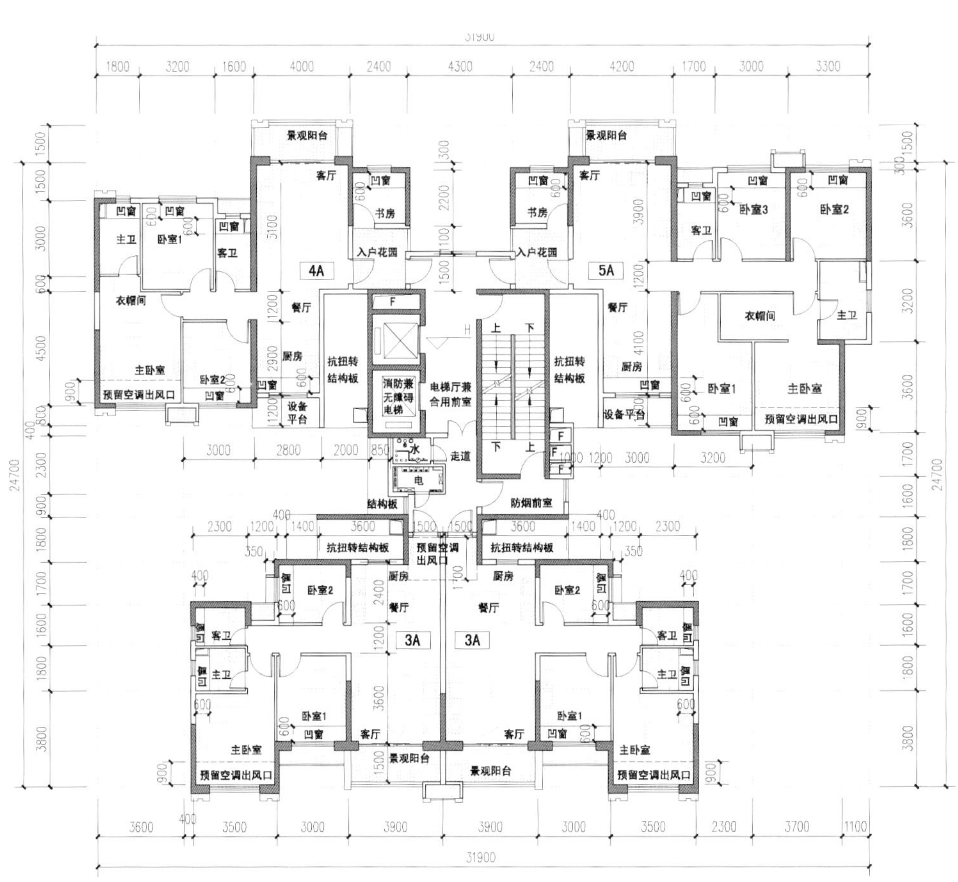

31900
1800 3200 1600 4000 2400 4300 2400 4200 1700 3000 3300
景观阳台
客厅
凹窗
书房
入户花园
4A
5A
主卫
卧室1
客卫
衣帽间
餐厅
厨房
抗扭转结构板
主卧室
卧室2
卧室3
预留空调出风口
设备平台
消防兼无障碍电梯
电梯厅兼合用前室
上
下
走道
水
电
结构板
防烟前室
预留空调出风口
3A
24700
3600 3500 3000 3900 3900 3000 3500 2300 3700 1100
31900

6号楼标准层平面图

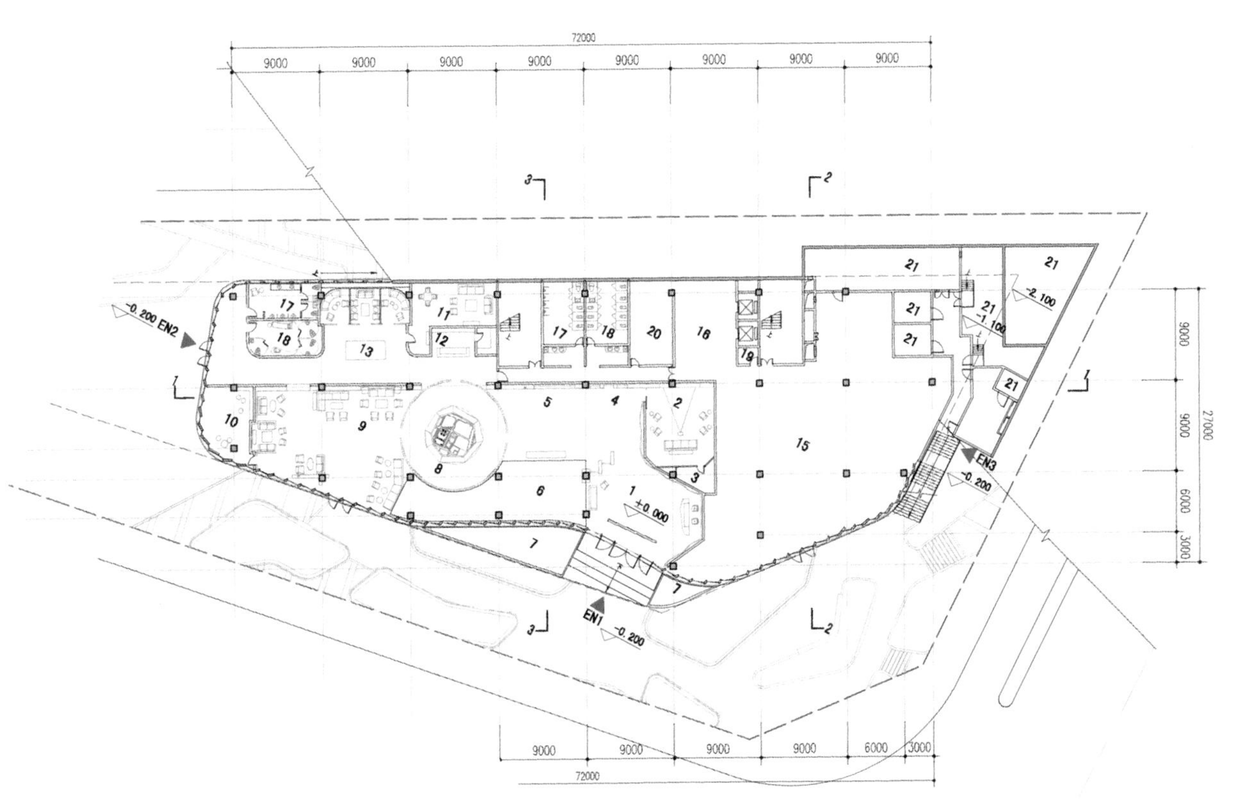


售楼处一层平面图

# 深圳 中国饮食文化城文博宫大酒店

项目名称：深圳中国饮食文化城文博宫大酒店
开发单位：深圳市大贸股份有限公司
设计单位：深圳市建筑设计研究总院有限公司、香港汇创国际建筑设计有限公司

**技术经济指标**
总用地面积：75 194.77m²
总建筑面积：239 563m²
建筑覆盖率：15%
容积率：2.12
绿化率：70%
停车位：523

项目位于深圳市龙岗区布吉鸡公山片区，东北距龙岗中心区19km，南距罗湖中心区5km，距福田中心区7km，距南山中心区21km，拥有极佳的区位条件。

基地地势北低南高，基地高差140m。基地底部为填土空地。东面是开阔的山口，南、北、西三面是鸡公山体，植被茂密。

清平高速

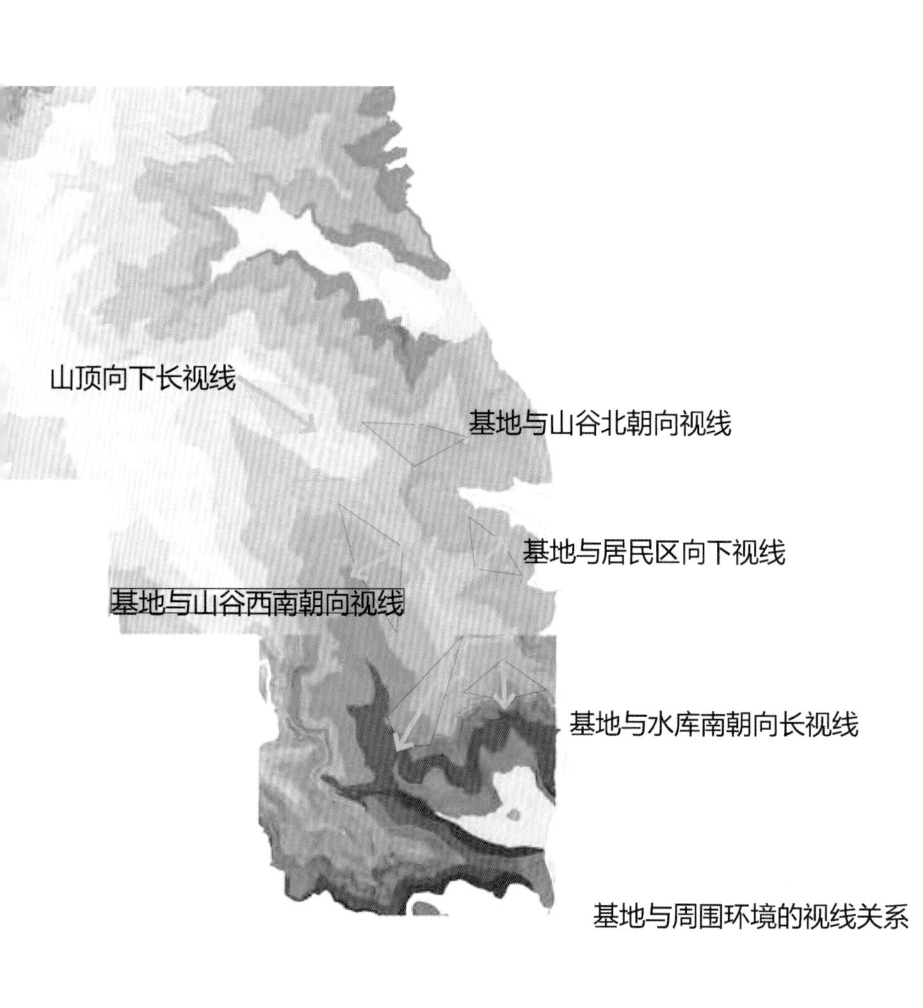


基地与周围环境的视线关系

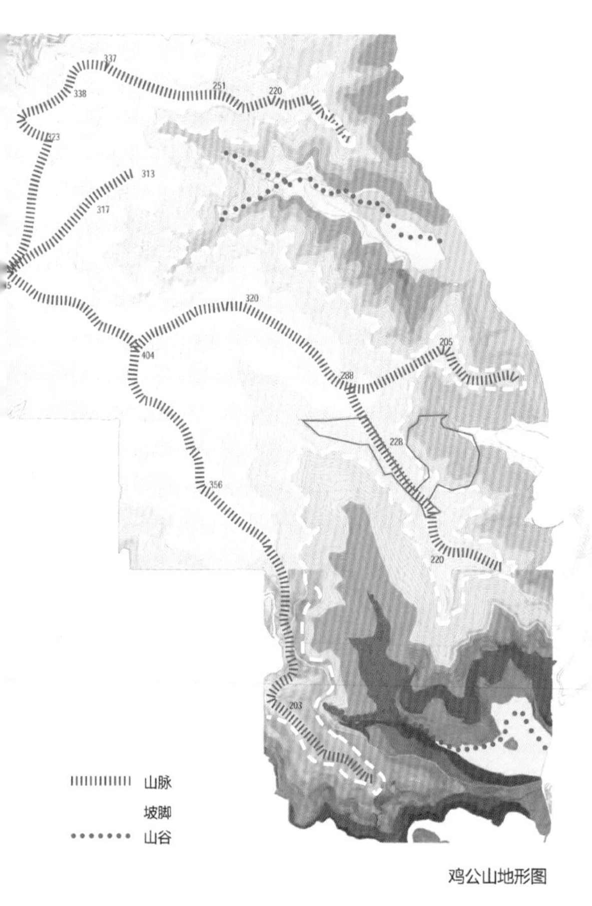


鸡公山地形图

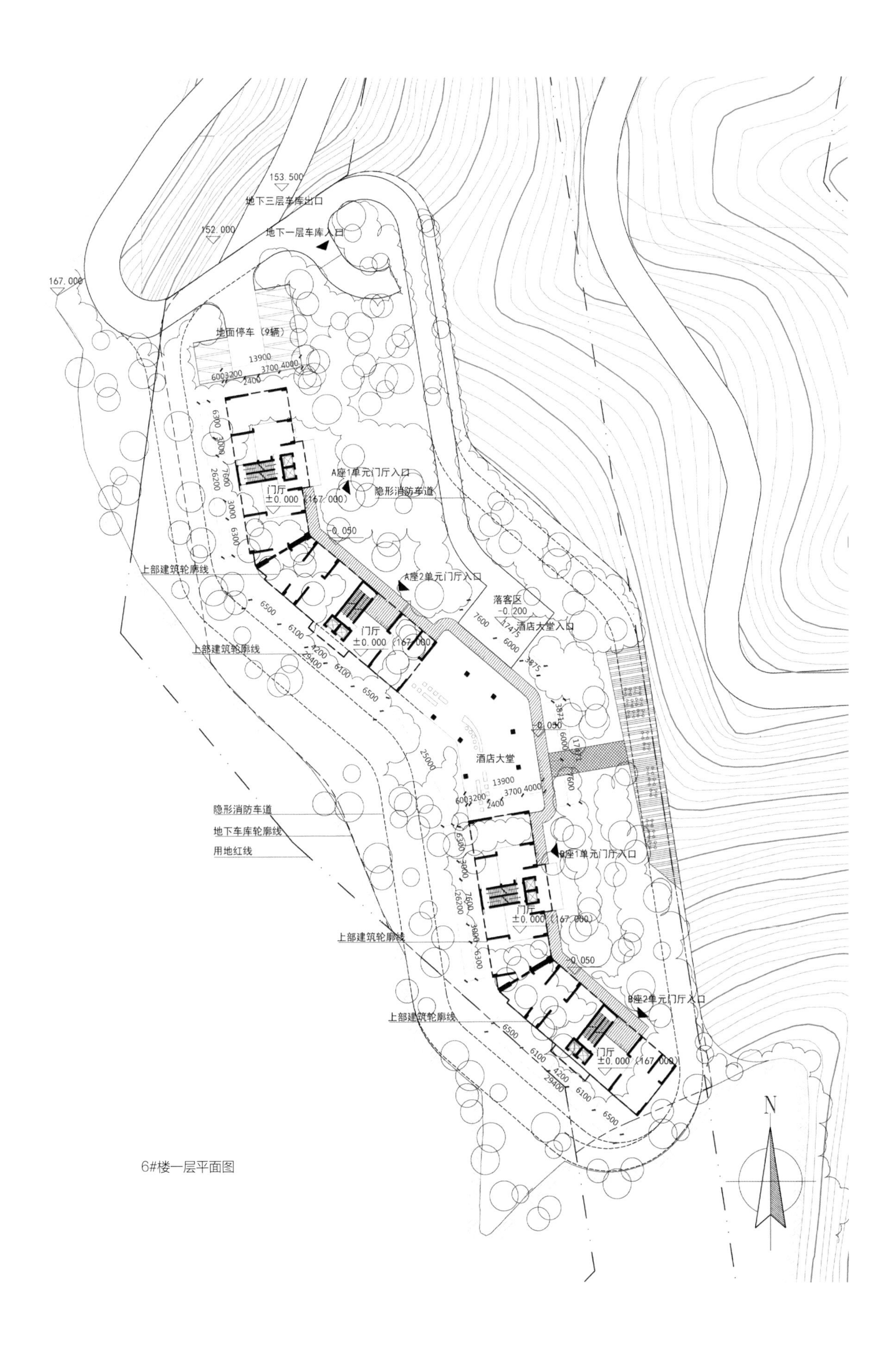


6#楼一层平面图

## 生态组合

规划通过台地、覆土及本土植物配置等方式进一步强化人造景观与自然环境的融合。本案后期重新配置乔木、灌木及花卉植物，注重色彩搭配，营造出充满活力的酒店景观组团区。

# 深圳 璞岸33

项目名称：深圳璞岸33
开发单位：深圳嘉霖地产
设计单位：森磊国际

**技术经济指标**

一期：
总用地面积：18 463.27m$^2$
总建筑面积：60 312m$^2$
容积率：2.05
建筑密度：30%
绿化率：30%
总户数：425
总停车位：300

二期：
总用地面积：9 394.25m$^2$
总建筑面积：30 821m$^2$
容积率：2.06
建筑密度：30%
绿化率：30%
总户数：214
总停车位：150

项目位于深圳大鹏中心区内，于龙岗区大鹏镇大鹏街道大鹏山庄以北，濒临海湾，四周有大量的绿地，有良好的景观资源，由大鹏山庄路分为南、北两个不规则多边形地块。北向地块稍大， 其东西长140m，南北长227m。总开发建设规模达10hm$^2$以上。项目用地濒临城市规划主干道大鹏山庄路，对外通达条件较好。用地北侧为现状水库，有现状形成的汇

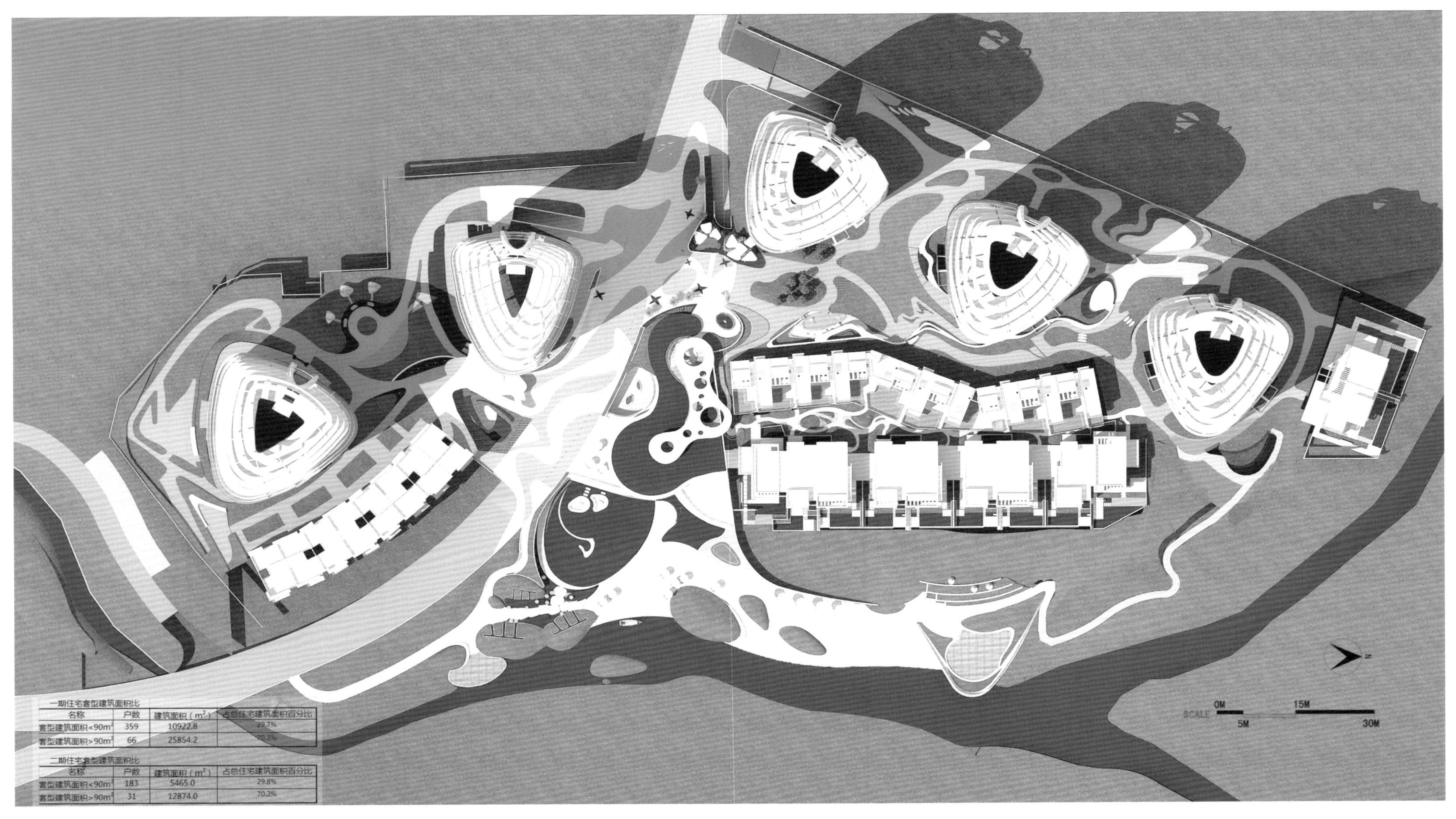


一期住宅套型建筑面积比

| 名称 | 户数 | 建筑面积（$m^2$） | 占总住宅建筑面积百分比 |
| --- | --- | --- | --- |
| 套型建筑面积<90$m^2$ | 359 | 10922.8 | 29.7% |
| 套型建筑面积>90$m^2$ | 66 | 25854.2 | 70.3% |

二期住宅套型建筑面积比

| 名称 | 户数 | 建筑面积（$m^2$） | 占总住宅建筑面积百分比 |
| --- | --- | --- | --- |
| 套型建筑面积<90$m^2$ | 183 | 5465.0 | 29.8% |
| 套型建筑面积>90$m^2$ | 31 | 12874.0 | 70.2% |

水系统，以后在建设基地的同时可以改造水库的支流，让支流及周边的绿地变成一片宜人、贴近自然的生活休息区。基地被一条规划道路分为两部分，两个部分之间用天桥连接，使得项目用地更加完整，联系更紧密。基地西南面有大片的生活居住区，这片居住区的建筑多为低矮的楼房，建筑形象较差。基地周边用地被绿化覆盖，这片绿地上有各种树木和灌木丛，是很好的景观资源，可以加以整治、利用。

DIEFU GAR

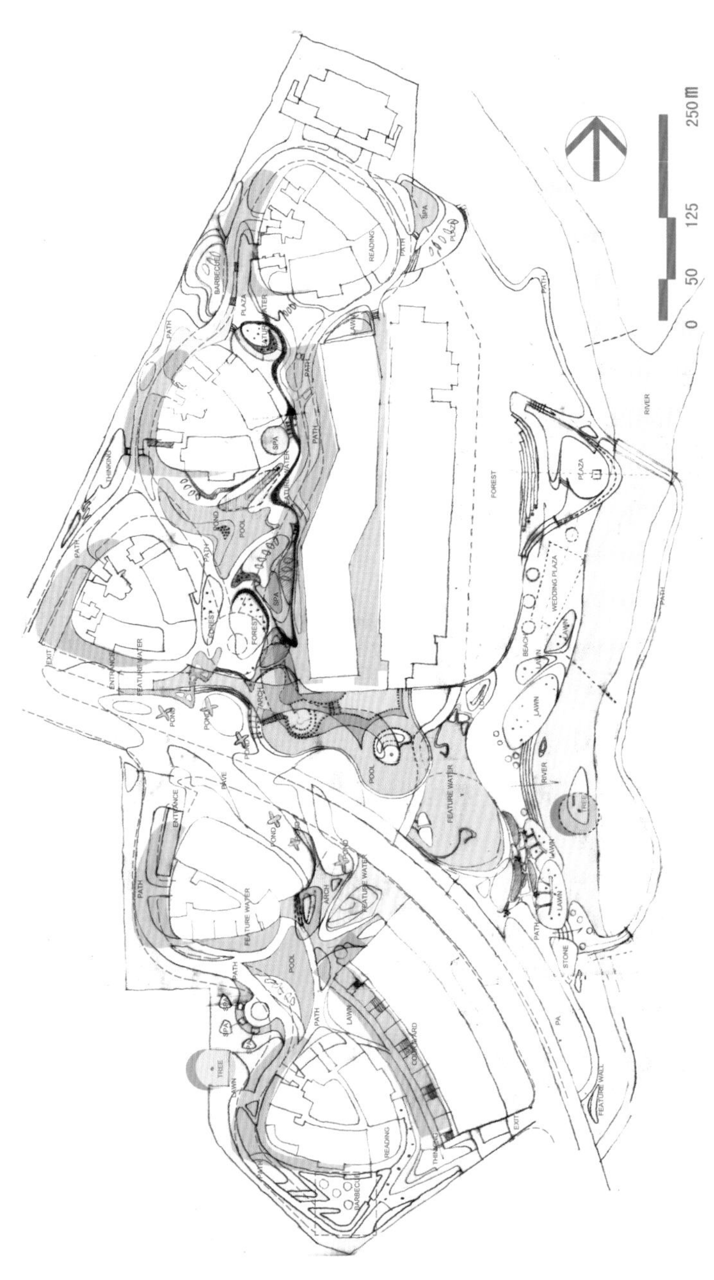

0
50
125
250 m
RIVER
FOREST
PLAZA
WEDDING PLAZA
BEACH
LAWN
POOL
FEATURE WATER
PATH
ENTRANCE
EXIT
DRIVE
SPA
READING
BARBECUE
STONE
TREE
COURTYARD
FEATURE WALL

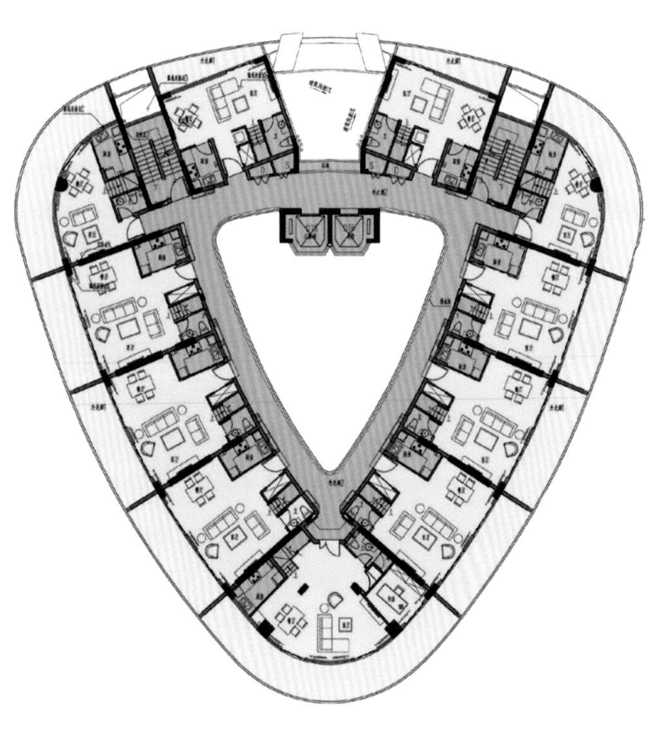

10#楼三层平面图

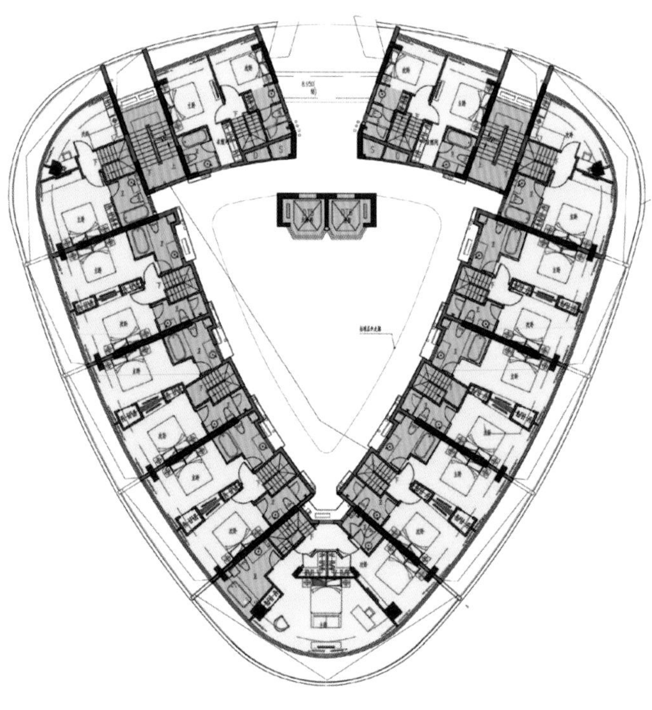

10#楼四层平面图

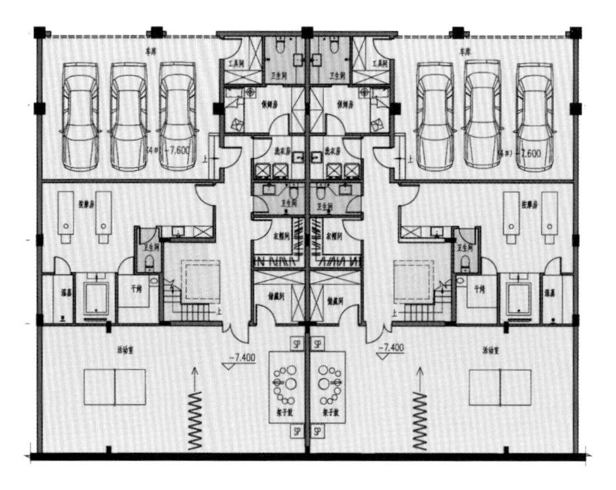

3、4#楼地下二层平面图

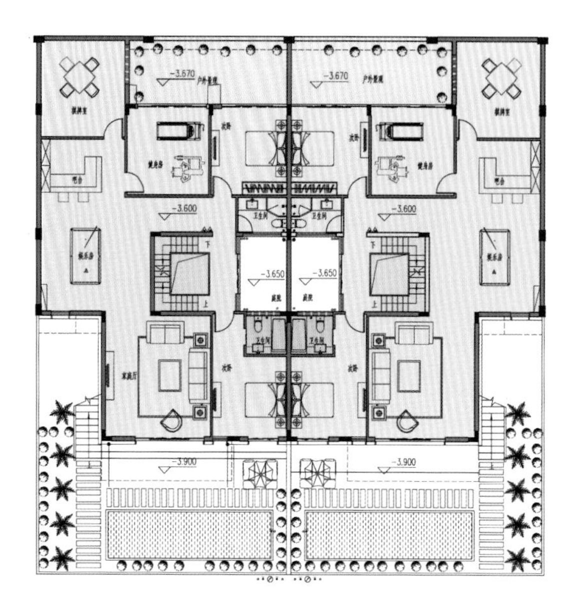

3、4#楼地下一层平面图

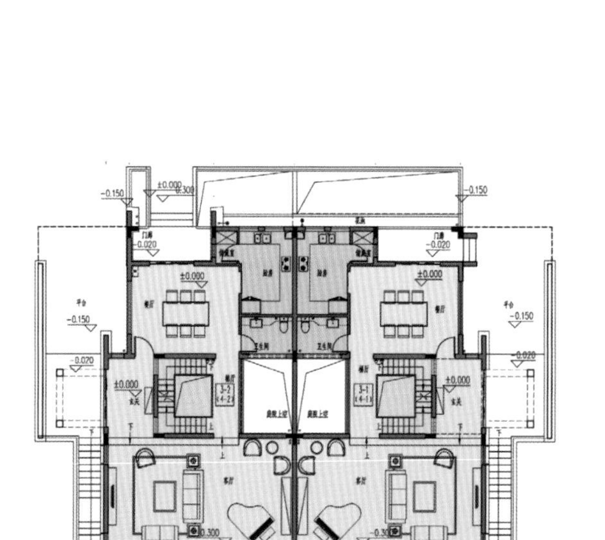

3、4#楼一层平面图

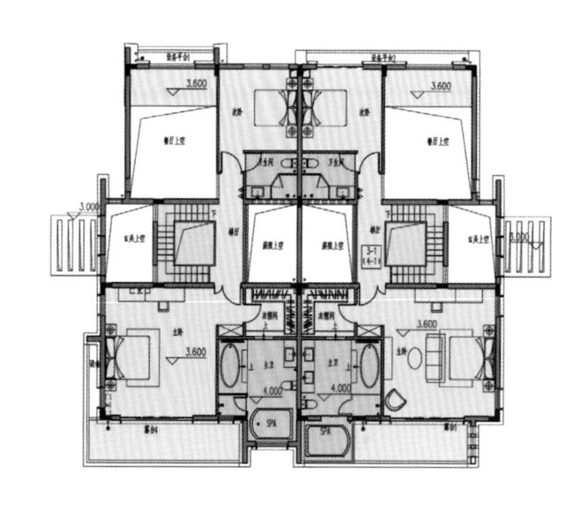

3、4#楼二层平面图

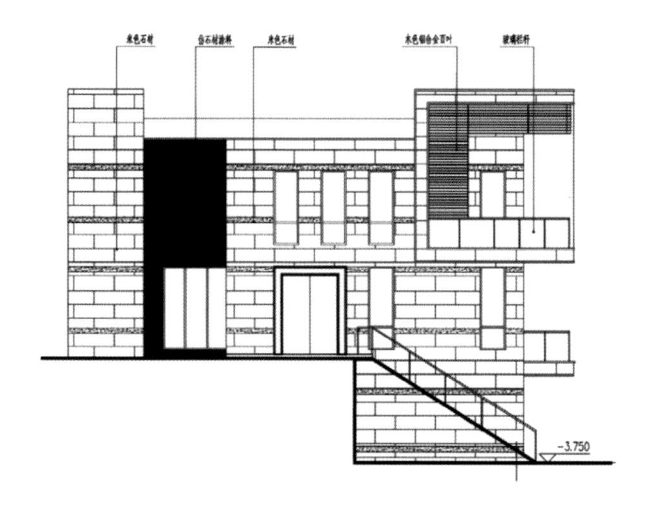

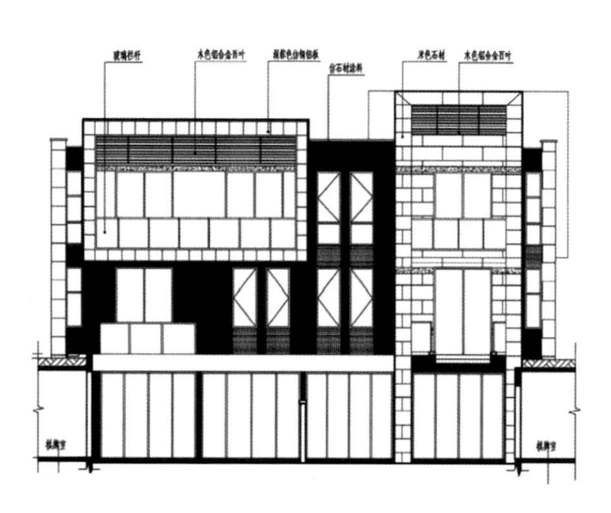

3、4#楼立面图

# 开平 裕邦新外滩

项目名称：开平裕邦新外滩
开发单位：开平富琳裕邦房地产开发有限公司
设计单位：森磊国际

**技术经济指标**
总用地面积：152 665.61m$^2$
总建筑面积：606 221.33m$^2$
建筑密度：24.13%
容积率：2.983
绿化率：44.17%
总户数：3722
总车位：4170

本案位于开平市的东部，距离市中心约3km，交通方便。

新外滩总建筑面积约60万m$^2$，其中商业面积达6万m$^2$，是集高档住宅、室内运动场、大型商业中心、酒店式公寓以及星级酒店的健康人文国际社区。

裕邦新外滩产品设计遵循“以人为本”的原则，强调人、建筑、环境共存与融合，以提高居住生活品质为目标，充分考虑人的各方面需求、创造有丰富内涵的社区场所空间，使业

高压走廊
建设用地规划红线
建筑控制线
地下室轮廓线
规划路边线
征地线
人行出入口
商业 3F
1B#
展厅 1F
商业 4F
2B#
公寓 18F
1A#
住宅 18F
公寓出入口
运动中心 3F
2A#
地下车库出入口
商业 4F
商业 3F
3#
公寓 8F
文化教育中心 3F
垃圾房
A#
商业 1F
H1
H2
H3
B#
商业 1F
H8
H9
C#
商业 2F
强电机房
H5
H19
住宅 1F
H4
H10
可建设用地
H6
体育活动场地
小区主出入口
车库出入口
H17
H18
H11
H7
D#
商业 2F
H16
E#
H14
H12
H13
H15
车库出入口
小区次出入口
紧急消防车道出入口
规 划 路
富 强 路
规 划 路
潭 江
N
0 5 15 30 50 (m)

主生活更加舒适惬意。

场地位于潭江两支流交汇处，东侧临潭江，东面、南面、西面及北面均将与城市干道相接。场地地势平整，南临潭江，江对岸为农田，远眺青山，环境优美。

销售中心

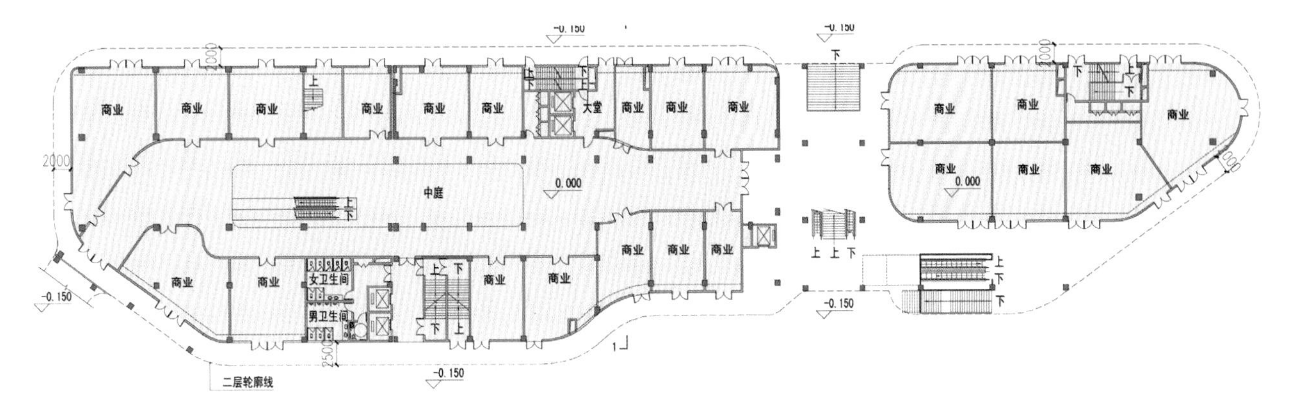


1A#，1B#楼一层平面图

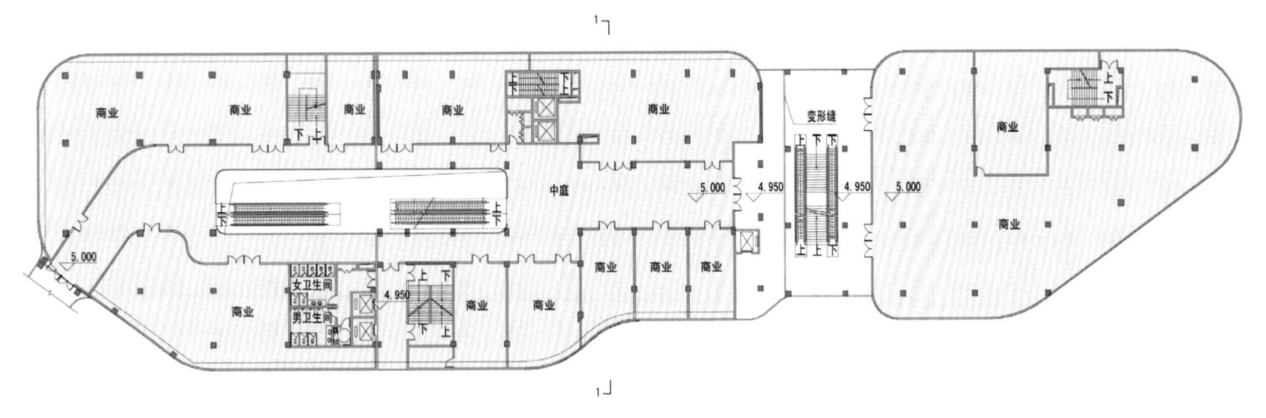


1A#，1B#楼二层平面图

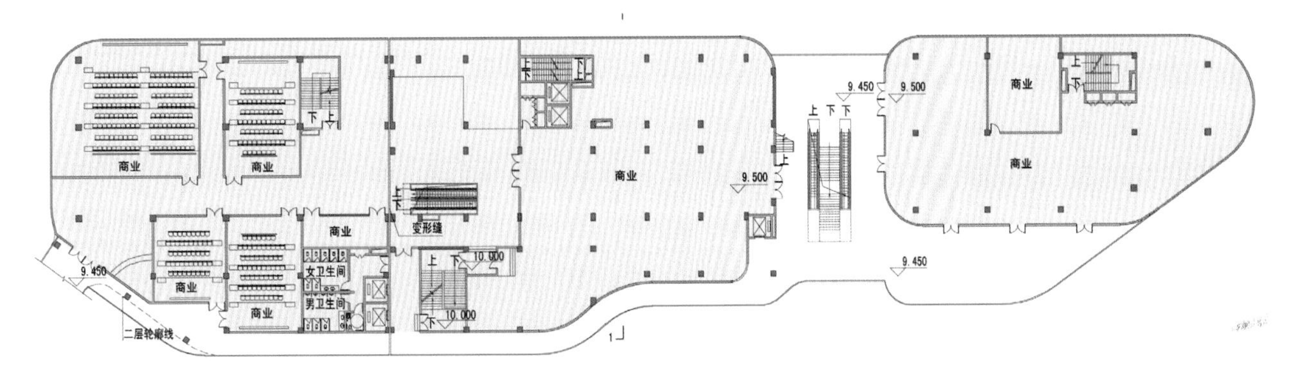


1A#，1B#楼三层平面图

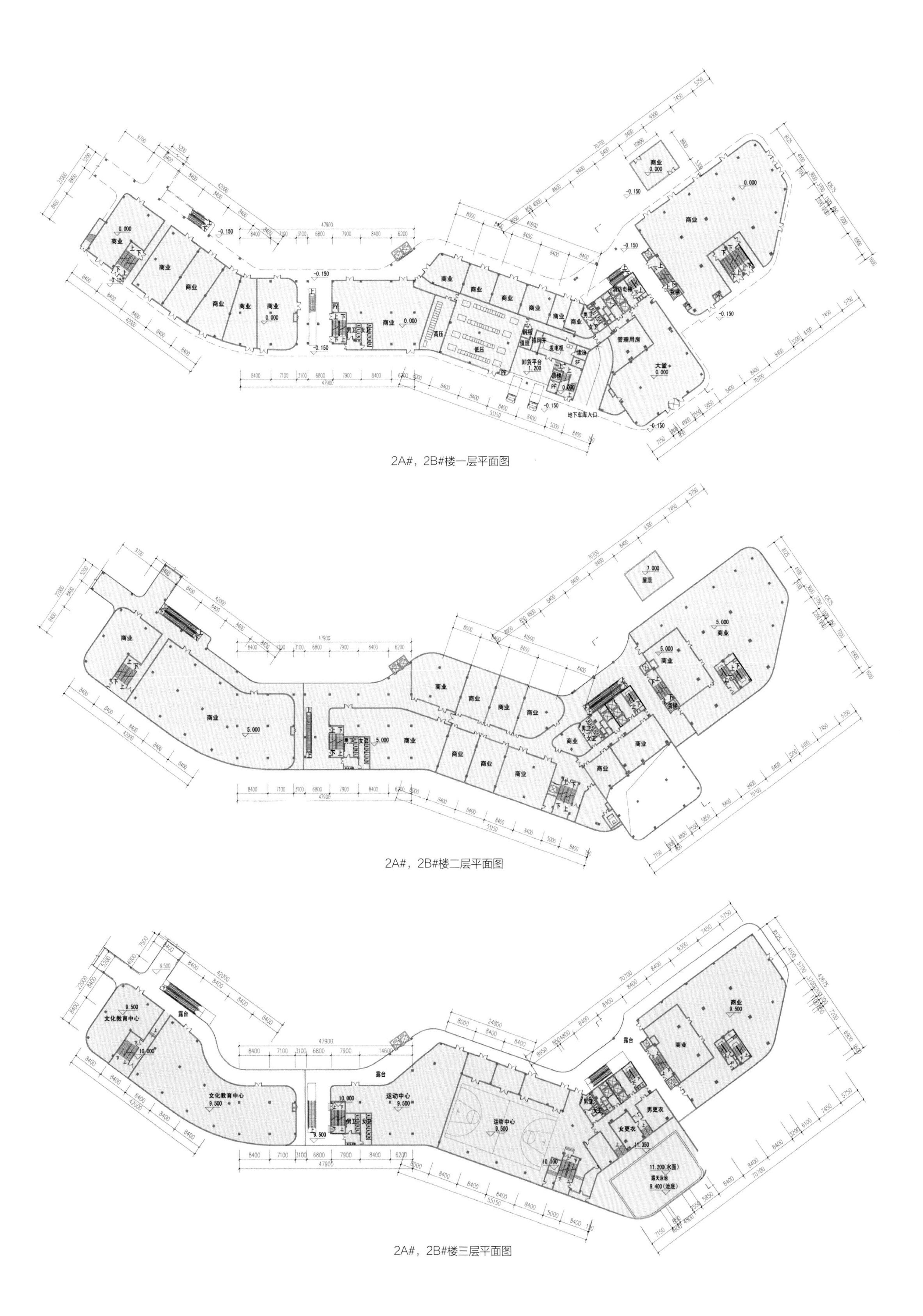

2A#，2B#楼一层平面图

2A#，2B#楼二层平面图

2A#，2B#楼三层平面图

# 深圳 横岗138工业区改造

项目名称：深圳·横岗138工业区改造
开发单位：深圳市中爱联实业有限公司
设计单位：森磊国际

**技术经济指标**

01#地块
建设用地面积：30 362.15m²
总建筑面积：217 833.2m²
建筑覆盖率：58.44%
容积率：5.47
绿化率：20.45%
停车位：1370

02#地块
建设用地面积：6627.45m²
总建筑面积：49 972.5m²
建筑覆盖率：31.40%
容积率：5.60
绿化率：30.77%
停车位：225

03#地块
建设用地面积：8166.9m²
总建筑面积：58 501.4m²
建筑覆盖率：36.01%
容积率：5.30
绿化率：20.82%
停车位：300

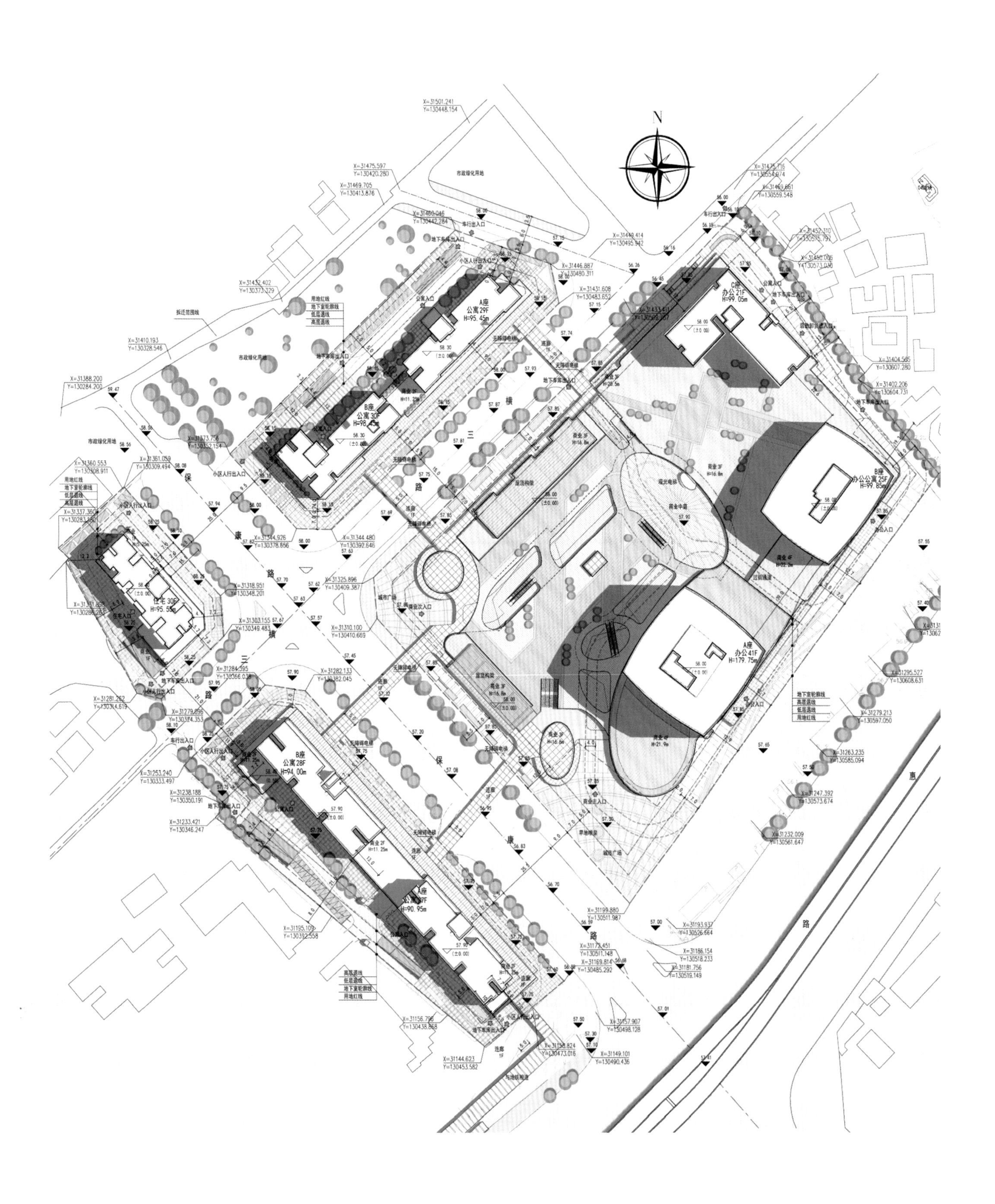

04#地块
建设用地面积：2974.73m²
总建筑面积：22 022.8m²
建筑覆盖率：35.30%
容积率：5.81
绿化率：26.86%
停车位：98

项目位于深圳东部的横岗区域，接近大深圳半小时经济圈的中心位置，到达大深圳区域各重要城市可达性强，辐射范围广，占据深圳东部中心节点，是深圳东部交通体系中连接东西、沟通南北的纽带，是深圳东部的交通枢纽，是港深皖惠

城市发展轴上的重要节点。

横岗位于深圳市总体规划中的龙岗中心组团，将重点依托厦深铁路、城际轨道和高速公路等区域性交通设施，发展成为深圳市辐射粤东地区的门户及深圳向粤东地区辐射的区域性综合服务中心。

用地性质：商业性办公用地，二类居住用地。
项目拆迁用地面积76 421.25m$^2$，开发建设用地面积48 131m$^2$，计容积率建筑面积263 852m$^2$。

**平面构思**

平面注重朝向、景观、自然通风，采光强调视线开阔和景观均好性。室内设计尽可能做到功能布局合理、方正实用。开窗方向满足视线的景观取向，回避对视干扰。

**立面构思**

立面上采用现代的手法，讲究“经典比例的传承与创新，细节上的刻画与塑造，材质上的高贵与贴切”，不失为本项目高端定位的设计手法。建筑外观融合了现代与经典元素，打造出深圳东中心首席商务旗舰区。

商业一层平面图

商业二层平面图

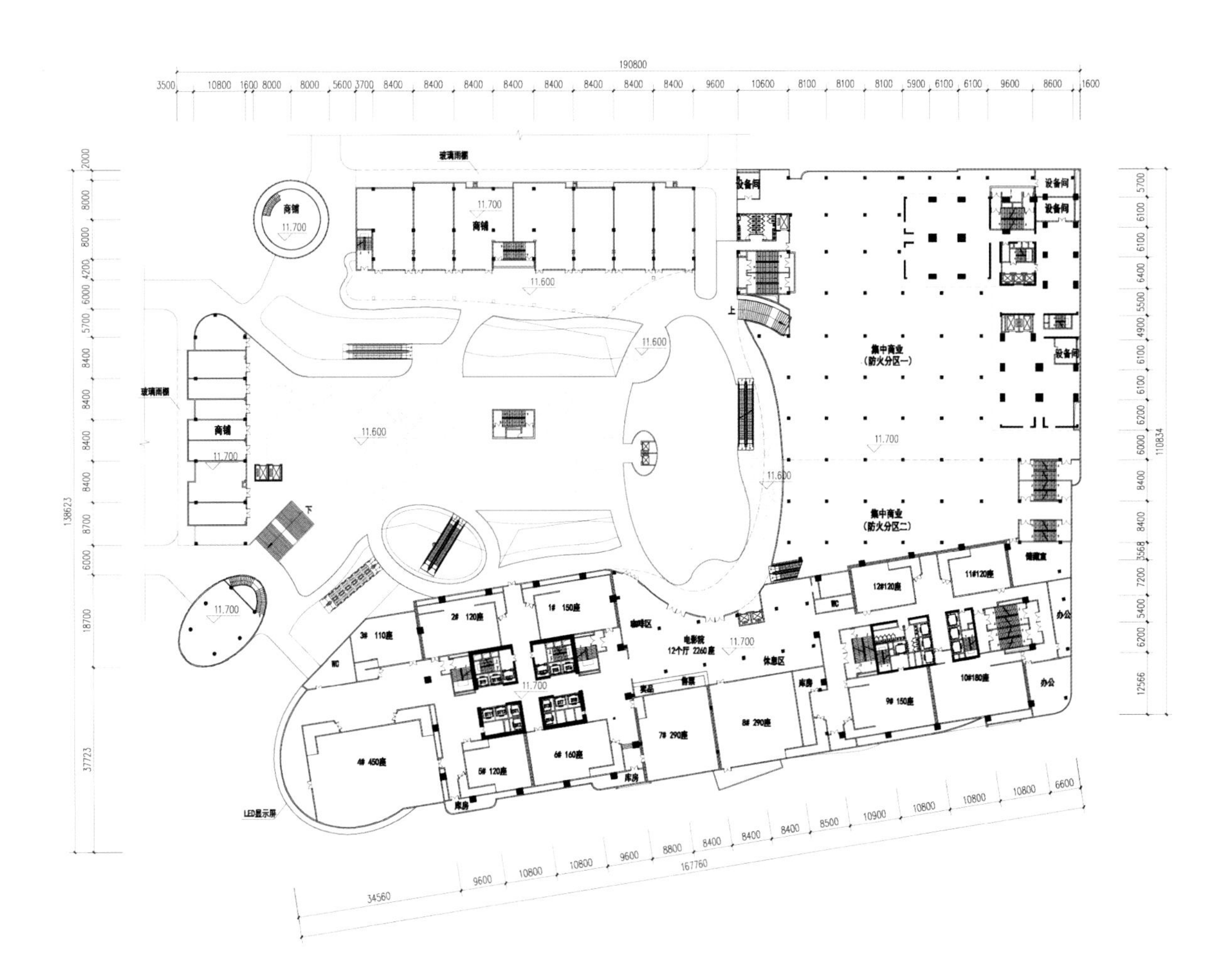

商业三层平面图

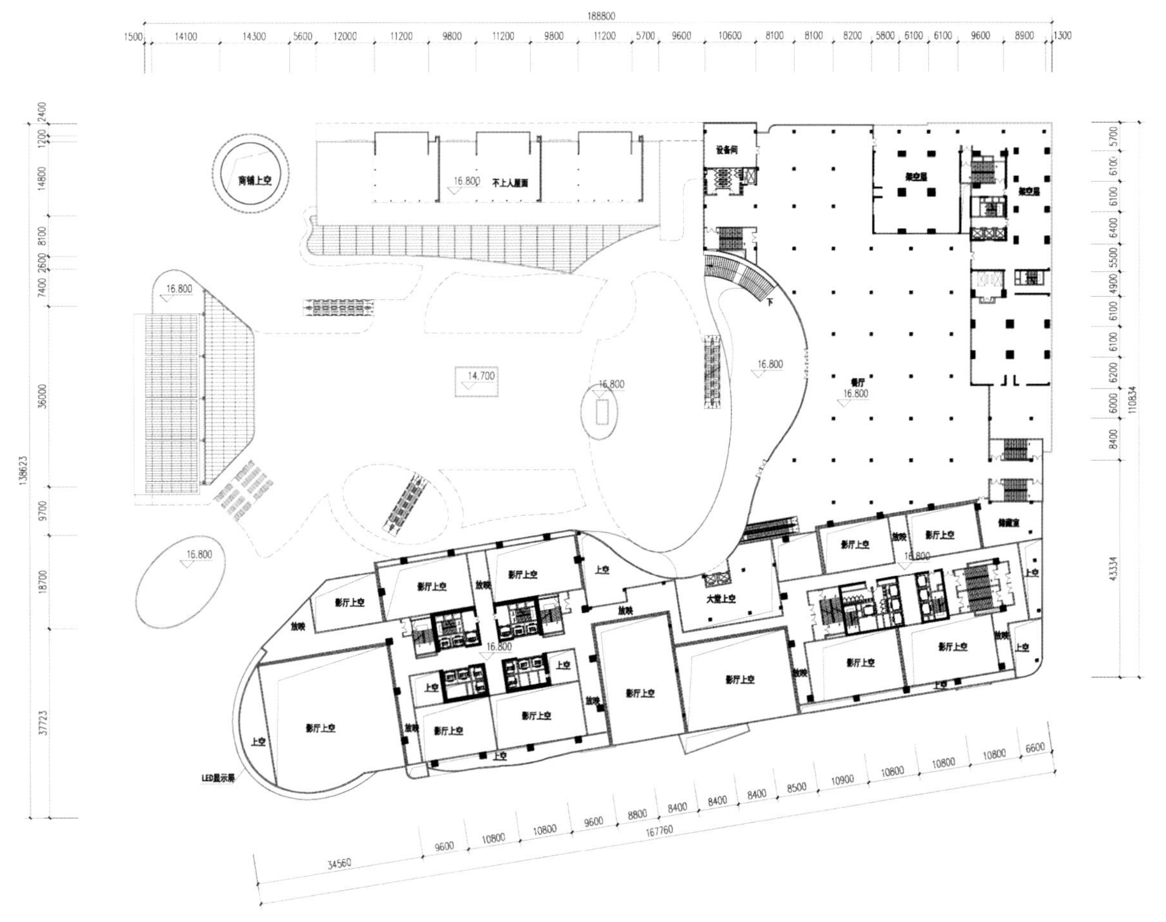

商业四层平面图

优点：180m高的办公楼处于街角标志性强，办公楼与公寓形成一定围合空间，商业室内外结合有较好商业氛围。

缺点：180m高的办公楼离路口太近，有强大的压迫感；商业并未充分利用沿街面；1-04地块保障性用房与住宅两栋楼高差过大。

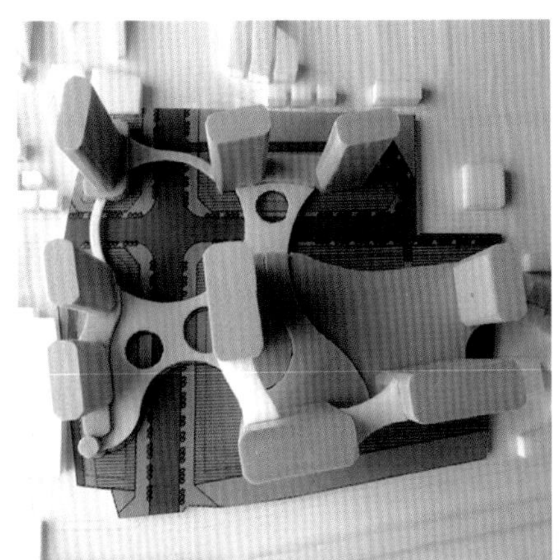

优点：办公楼、公寓及住宅形成良好的围合空间；所有塔楼的高度均控制在100m以下较为节约成本；商业以集中商业为主；1-04地块保障性用房与住宅上下层分区管理设计，形成较为统一的形象。

缺点：办公楼均是100m高，缺少标志性；集中商业过大，缺少沿街商业；整体规划产品单一。

优点：1-02与1-03地块以住宅型公寓为主，增加了产品的多样性；商业以露天沿街商业为主，增加了商业价值。

缺点：180m高的办公楼远离街角，大大削弱了标志性；商业过多的通道使流线混乱。

# 北京 中航国际北京航空城

项目名称：北京中航国际北京航空城
开发单位：中国航空技术北京有限公司
设计单位：中航地产北京城市公司

**技术经济指标**
规划用地总面积：53 411.80m$^2$
总建筑面积：151 935.43m$^2$
容积率：2.1
绿化率：26.7%
总停车位：732

## 项目位置

中航国际航空产业城项目的三个地块位于北京城市中心区东南部新兴的亦庄新城核心区内。

项目用地位于亦庄新城“四横一纵”路网中之“一纵”中心轴——荣华南路的西侧。项目用地的显要地理位置要求设计方案不仅宏伟壮丽、恒久常新、富有代表性，同时还应与周边城市环境中既有建筑和规划建筑保持合理的平衡。

项目用地周边区域主要功能为高新技术产业和先进制造业。因而，该用地非常适宜打造成一个国际化的产业办公园区。

项目设计任务要求将不同规模的办公单元和商业区域整合设计成

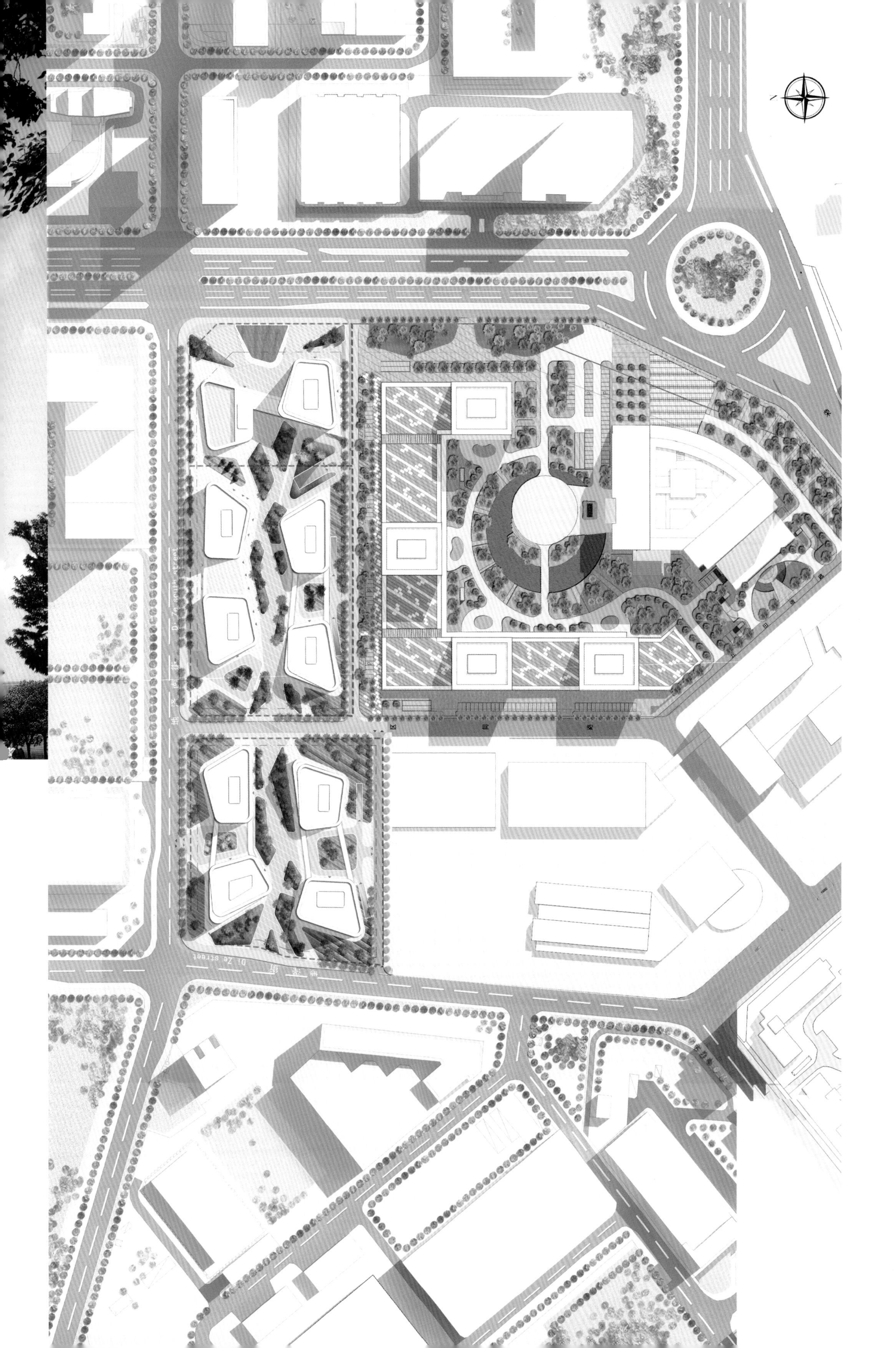
地泽南街 Di Ze south street
地泽街 Di Ze street

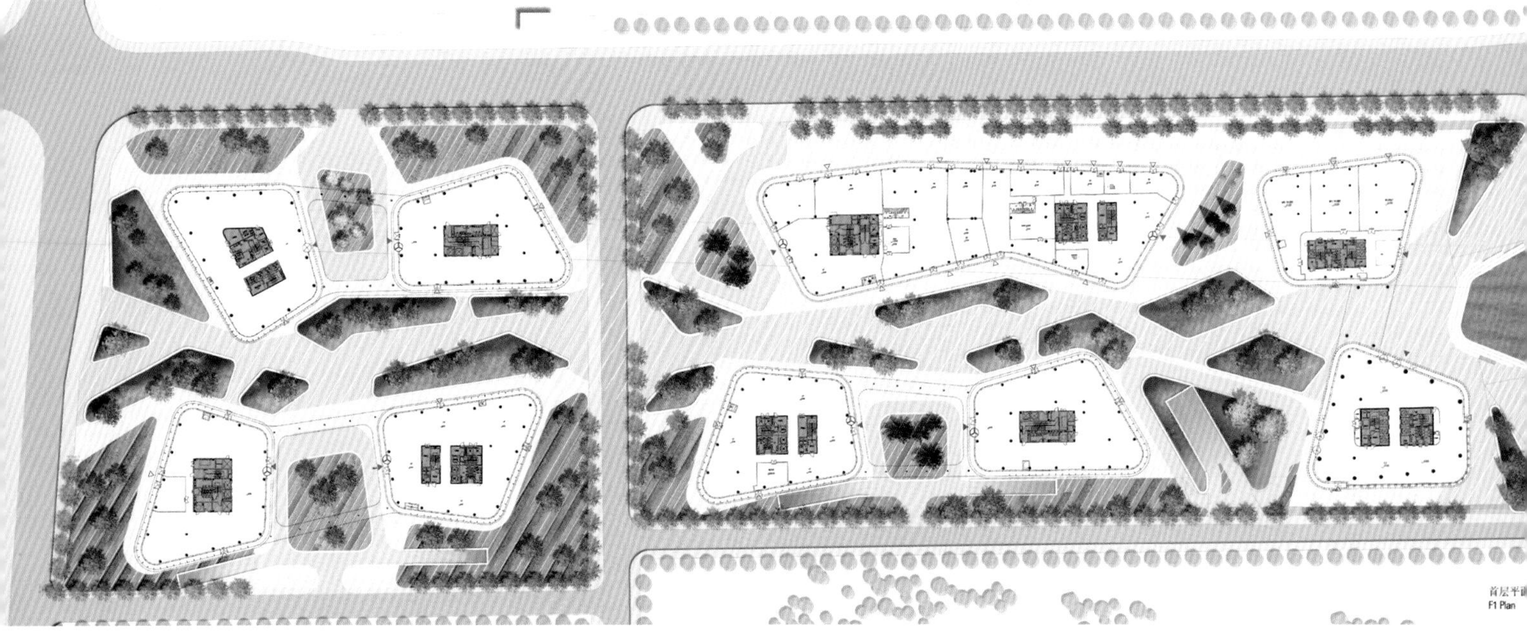

首层平面
F1 Plan

一个建筑综合体；同时，沿荣华南路打造一座共同的地标性建筑，形成一个统一的整体。

**总平面设计**

项目的总体设计思路是创建一座由不同单元组成的大型建筑综合体，使整个项目能在统一性和多样化之间实现平衡。

针对上述设计需求，设计方案提出了简洁且高效的解决办法，即将建筑物分别靠项目用地的北侧和南侧布置，以便在用地中央形成一个集中而优美的绿化景观空间。这种设计布局为整个地块营造了一个大型的标志性场所。同时，建筑物均面向外部大街或地块内部的标志性景观，从而避免形成建筑物背面。此外，建筑物的造型也使得整个综合体从外部，尤其是从荣华南路和地泽南大街和地泽路角度来看，均具有一个清晰无误的独特外观。

**功能布局**

根据项目作为一个高端国际商务中心的功能需求，引入非常灵活的功能布局。为充分利用临街位置，地块北则裙楼内设置有商业配套功能和大型会议厅等公共区域。总平面图上各总部办公楼的布局强调建筑面向荣华南路和地泽南大街的临街关系。主要商业区域设置在荣华南路上的办公塔楼的裙楼内。为确保餐厅高效且相对独立的地运营，还设有专用货梯连接厨房区域和地下一层的货物装卸区。

中航国际
AVIC INT'L

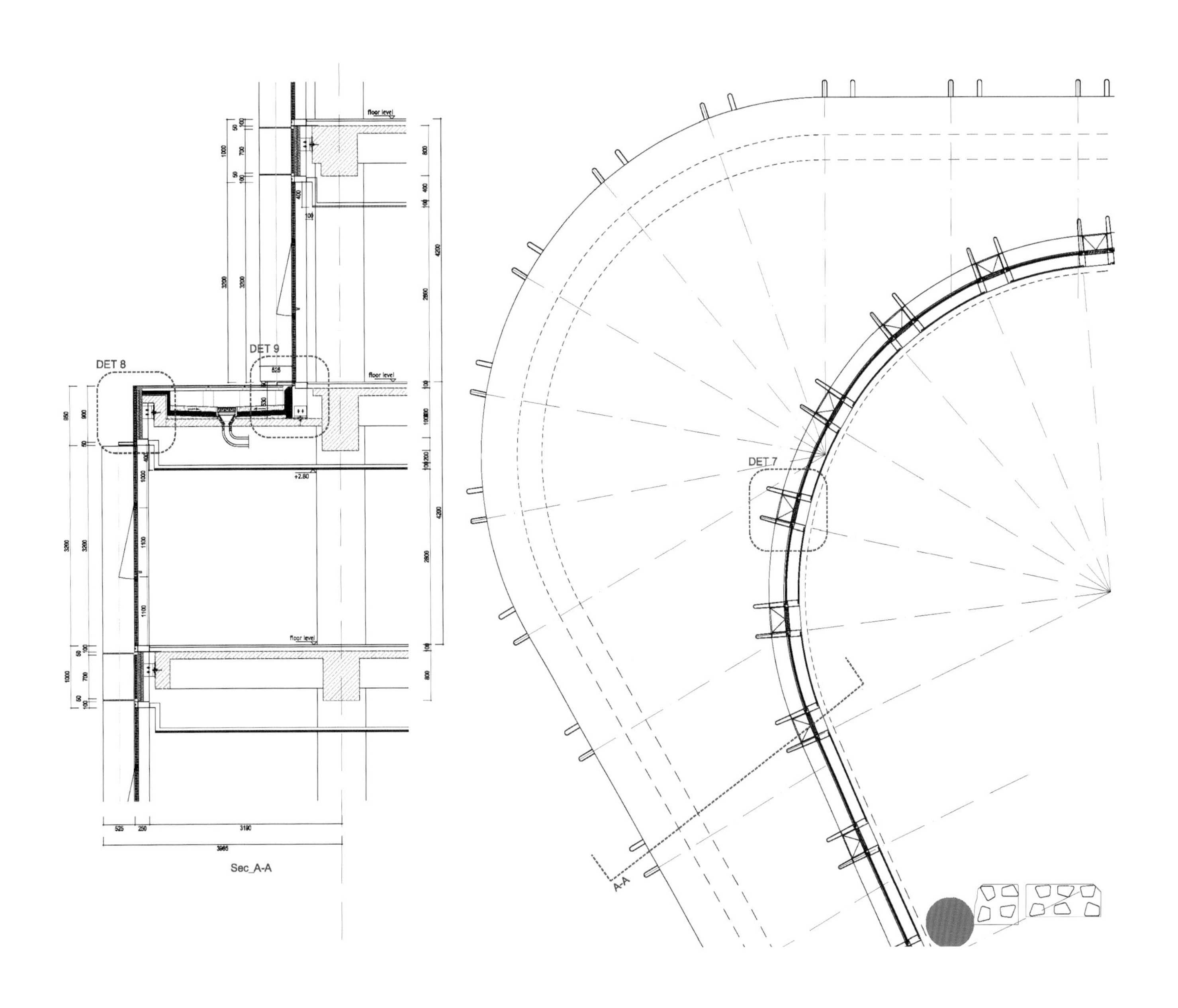
DET 8
DET 9
floor level
floor level
floor level
+2.80
Sec_A-A
DET 7
A-A

# 丽江 古城湖畔假日小镇

项目名称：丽江古城湖畔假日小镇
开发单位：丽江玉龙生态旅游开发有限公司
设计单位：城设（综合）建筑师事务所有限公司

**技术经济指标**
总用地面积：299 377.14m²
总建筑面积：302 160.58m²
容积率：1.01
建筑密度：24.93%
绿化率：45.29%
总户数：2400
停车位：3579

项目基地位于云南省丽江市玉龙纳西族自治县文笔水库附近，文笔山风景区旁。丽江市位于云南省西北部云贵高原与青藏高原的连接部位，东经100° 25′，北纬26° 86′，北连迪庆藏族自治州，南接大理白族自治州，西临怒江傈僳族自治州，东与四川凉山族自治州和攀枝花市接壤。

**规划理念**
以水为界，合院而居，舒适惬意。

本规划立足项目周边大景观格局，将玉龙雪山、文笔山、文笔海、古村落、高尔夫球场等各重要景观节点纳入思考范畴，打造一个属于丽江，也只属于丽江的度假项目。

四方村落中心作为整个规划的核心，连接着用地范围内所有的组团，从中心向四周发散。以水为界，营造出独特的地域环境，给人一种合而不塞、散而不分的建筑空间形态。

叠墅区在满足日照及间距的前提下，将建筑形体以不同的组合形式灵活布局，最大化地提高土地利用率；在环境品质的打造上，同样给人以舒适、宽敞的景观空间感。

北
古村落
古村落
高尔夫球场
(商业步行街，不走车模式)
项目人行主入口
项目车行主入口
项目次入口
地下车库轮廓线
地下车库轮廓线
地下车库轮廓线
用地红线
建筑红线
风情客栈出入口
风情客栈人行出入口
风情客栈
出入口
西方广场
村落中心
中心水景
原有流沙河
改道后的流沙河
改道后的流沙河

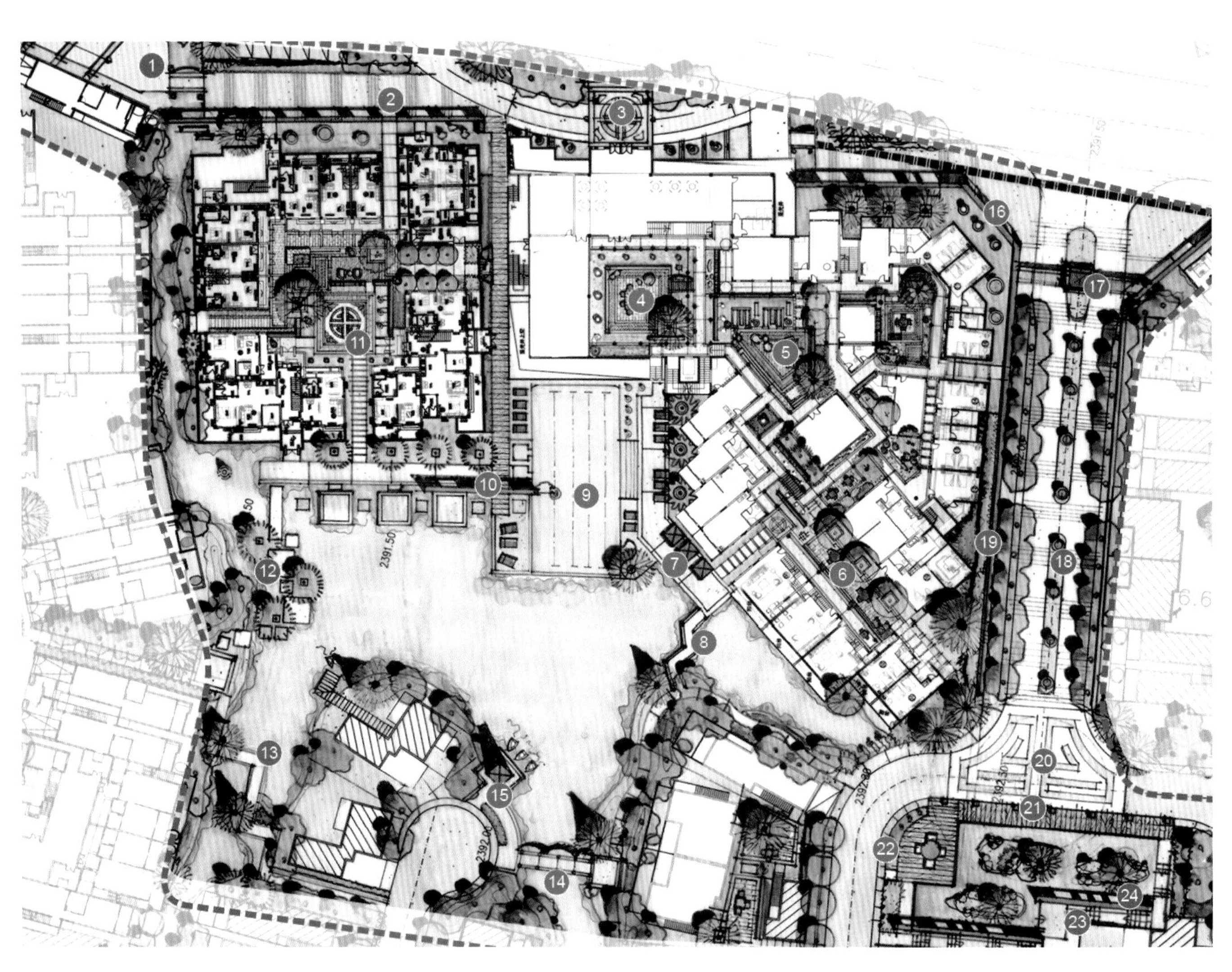
1
2
3
4
5
6
7
8
9
10
11
12
13
14
15
16
17
18
19
20
21
22
23
24
2391.50

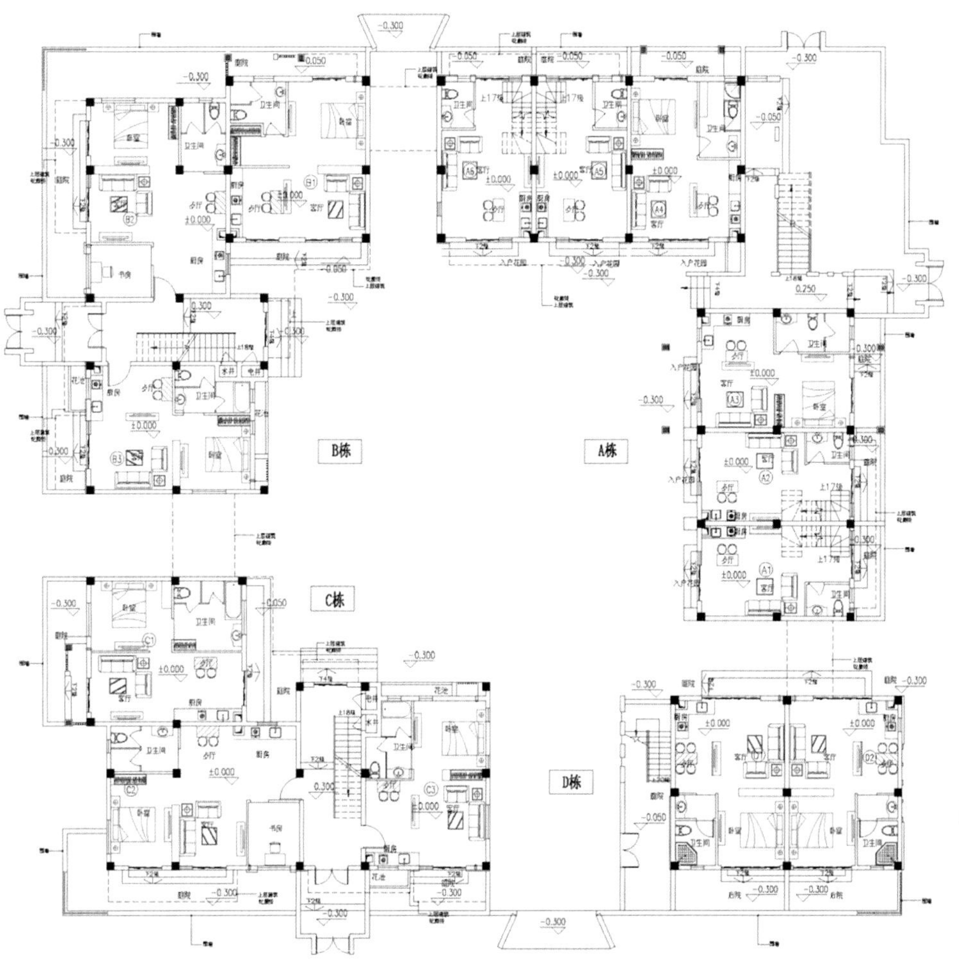


四合院一层平面图

四合院二层平面图

木府客栈正立面图

木府客栈左侧立面图

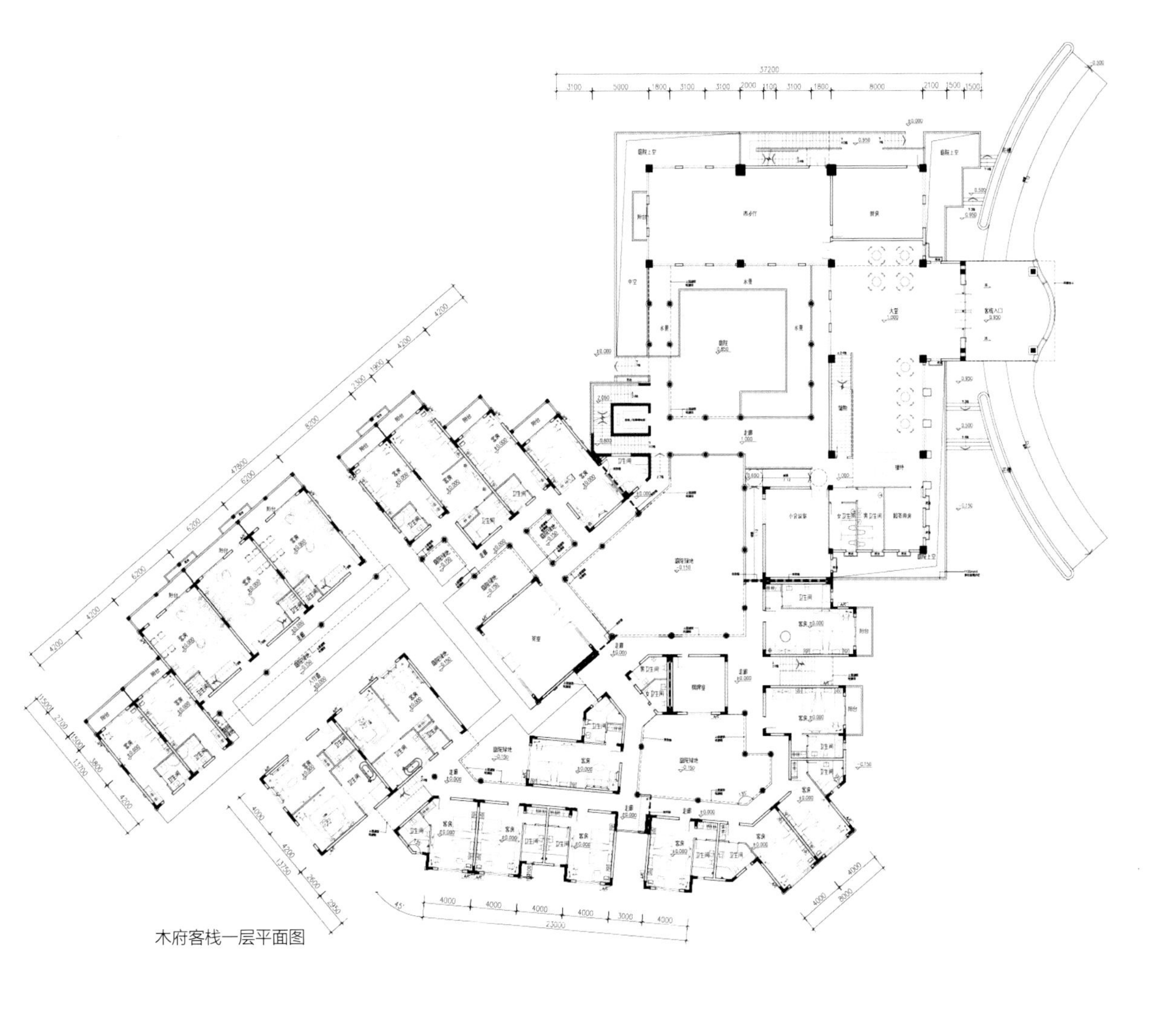

木府客栈一层平面图

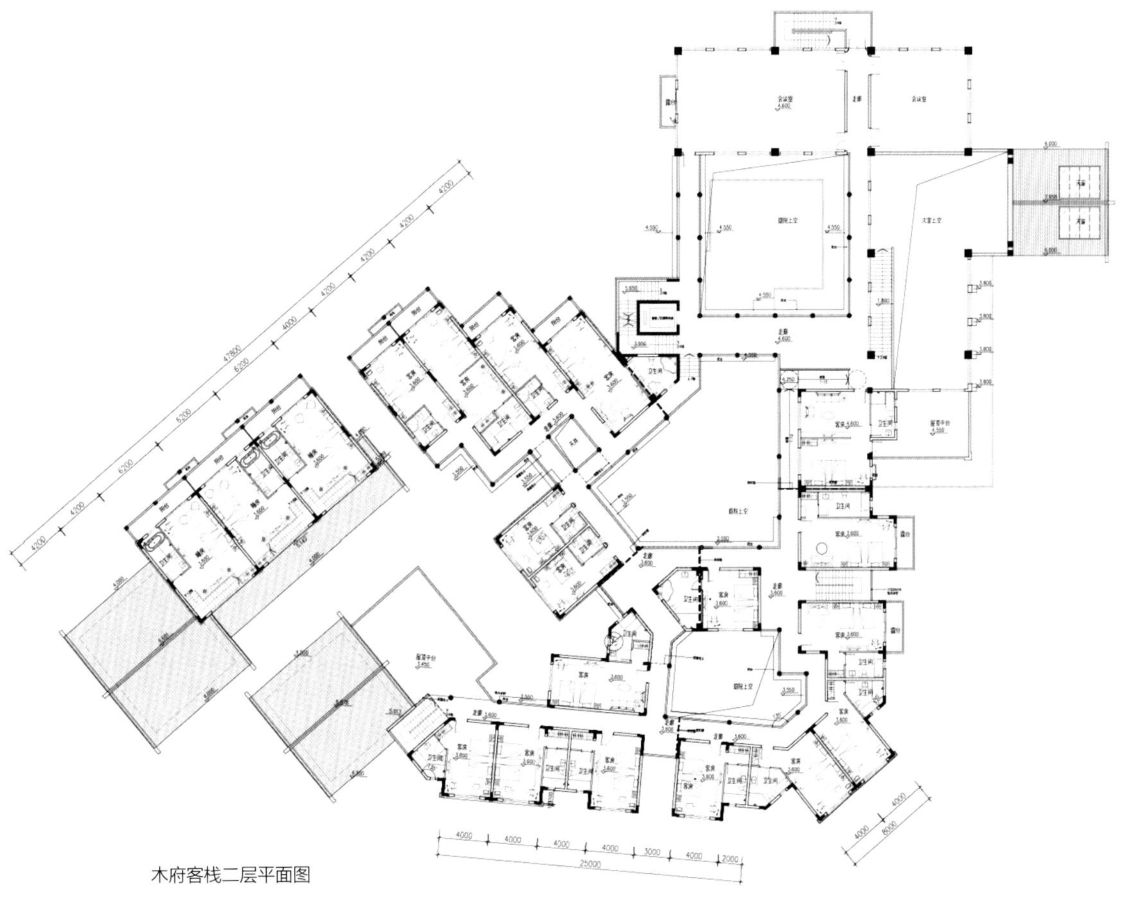

木府客栈二层平面图

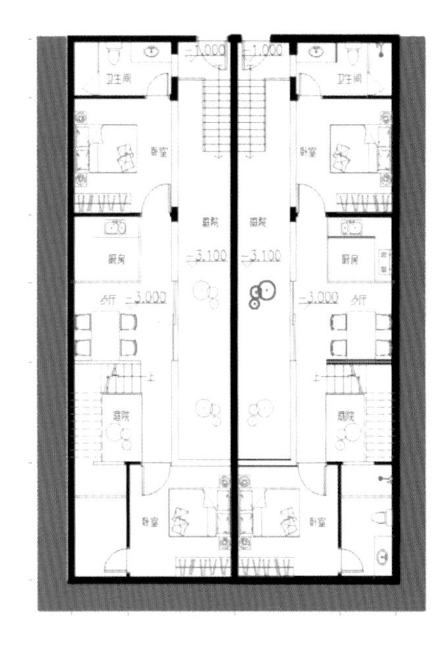

C型合院负一层平面图

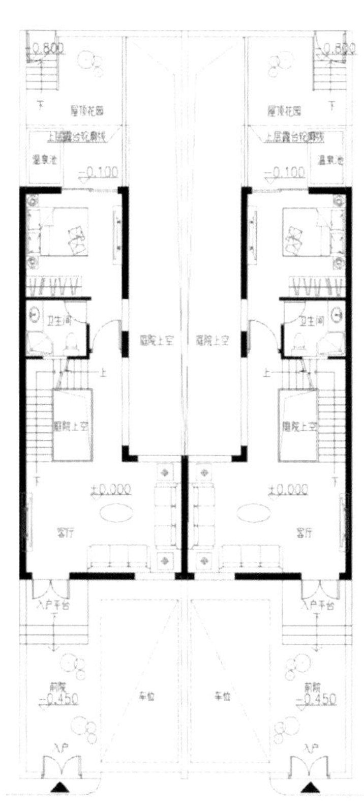

C型合院一层平面图

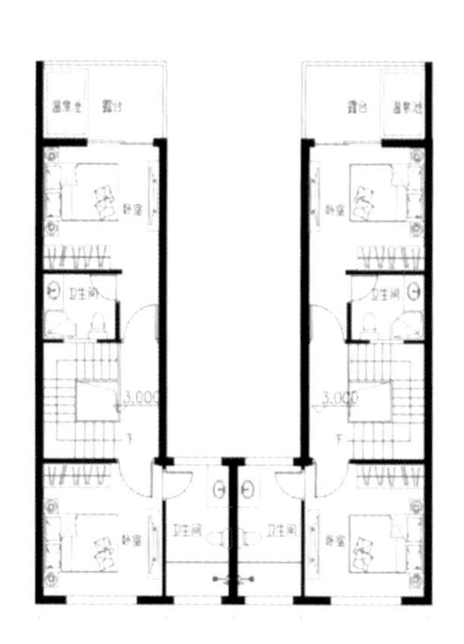

C型合院二层平面图

地块北侧步行风情街根据用地边线的不规则形状，形成具有变化、宽窄不一的商业街区形态。前段有水做点缀，后半段为偏窄旱街，营造有趣多变的休闲共享空间。街道两侧布置大大小小的合院，使用功能上灵活多变，对外可做商铺，对内形成客栈围院。

中央水景以标志性院落建筑为起点和中心点并向西侧纵深处无限延伸，围绕展示区的

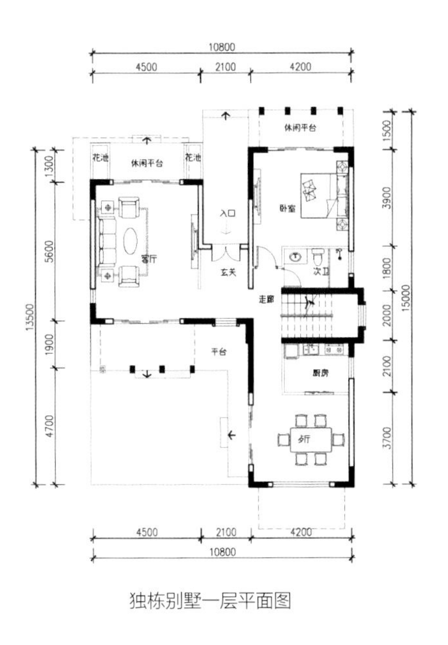

独栋别墅一层平面图

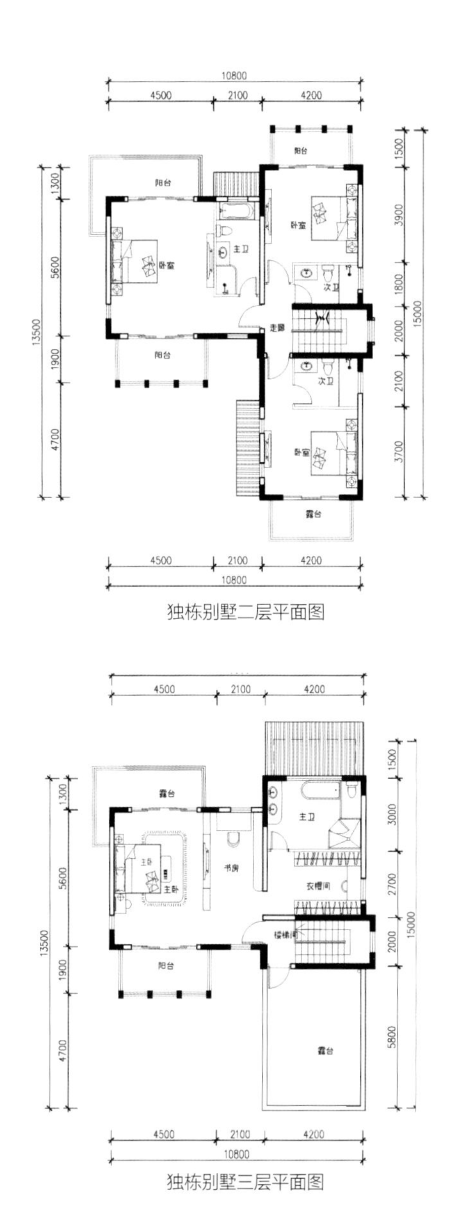

独栋别墅二层平面图

独栋别墅三层平面图

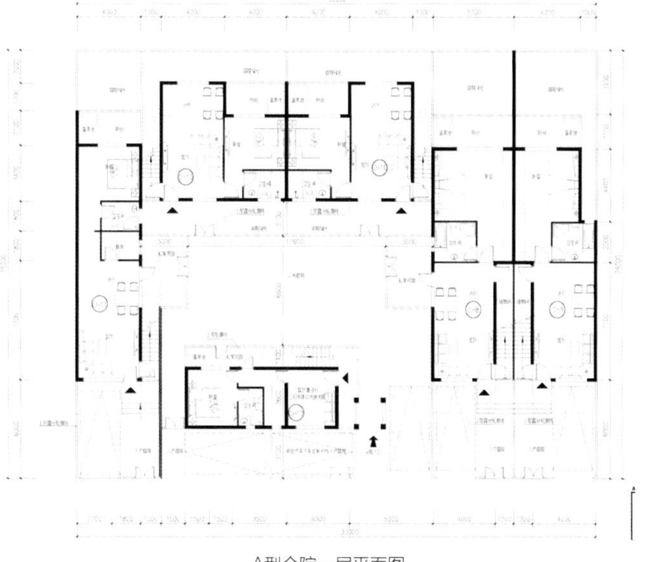

A型合院一层平面图

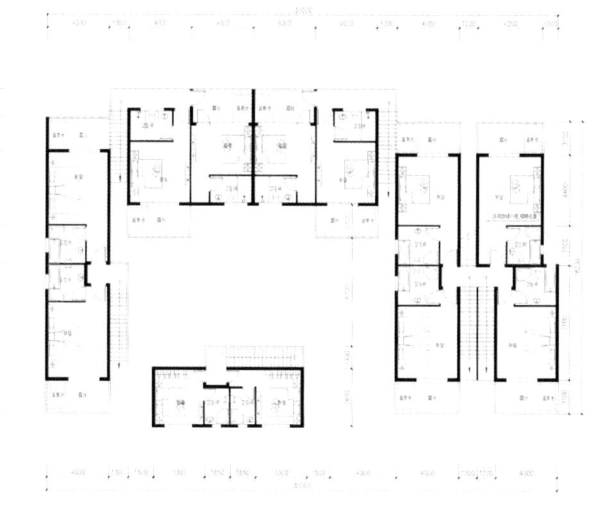

A型合院二层平面图

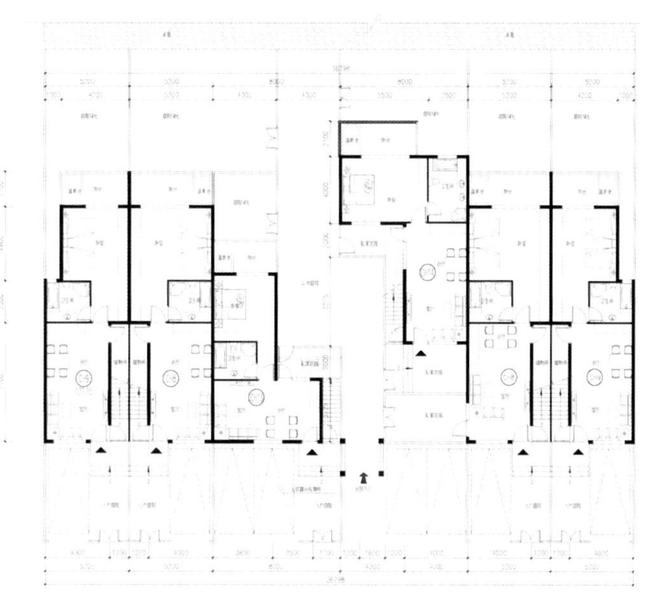

B型合院一层平面图

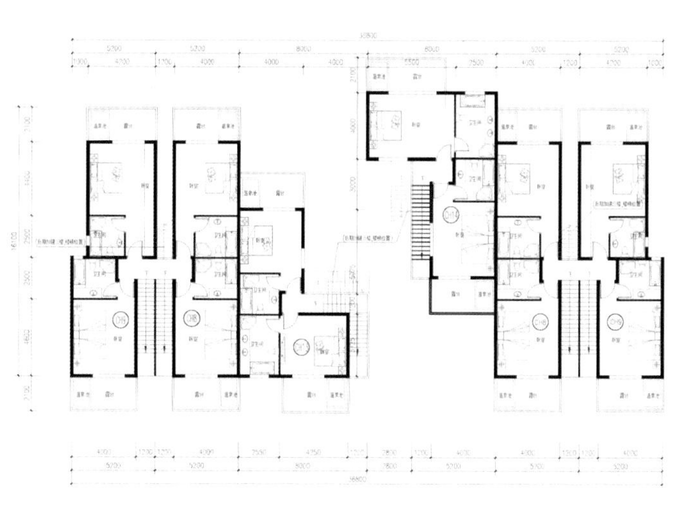

B型合院二层平面图

三个合院形成高品质的水与建筑的空间关系，使人感觉宁静与祥和。

用地右侧地块主打高尔大特色景观，最南侧别墅奢享高尔大私属景观资源；后排布置的产品强调地域优越性及公共大水体景观，提升此地块产品特性。

低密度区以地上小面积别墅户型、地下大面积户型为特点，采用下沉式公共庭院广场与别墅地下空间相连通，以小见大，营造出丰富灵活的建筑及景观空间，整体上提升了大环境品质。

**建筑设计理念**

合院产品布局上强调“墅感”，并吸收纳西民居的合院空间处理方式，通过改进和调整，合院可拆可合，灵活多变，每户拥有水景或庭院等私享景观空间，体现尊贵性。例如：合院A通过吸纳传统四合院民居“三坊一照壁、四合五天井”及前后院“一进两院”的布局原理，采用现代设计手法，诠释出丽江最具有代表性的合院组合形式。合院由五户两层建筑形成一个围合空间，每户都可共享庭院资源，每一种户型形式各异，一、二层空间根据需要灵活分隔，户与户既相对独立，又是一个整体。

木府客栈由三个不同的规则式合院围合成大小不同的院落空间；为整个一期工程打造标志性形象院落，在外立面处理上也将独具匠心；以传统丽江建筑材料为主，强调原木、当地石材及各种代表纳西文化的小品的运用。三组合院可在销售期间整体展示，亦可后期拆分独立使用。

建筑以纳西坡屋顶和木构造为原理，结合现代材料和新技术，使产品极具纳西传统建筑气质，又体现出现代简洁之美的理想效果。

# 上海 龙湖北城天街

项目名称：上海龙湖北城天街
开发单位：上海龙湖置业发展有限公司

**技术经济指标**
用地面积：81 637.1m$^2$
总建筑面积：403 832m$^2$
C2-3容积率：3.0
C3-2容积率：4.0
建筑密度：51.8%
绿化率：16%
停车位：2063

本项目为规模40hm$^2$的商业综合体，是7号线刘行站地铁上盖的项目，基地处于顾村配套商品房基地的中心位置，周边设施包括顾村公园、复旦大学附属华山医院北院等，周围多数居住社区已建成。本案分为南、北两个地块，两个地块之间为公交枢纽及“P+R”停车场。

## 设计思路

本项目依托地铁7号线带来的大量人流，将南地块作为持有商业区，北地块为销售商业区，南、北地块分别布置办公塔楼。商业界面主要沿陆翔路和丹霞山路展开。同时，由于基地内有轨道交通隧

潘
广
路
丹
霞
山
路
翔
沪
联
路
丹
霞
山
路
黄
海
N
车行出入口
回车场地
公共服务用房
变电站35Kv
办公
商业
露台
商业街入口
公交车出入口
人行入口
天窗
MALL
地下车库出入口

道线通过，北地块建筑布局需退离地铁沿线一定距离，在此范围内布置公共广场及少量地面停车位，为市民提供公共活动的场所。

设计中重点打造一条灵动、快捷的动线，贯穿整个项目的南、北两个地块，有效连接起城市地铁、公交枢纽、“P+R”停车场与本项目的商业综合体，南北地块浑然一体，给客户以舒适、称心的购物体验。整体交通组织实现了地铁、公交、机动车、非机动车、出租车等交通方式无缝对接。北地块车辆可以直达销售商业的环通内街，交通便捷，快速有效。商业人流主要由西侧陆翔路进入，其中北地块是人车混行的交通模式，地块内的纵横道路及二层、三层的回廊都可以供人通行，最大限度地为各个商铺带来人流。南地块地铁出口处设置通道与本项目连接，方便行人顺畅地到达本项目各个位置。商业人流与办公人流分开。人行流线串联起景观步道与不同性质的驻留空间，步移景异，购物的同时可以观景，给人们带来美好的购物环境和感受。本项目通过紧凑的、友好的步行网络创造步行化空间，创建以人为本的和谐商业中心。

**立面造型**

立面造型为现代风格，大量采用流畅简洁的线条，力求营造时尚稳重、精致大气的格调，亦具有较强的商业可识别性。景观设计

天街

Dior
CHARRIOL
GUCCI
ROLEX
FENDI
CITIZEN
Cartier
EMPORIO
IWC
RADO
GUESS
SEIKO

PRADA
天街
Paradise Walk
HERMES
CHANEL
Electrolux
PRADA
Longfor

Matte Sticks

Longfor
天街
Paradise Walk
COACH
GUCCI

天街
Paradise Walk
VERS
ALFRED DONHILL
STEFANEL
Cation Calkation

HERMÈS
MONCLER
MONCLER
LANCOMĒ
LANVIN
GUCCI

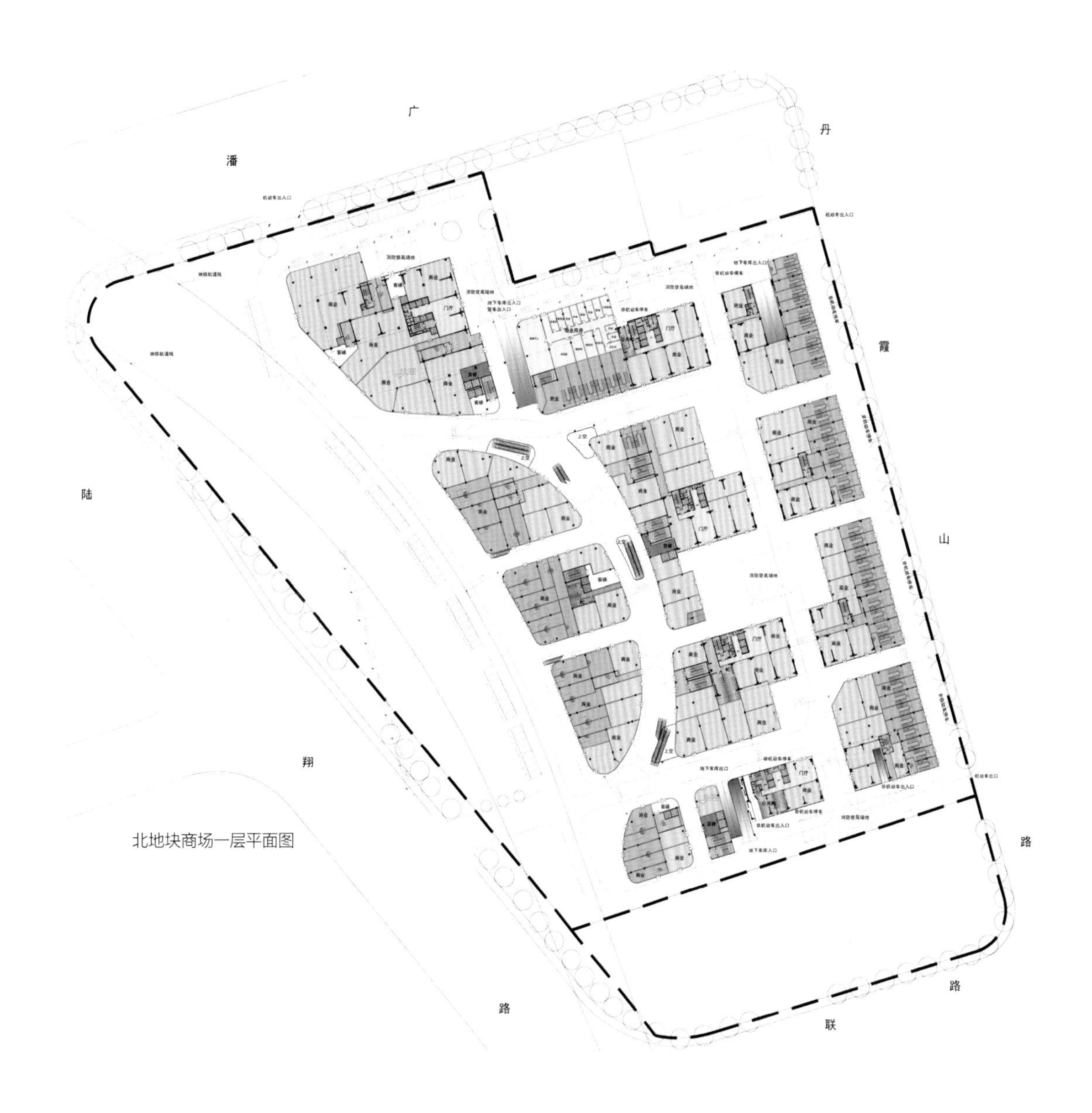


北地块商场一层平面图

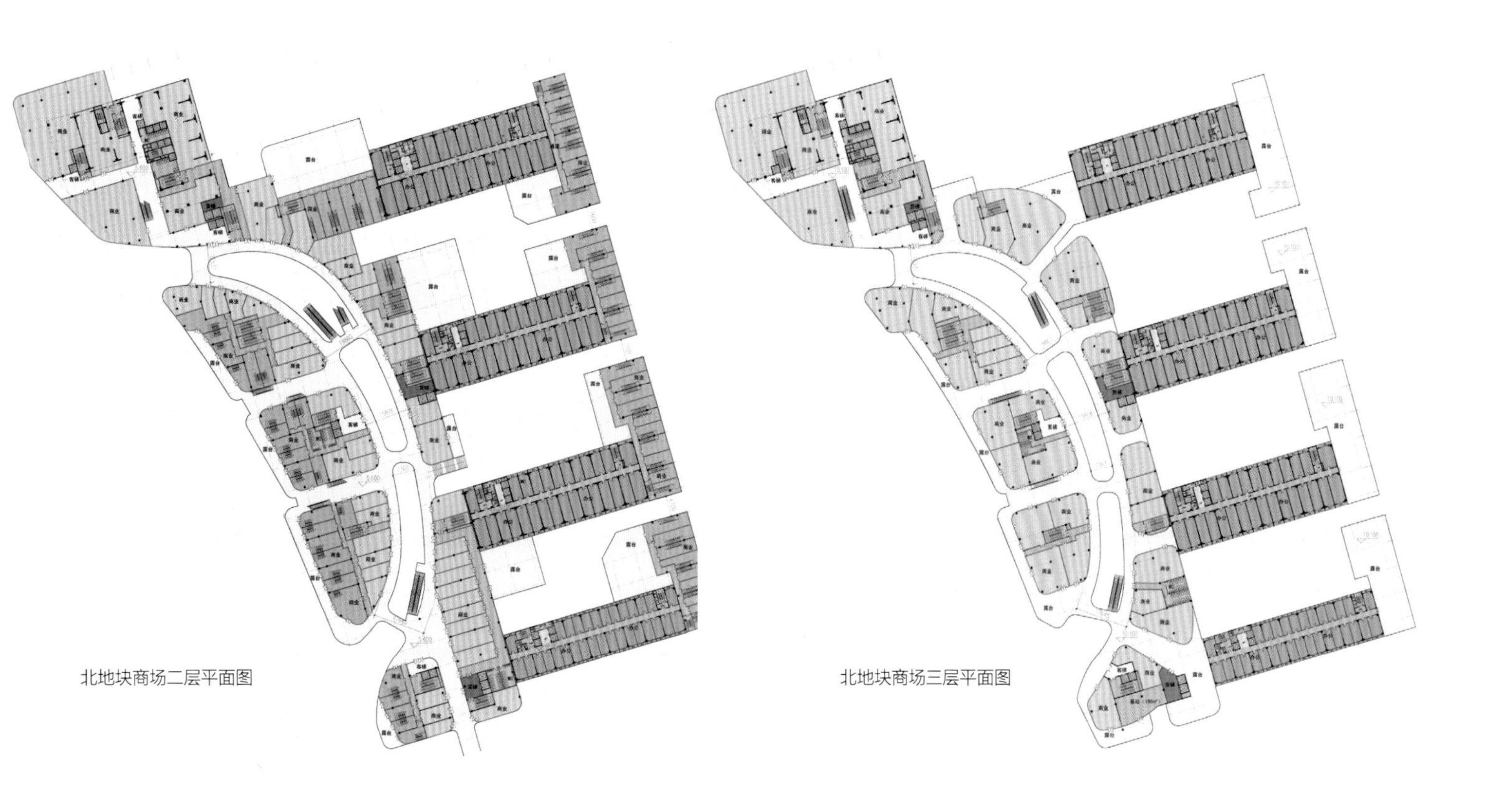

北地块商场二层平面图

北地块商场三层平面图

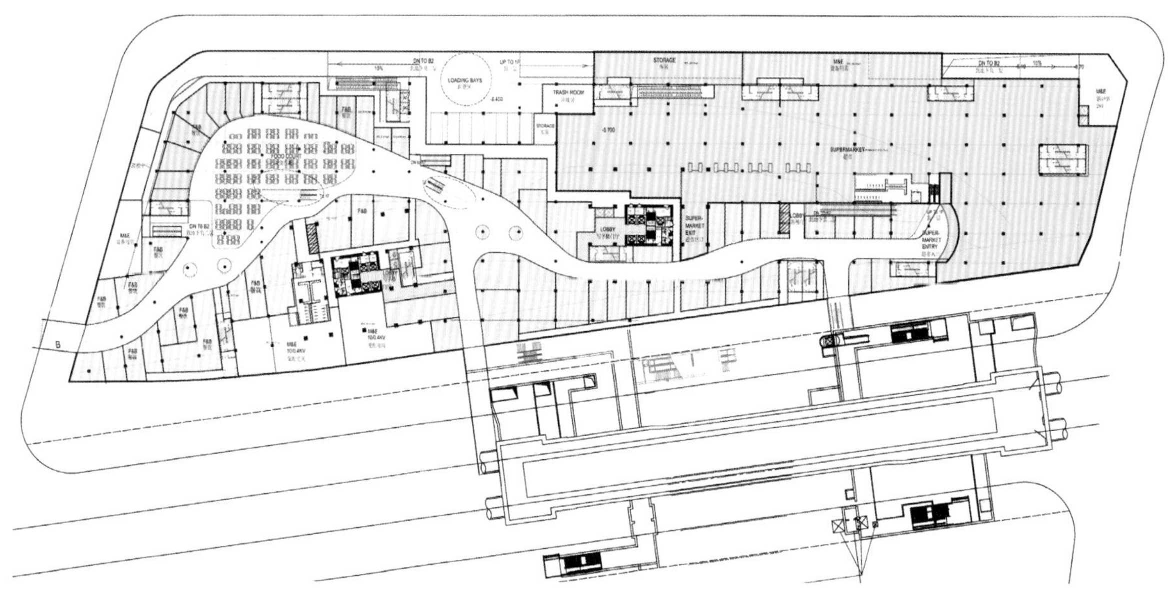

南地块商场地下一层平面图

中引入立体绿化理念，商业部分层层退台，办公裙房的屋顶绿化、西侧的景观广场等多层次绿化，内外空间相互渗透，有张有弛，形成高品质的景观语汇，让人在购物的同时身心愉悦，流连忘返。设计中采用点、线、面相结合的布置方式，将地域文化内涵与现代科学技术相结合。设计中运用透水性混凝土材料等新材料，突出地域文化特色，塑造城市文化亮点，营造一个重点突出、和谐有序的景观空间。同时，设计师充分考虑了无障碍设施等人性化细节和尺度的处理。

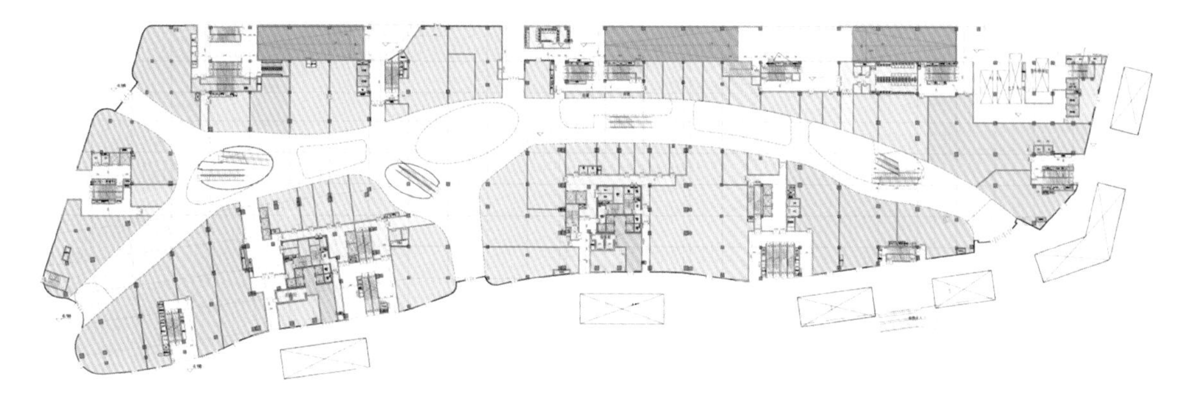

南地块商场一层平面图

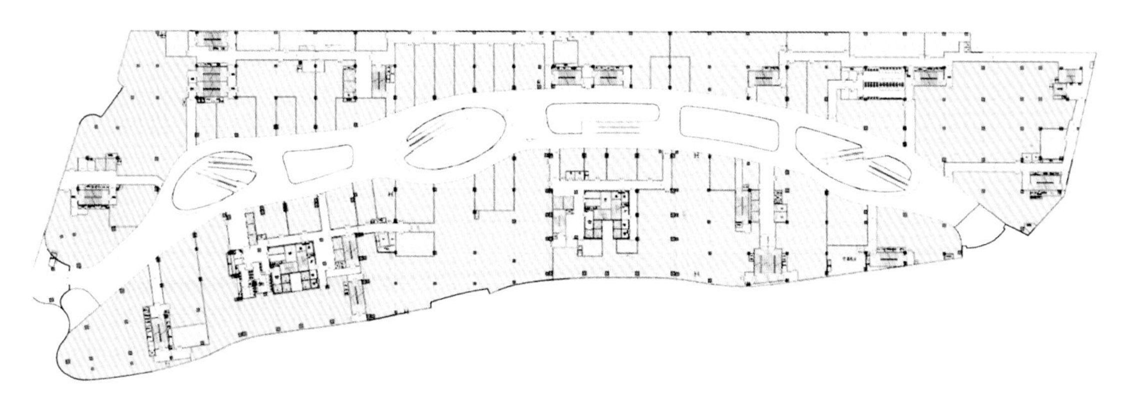

南地块商场二层平面图

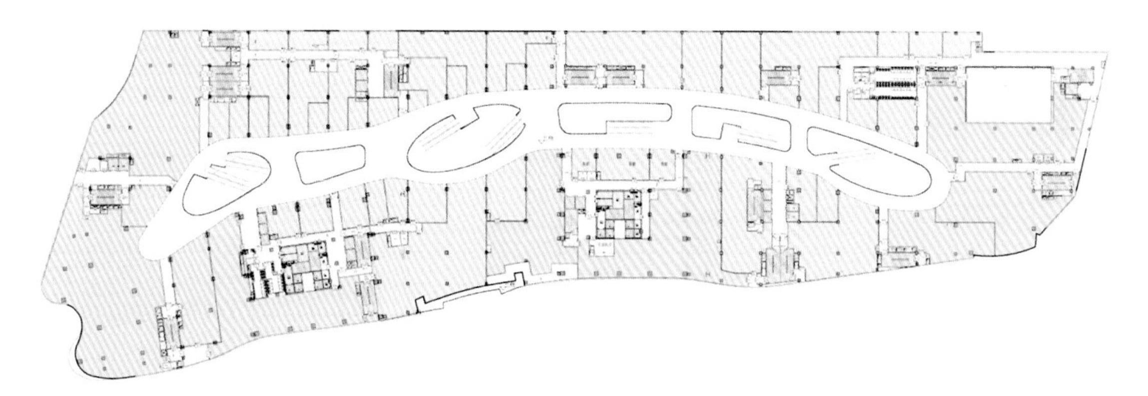

南地块商场三层平面图

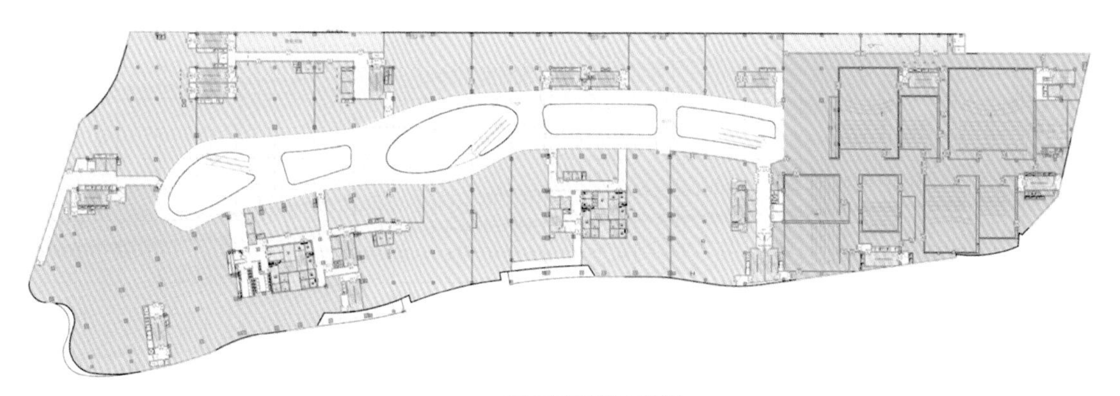

南地块商场四层平面图

# 北京 龙湖滟澜新宸

项目名称：龙湖滟澜新宸
开发单位：北京锦昊万华置业有限公司

**技术经济指标**

C-X06地块
用地规模：83 656.096m²
总建筑面积：227 148.34m²
建筑密度：30%
容积率：2.0
绿化率：30%
总户数：1582
停车位：1222

C-X10地块
用地规模：48 024.204m²
总建筑面积：153 921.25m²
建筑密度：45%
容积率：2.2
绿化率：30%
总户数：195
停车位：957

C-X07地块
用地规模：5000m²
总建筑面积：4000m²
建筑密度：30%
容积率：0.8
绿化率：30%
幼儿园班数：12
停车位：8

此项目位于北京市昌平区沙河镇镇区，包括三个地块，分别为C-X06、C-X07、C-X10地块，项目总用地规模为300 977.286m²，其中总建设用地136 680.3m²。其中C-X06地块二类居住用地83 656.096m²，C-X07托幼用地5000m²，C-X10公建混合住宅用地48 024.204m²，其他性质用地164 296.986m²。其中C-X08公共绿地23 143.566m²，C-X09公共绿地16 797.031m²，C-X11公共绿地15 655.215m²。A生产防护绿地20 124.615m²，B生产防护绿地30 344.885m²，C生产防护绿地5 287 948m²，S1道

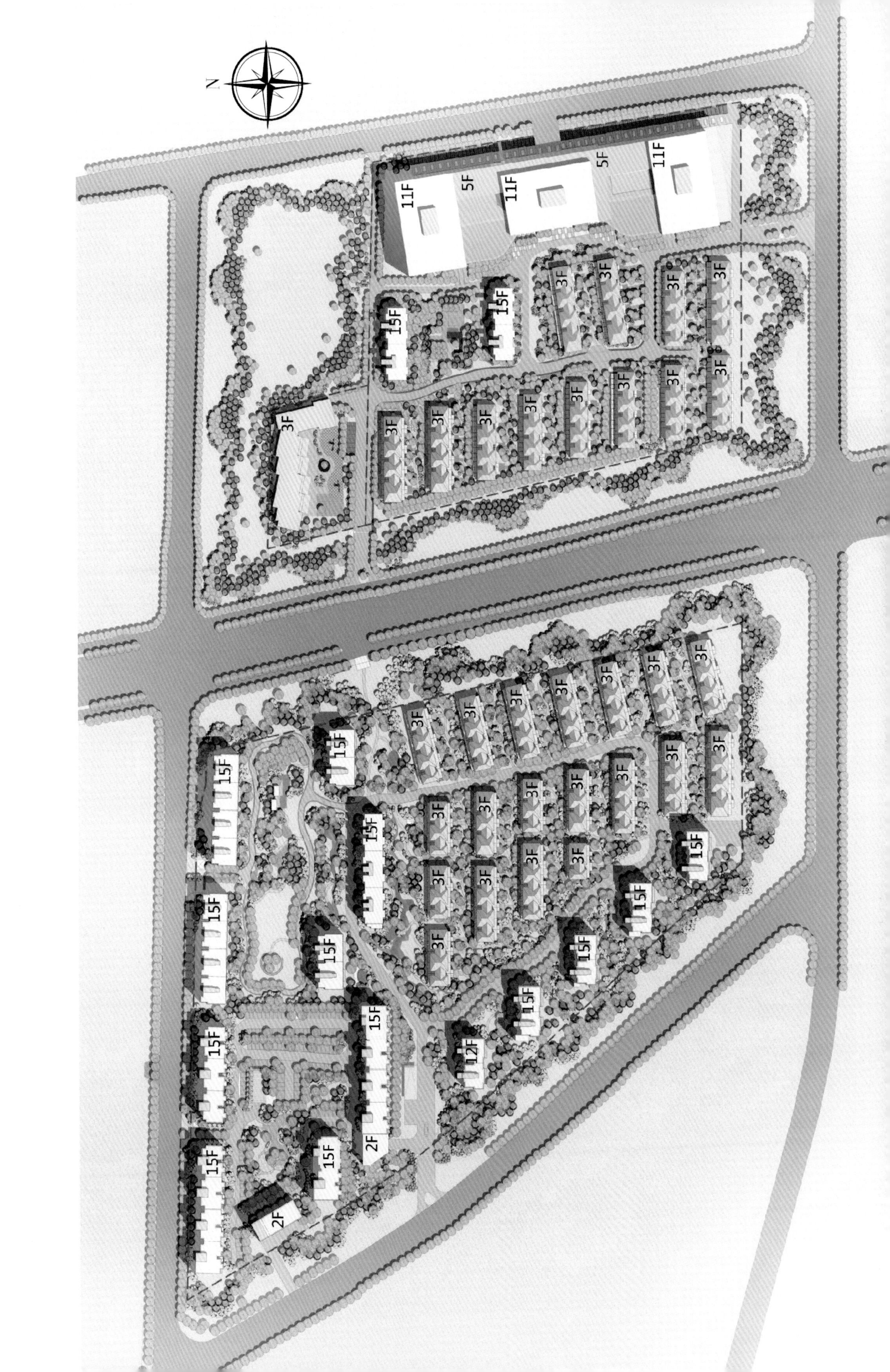

N
11F
5F
11F
5F
11F
15F
15F
3F
3F
3F
3F
3F
3F
3F
3F
3F
3F
3F
3F
3F
3F
15F
15F
15F
15F
15F
15F
15F
15F
15F
15F
15F
15F
15F
12F
2F
2F
3F
3F
3F
3F
3F
3F
3F
3F
3F
3F
3F
3F
3F
3F
3F
3F
3F
3F
3F

路用地52 943.726m$^2$。

**设计理念**

向心而生——通过高层建筑的结合，形成高层区自身的围合，并利用高层建筑形成对别墅区的半围合，打造出多个景观中心，以提升居住区内的生活品质。

以天赋本——通过对太阳能资源的合理利用，打造绿色、生态、可持续的社区发展模式。

人文社区：社区的设计体现对住区人群的人文关怀，并有利于居民的社区交往。

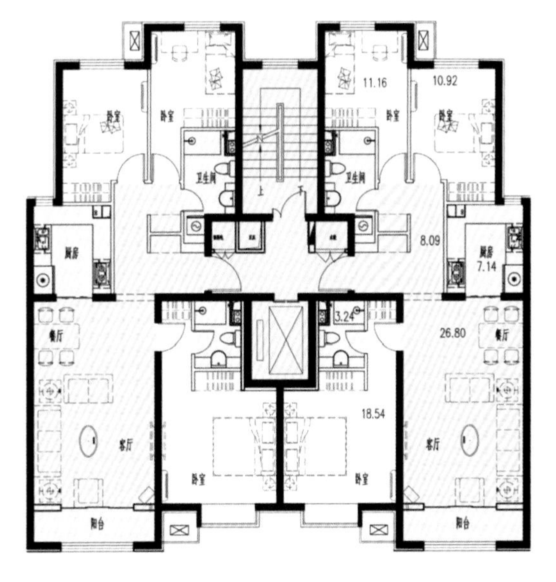


商品房户型一

商品房户型二

商品房户型三

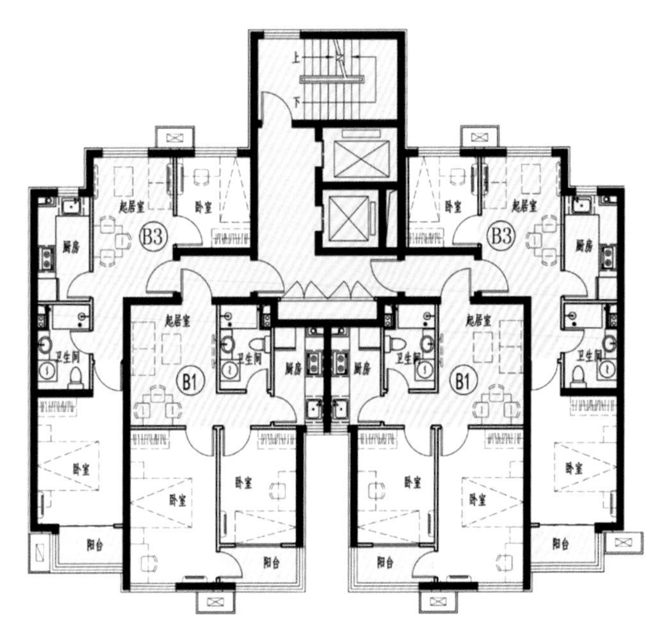


公租房户型

活力社区：设计不仅仅考虑小区的物理空间环境，而且考虑居民的生活方式，尽可能提升社区的活力，增强社区的健康感。

健康社区：按照健康住宅的理念进行设计，形成健康的社区环境。采用有利于居民健康的建筑材料，各方面达到健康社区的要求。

道路交通：在用地西侧、北侧设置机动车出入口，东侧设置人行出入口。

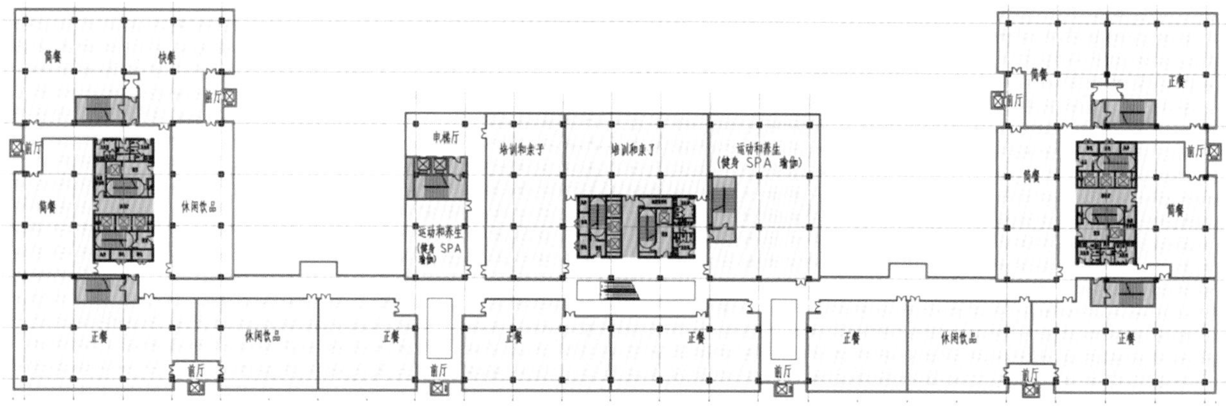


商业三层平面图

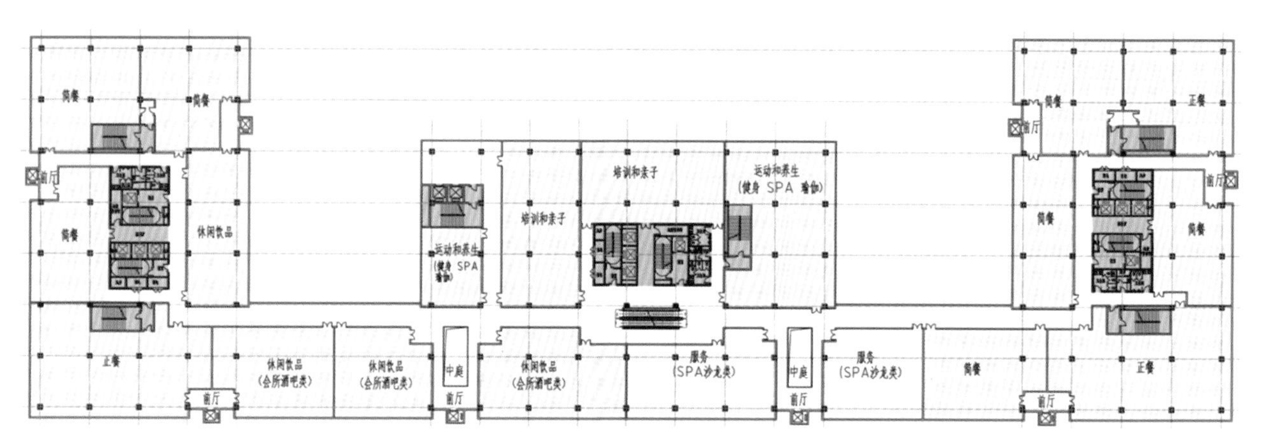


商业四层平面图

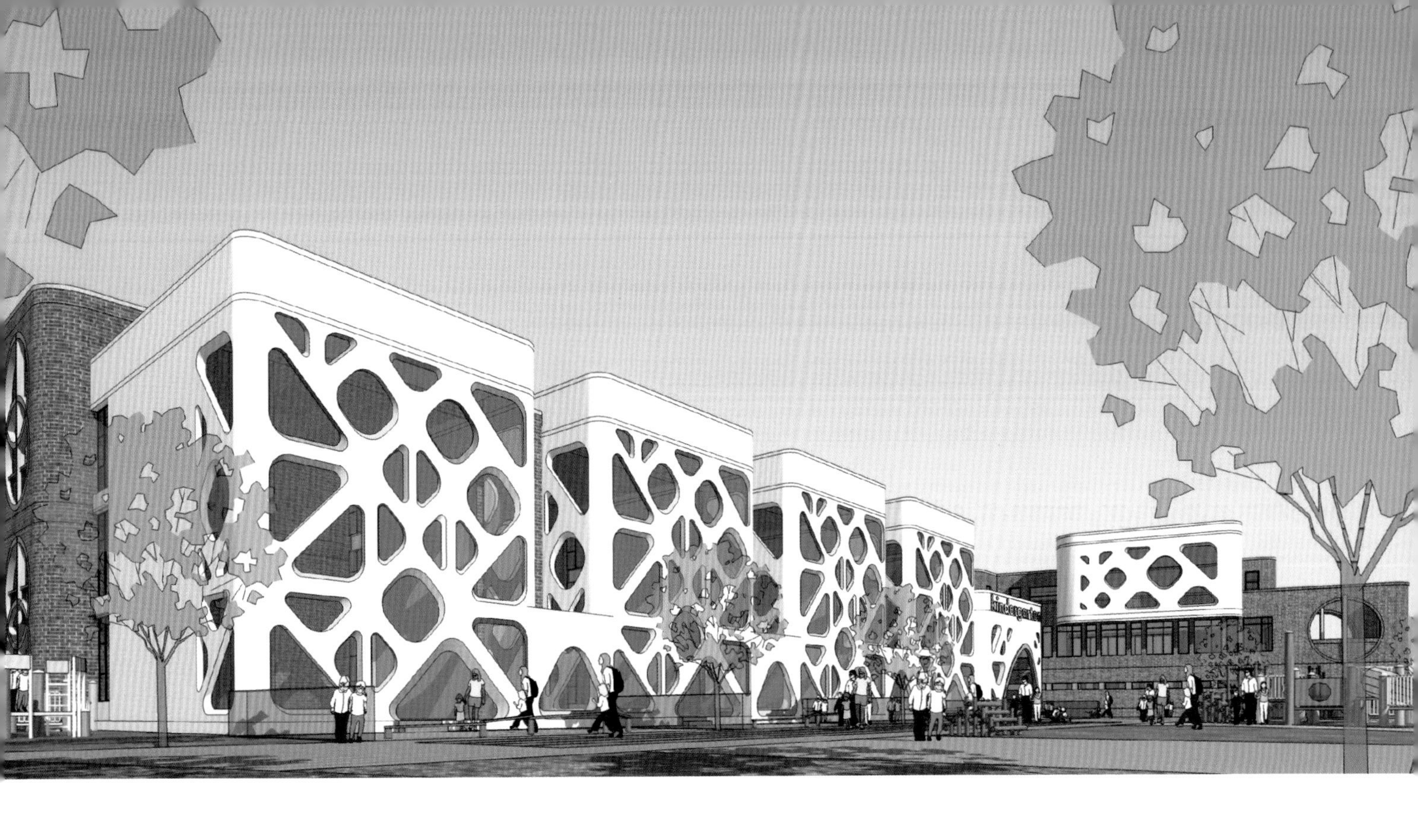

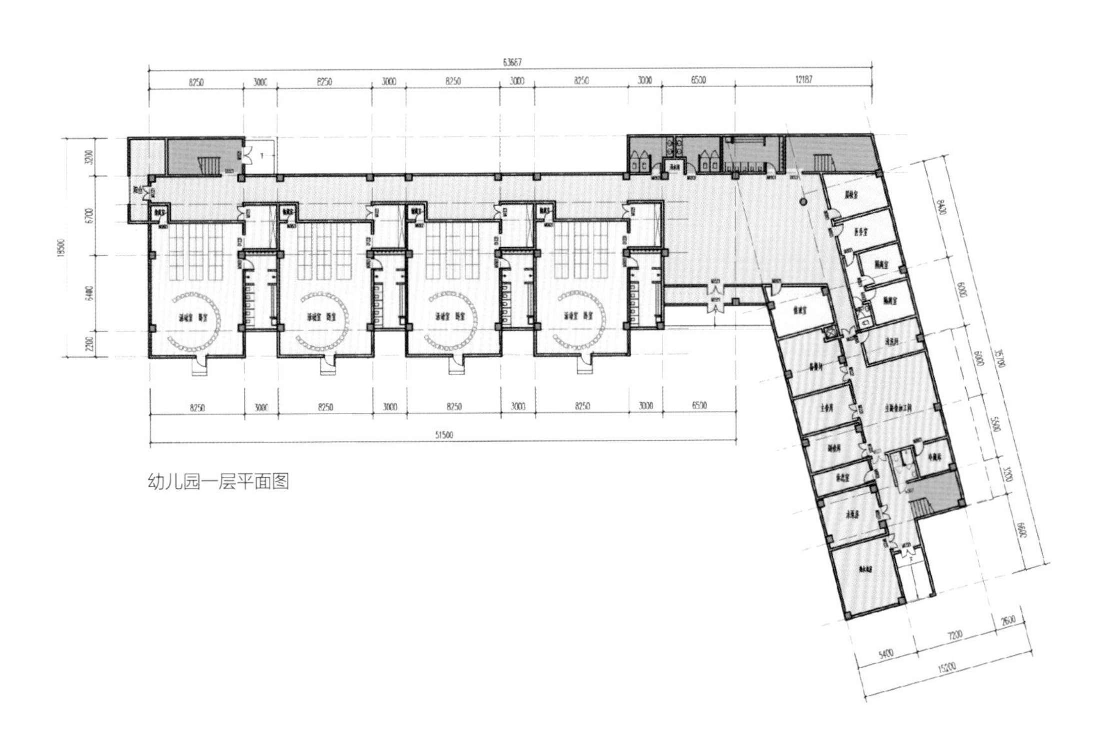

幼儿园一层平面图

以人车分流为原则组织交通路线，旨在创建祥和、安全的人居环境。高层居住区车辆进入小区后直接下地下车库，避免车流与人流的相互冲突。

别墅区采用车库入户的设计，将步行系统与车行系统分开处理，方便住户使用，为住户创造出散步、休闲的良好场所。

# 海口 观澜湖丽思卡尔顿酒店和万丽酒店

项目名称：海口观澜湖丽思卡尔顿酒店和万丽酒店
开发单位：海南观丽实业有限公司
设计单位：艾奕康建筑设计(深圳)有限公司

**技术经济指标**
项目用地面积：40 246.03m$^2$
总建筑面积：110 500m$^2$

项目地块位于海口市永兴区观澜湖旅游度假区核心区域。项目用地用地规模为40 246.03m$^2$。用地大致呈梯形，南北长约200m，东西宽约260m，地势西北高东南低（高差约3m）。地块西南侧为高尔夫球场，西侧与东侧为住宅小区，北侧为在建商业与住宅区。

## 特色空间布局

丽思卡尔顿酒店和万丽酒店布局于同一块用地上，是本次规划的独特之处，有别于其他海口五星级酒店的最大特色在于酒店公共设施能够共用，形成相互可交流的空间。

单体平面布局主要遵循景观最大化、效益最大化及简洁而不简单的原则进行。设计创造出了丰富有趣、张弛有道、错落有致和大小得当的建筑空间。繁复的功能和流线主要体现在“分”与“合”的矛盾：两个酒店与周围建筑的区分和协调，两个酒店之间的分隔和联系，酒店塔楼与裙楼的错位和连接，酒店客房、公共区与后勤区相互之间的相对独立和有机联系，建筑的室内、半室外与全室外空间之间的区分和融合。经过精细的设计，这些矛

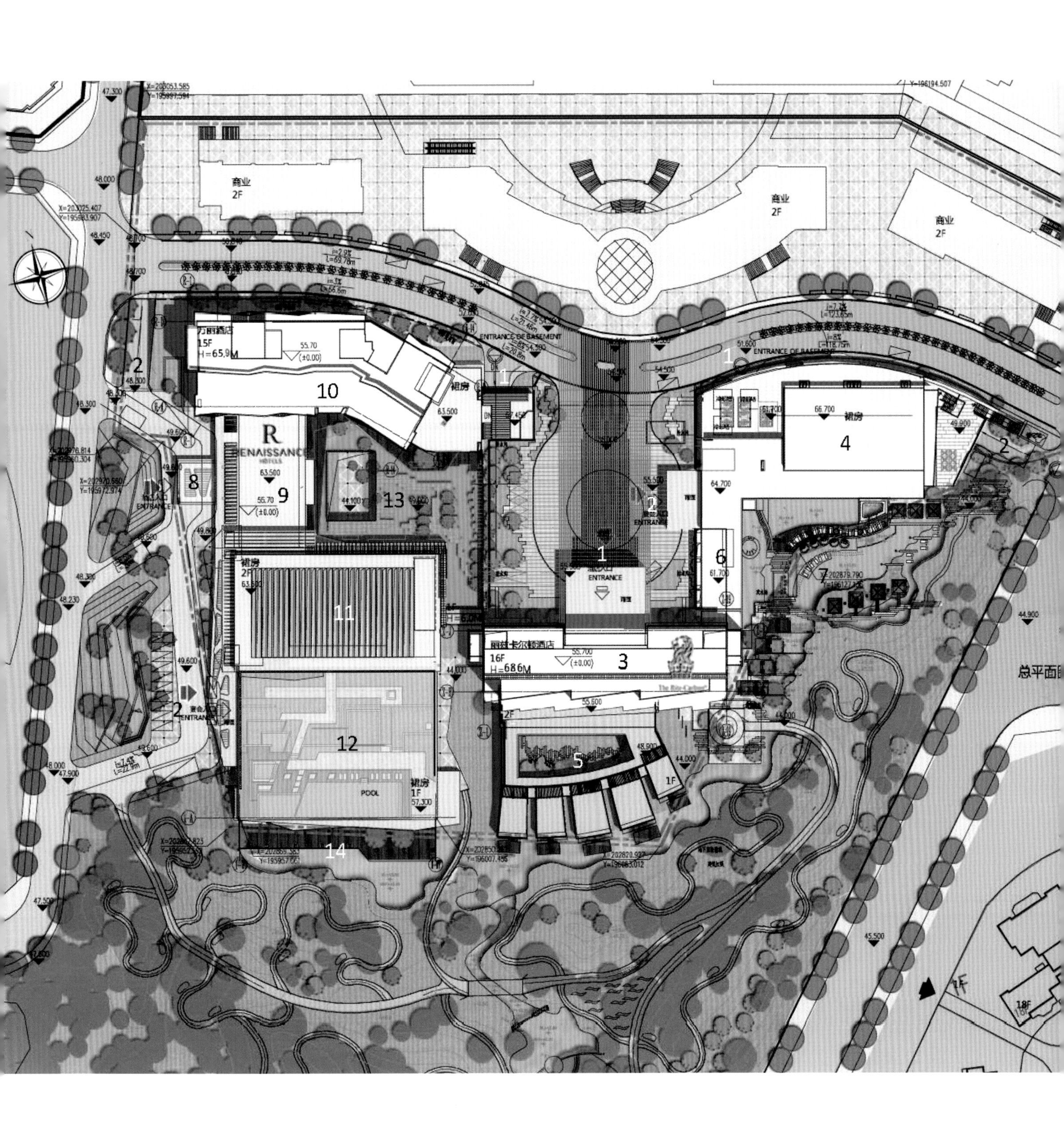

盾均得以巧妙解决。

**合理交通组织**

注重人车分流的设计，车行路围绕酒店外围布置，外来机动车通过主要道路直接进入酒店及商业地下停车场，游客则通过地下室直接进入酒店以游览城区，最大限度地降低交通及噪声干扰。

**独特的区域景观**

项目整体结合高尔夫、火山岩地貌、清风、波浪等当地元素，以现代、优雅、时尚为主调，营造层次分明的景观空间，表现出各个品牌富含的特质，突出与众不同的个性。

**简洁动感的造型**

设计采用简洁的外形，强调体量、虚实、材质和光影的变化与对比，展现建筑轻盈、精致、高雅的风度。结合平面功能，在阳台、大堂和塔楼顶部等局部展示了一些非同寻常的设计手法和元素，彰显建筑的个性，让观者印象深刻，为海南和海口建成一个全城瞩目的高端酒店组合体。该项目成为观澜湖旅游小镇开发的巅峰之作。

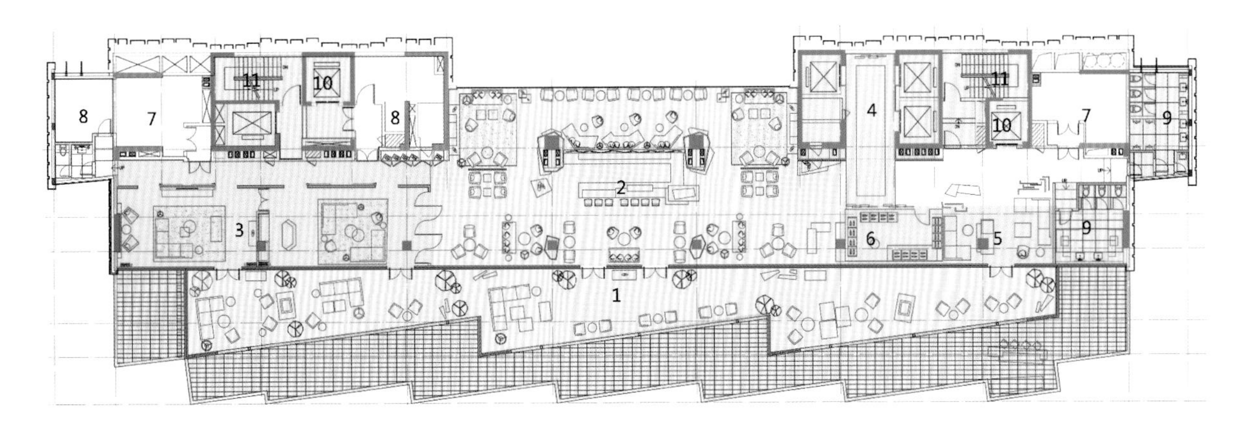


酒吧层平面图

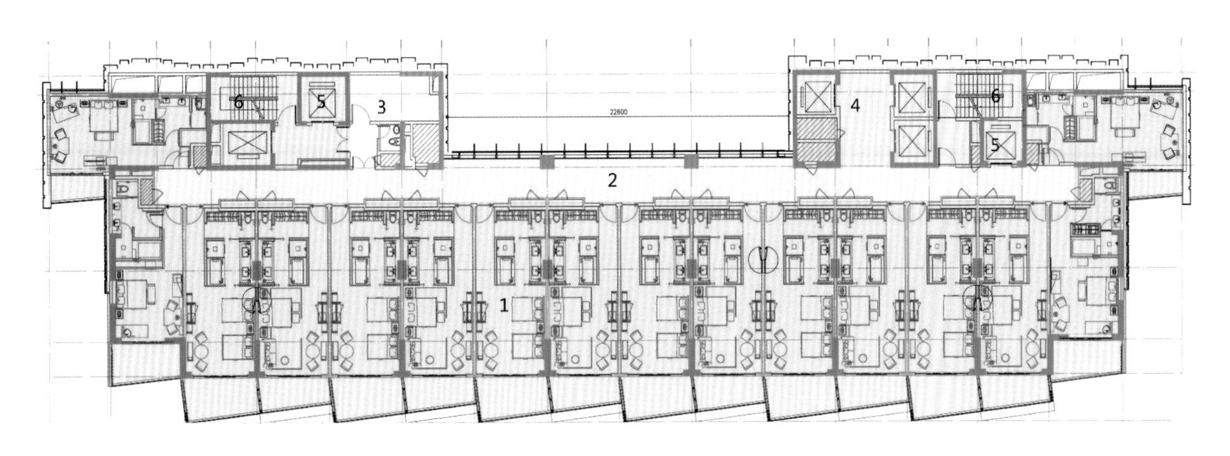


偶数标准层平面图

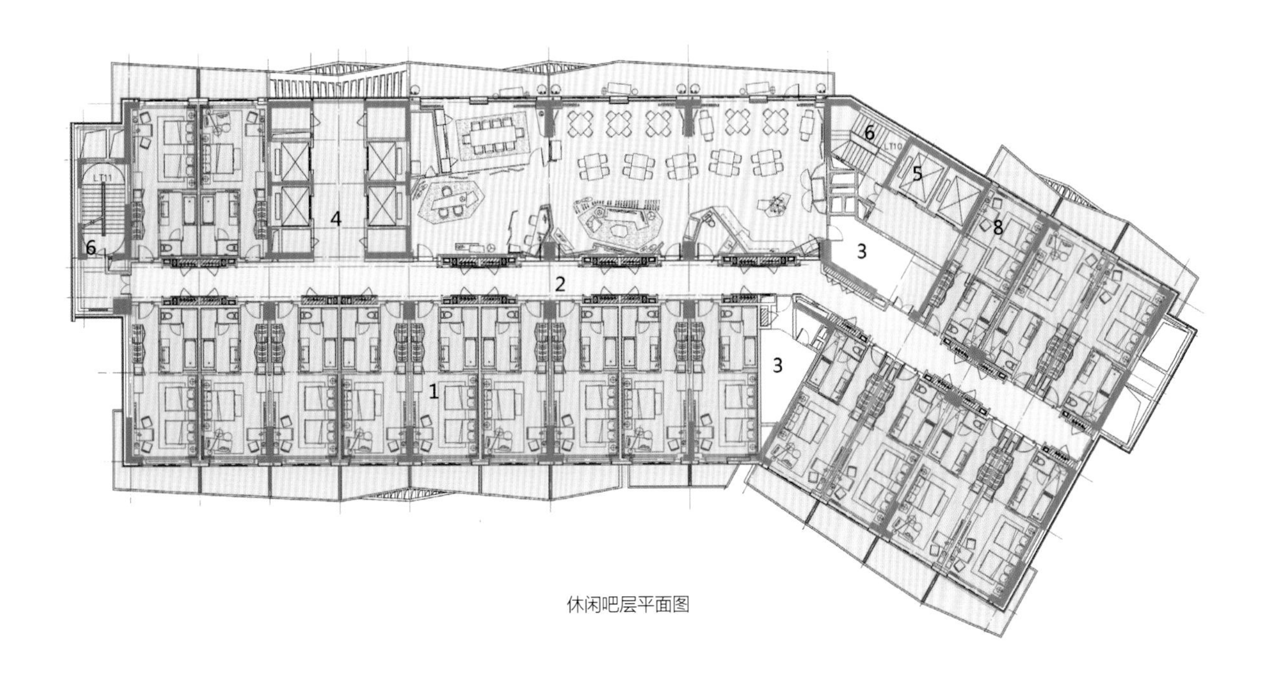


休闲吧层平面图

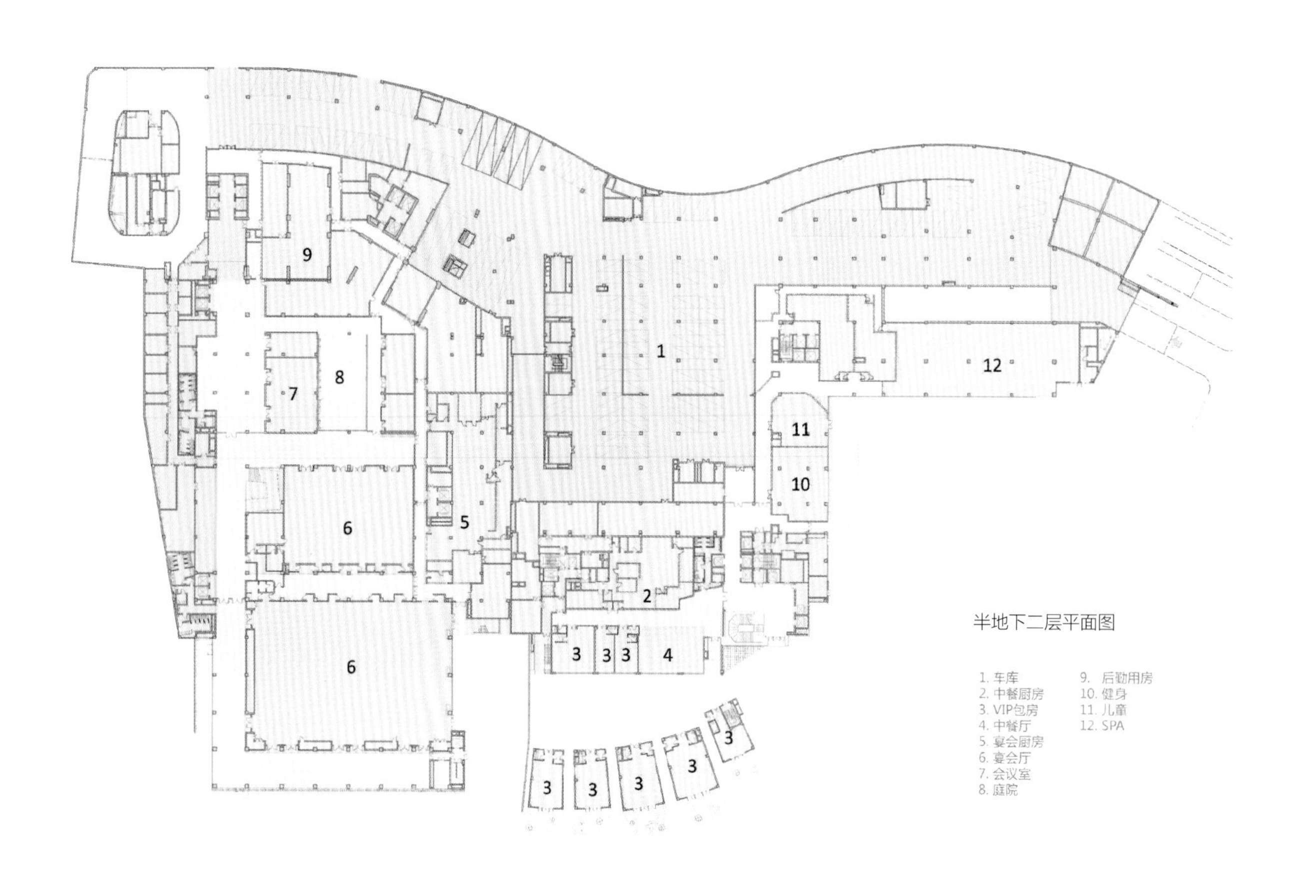
1. 车库
2. 中餐厨房
3. VIP包房
4. 中餐厅
5. 宴会厨房
6. 宴会厅
7. 会议室
8. 庭院
9. 后勤用房
10. 健身
11. 儿童
12. SPA

半地下二层平面图

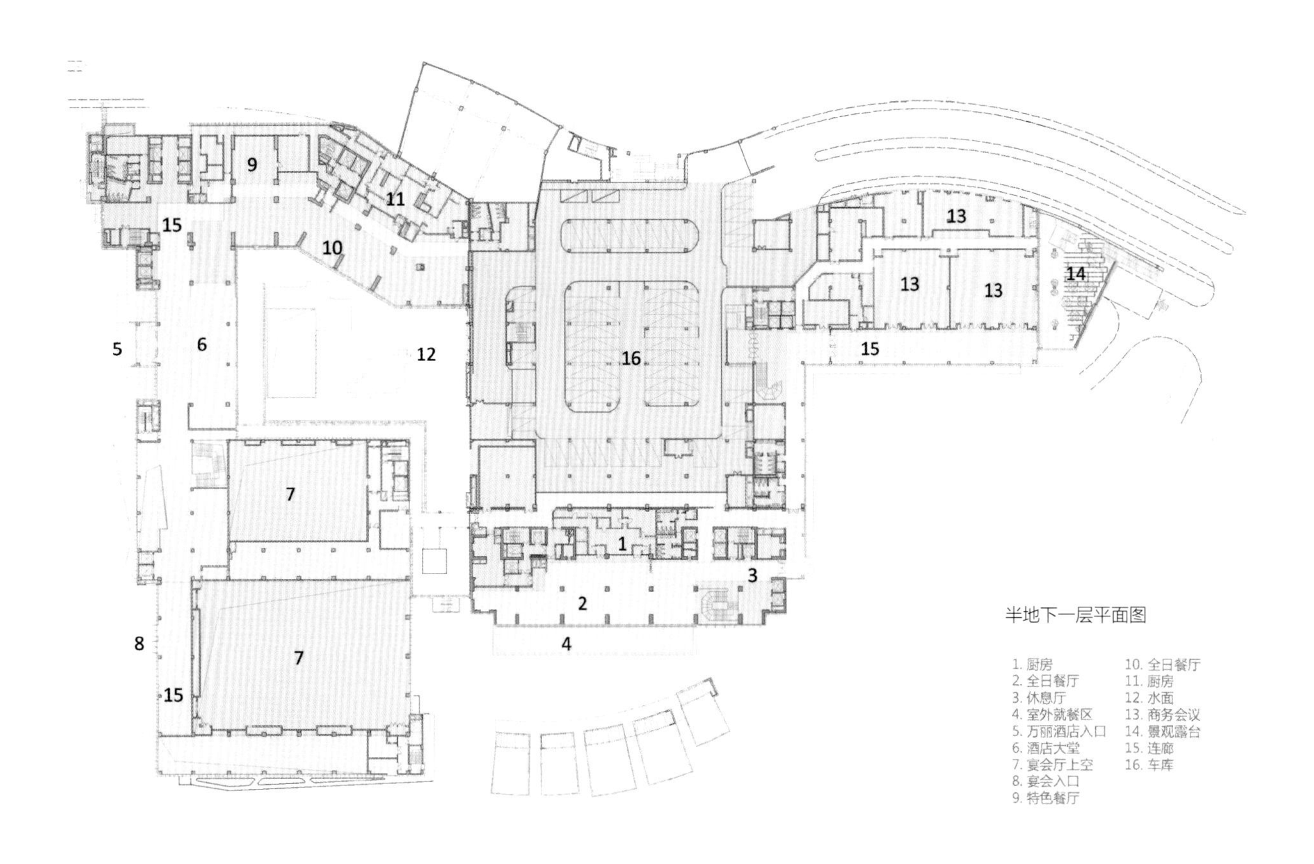

半地下一层平面图

1. 厨房
2. 全日餐厅
3. 休息厅
4. 室外就餐区
5. 万丽酒店入口
6. 酒店大堂
7. 宴会厅上空
8. 宴会入口
9. 特色餐厅
10. 全日餐厅
11. 厨房
12. 水面
13. 商务会议
14. 景观露台
15. 连廊
16. 车库

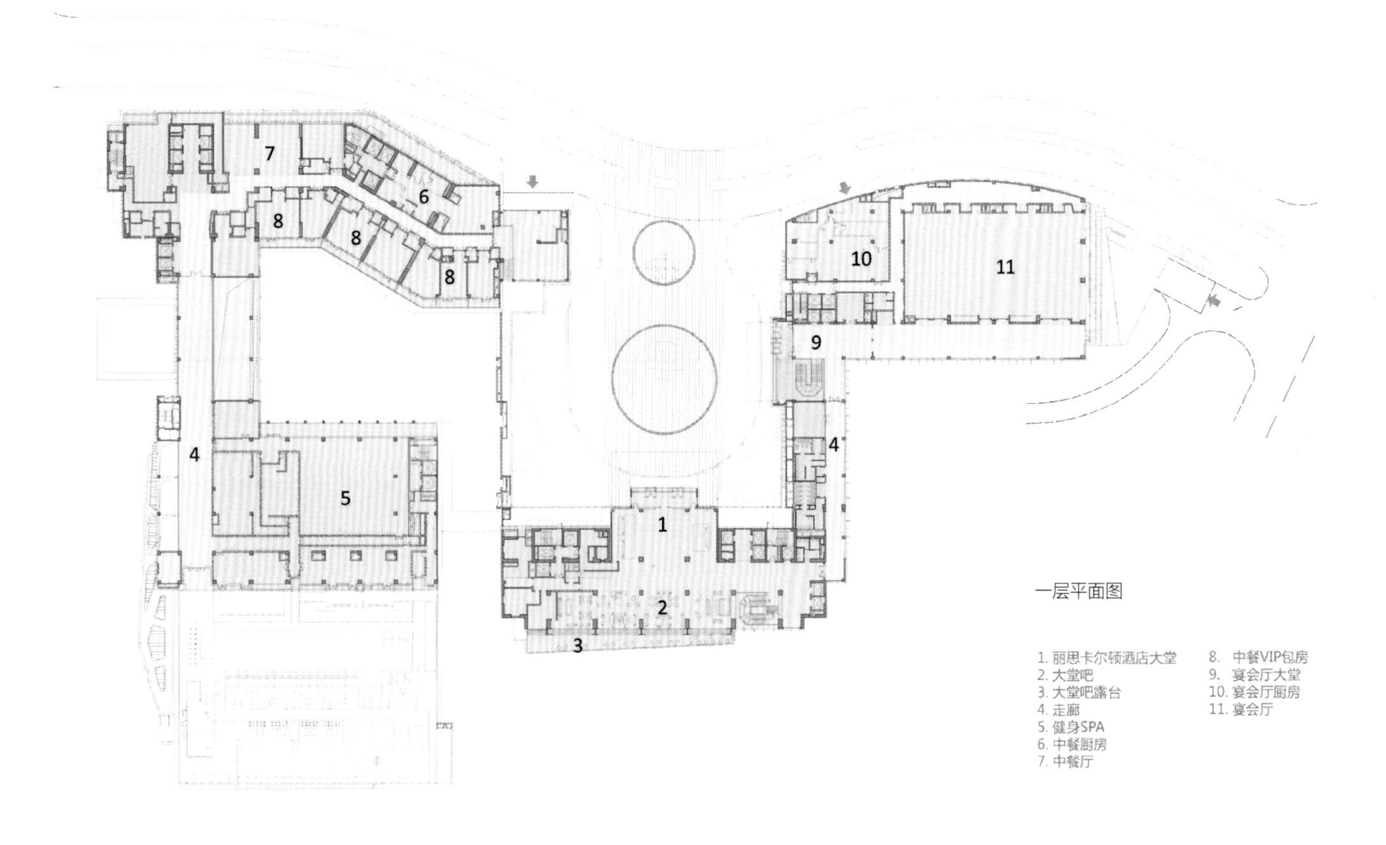

一层平面图

1. 丽思卡尔顿酒店大堂
2. 大堂吧
3. 大堂吧露台
4. 走廊
5. 健身SPA
6. 中餐厨房
7. 中餐厅
8. 中餐VIP包房
9. 宴会厅大堂
10. 宴会厅厨房
11. 宴会厅

# 唐山 唐城•壹零壹

项目名称：唐山唐城・壹零壹
开发单位：唐山市恒荣房地产开发有限公司
设计单位：艾奕康建筑设计(深圳)有限公司

**技术经济指标**
用地面积：307 850.87m$^2$
总建筑面积：957 093.25m$^2$

项目位于唐山市凤凰新城区域，基地用地形状规整，东西向长约628m，南北向长约487m，约30hm$^2$。基地东临大里路，南临云翔道，西临友谊路，北临长虹道，是唐山中央CBD 的门户。项目毗邻城市公园绿化带、香格里拉酒店与嘉里商业中心，成为未来新城的商业中心，自然、商业、商务、生活在此浓缩。同时，作为70hm$^2$的综合大盘，项目更拥有着国际的胸怀，海纳世界文化的精华。项目产品包括高层居住建筑、低多层居住建筑、居住配套公建、商业四类。

长 虹 道
地下车库出入口
地下车库出入口
地下车库出入口
地下车库出入口
地下车库出入口
用地红线
建筑红线
公寓出入口
商业出入口
地下室轮廓线
友 谊 路
车行入口
大 里 路
次要人行及车行入口
次要人行入口
翔 云 道
主要人行及车行入口
次要人行及车行入口
幼儿园出入口
小学出入口
G-1# 31F
S9#(商业)
S7#(商业)
S5#(商业)
S4#(商业)
S6#(商业)
S8#(商业) 2F
S10#(商业) 2F
S11#(商业) 2F
S12#(幼儿园) 3F
S13#(商业及附属) 2F
B-1# 32F
B-2#
B-3# 32F
B-5# 32F
B-6# 32F
B-7# 32F
B-9#
A-2# 32F
A-3# 32F
A-5# 32F
A-6# 32F
E-18# 31F
E-19# 29F
E-20# 29F
F-26# 31F
C-1# 31F
C-2#
C-3#
C-5#
C-6#
C-7#
C-8#
C-9# 32F
C-10# 32F
(配套)3F
D-21# 3F
D-22# 3F
D-23# 3F
D-26# 3F
D-27# 3F
D-16# 3F
D-17# 3F
D-18# 3F
D-19# 3F
D-20# 3F
D-11# 3F
D-10# 3F
D-9# 3F
D-8# 3F
D-7# 3F
F-5# 3F
F-6# 3F
F-7# 3F
E-1# 3F
E-7# 3F
E-8# 3F
E-13# 3F

**规划说明**

项目规划采用开敞围合式布局，保证了楼盘的均好性，户户朝南，南北通透，阳光充足，并享有花园景观。产品价值多层次分级。以背有屏障、闹中取静的都市稀缺的低层住宅作为高端产品，以既不临路又拥有极其开阔视野的低层住宅区作为中高端产品，而以围合花园的高层住宅作为中端产品。其西北角临街，是用作商务公寓的好位置。因此，该项目产品成为了多元化且整体高端化的地产形态。

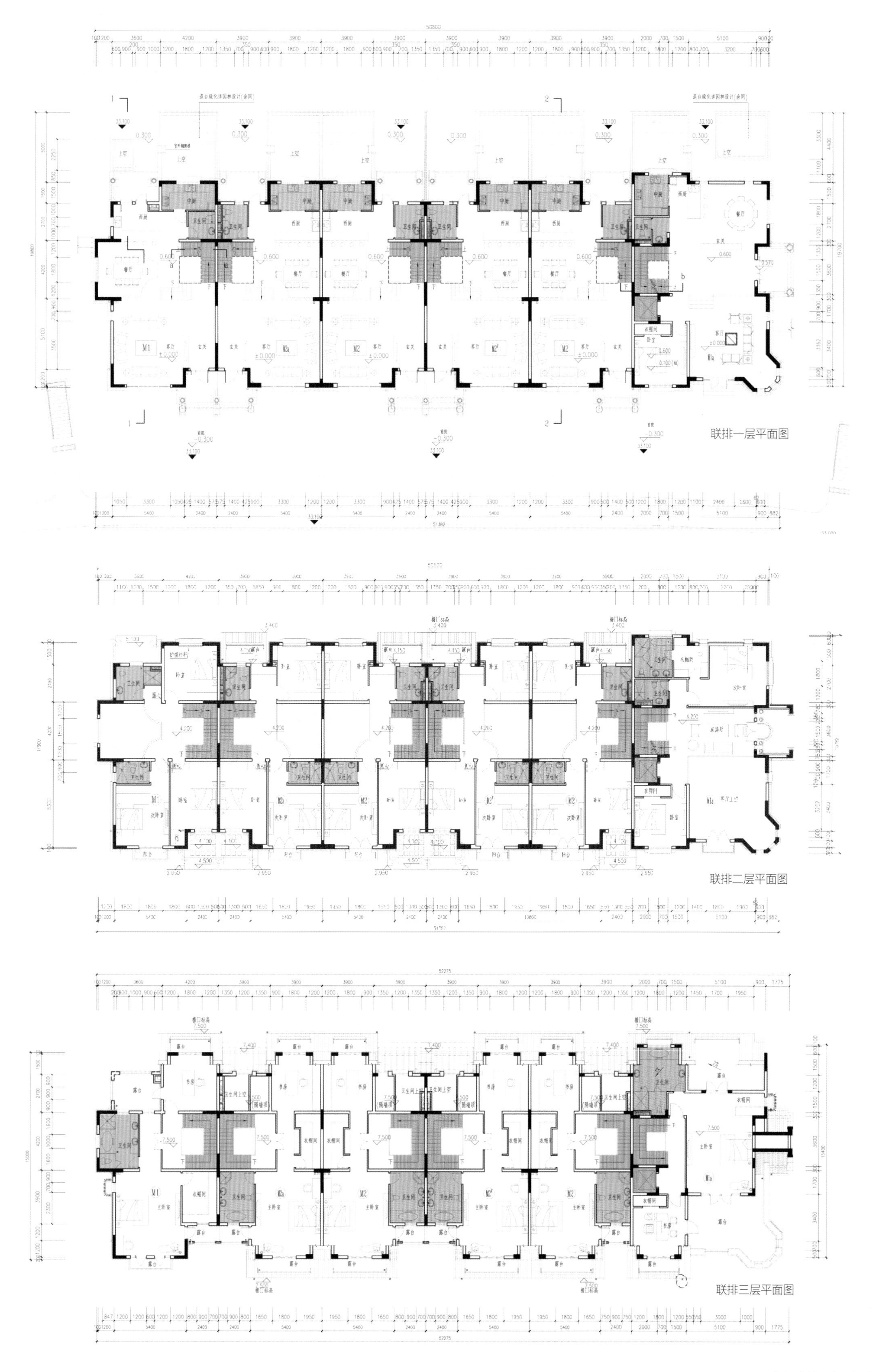
联排一层平面图

联排二层平面图

联排三层平面图

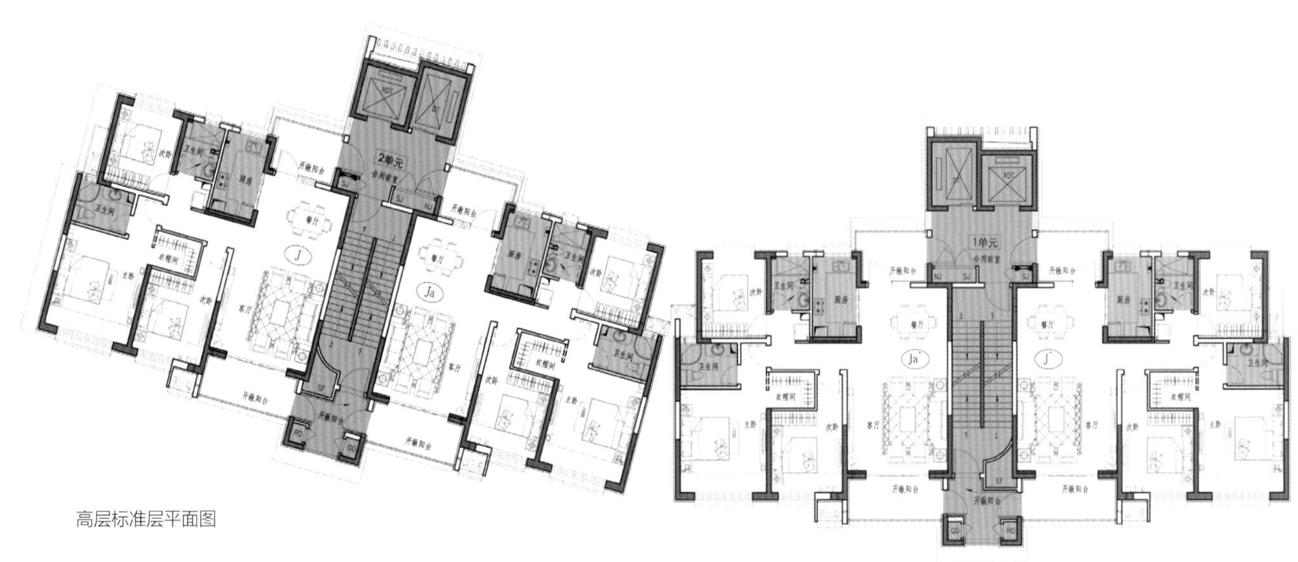

高层标准层平面图

**设计策略**

弘扬昂扬的主旋律，混搭现代与经典， 是设计师针对项目定位的策略。高层为现代经典，低层为经典时尚；高层重创新，低层重继承。高层与低层住宅处理的反差，增强了产品的层级性，并相得益彰。

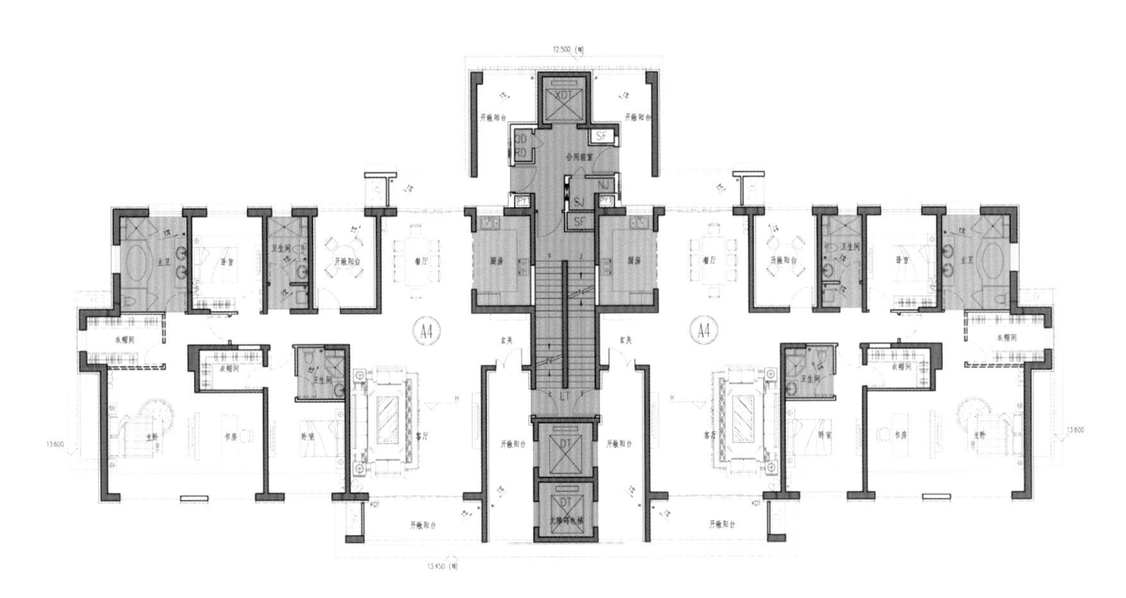

高层楼王标准层平面图

# 长乐 大东湖数字福建产业园及悦椿度假综合体

项目名称：大东湖数字福建产业园及悦椿度假综合体
开发单位：东湖地产
设计单位：陆道 · 道联工作室

**技术经济指标**
用地面积：179 038.8m²
总建筑面积：236 448m²
建筑密度：25.8%
容积率：1.3
绿化率：31.6%
总停车位：1424

本案位于福建省长乐市文武砂镇数字福建规划区范围内，属福州滨海新城核心区，是福州跨越发展的经济平台。场地位于长乐大东湖以东，现状为荒滩，地势较平坦。基地四周为规划道路。

A地块

**规划布局**

总平面布置确定了两条轴线、四大片区、多条景观带。在地块中部设计一条东西轴线，连接内景与湖景。日升与日落，确定为主景观轴线与视线通廊。低层酒店区域设置在用地西侧，酒店SPA区设置在用地西南侧，客房均可看水景。内部主水景将酒店主体与办公建筑区分开，相互之间不产生干扰；同时，办公区设置两块集中中央绿地，将美景渗透到每一个角落。

酒店区域包括酒店主楼、国际会议中心、康体水疗中心、温泉SPA 等。酒店主楼设在地块西部，多数客房朝向西面布置，可观

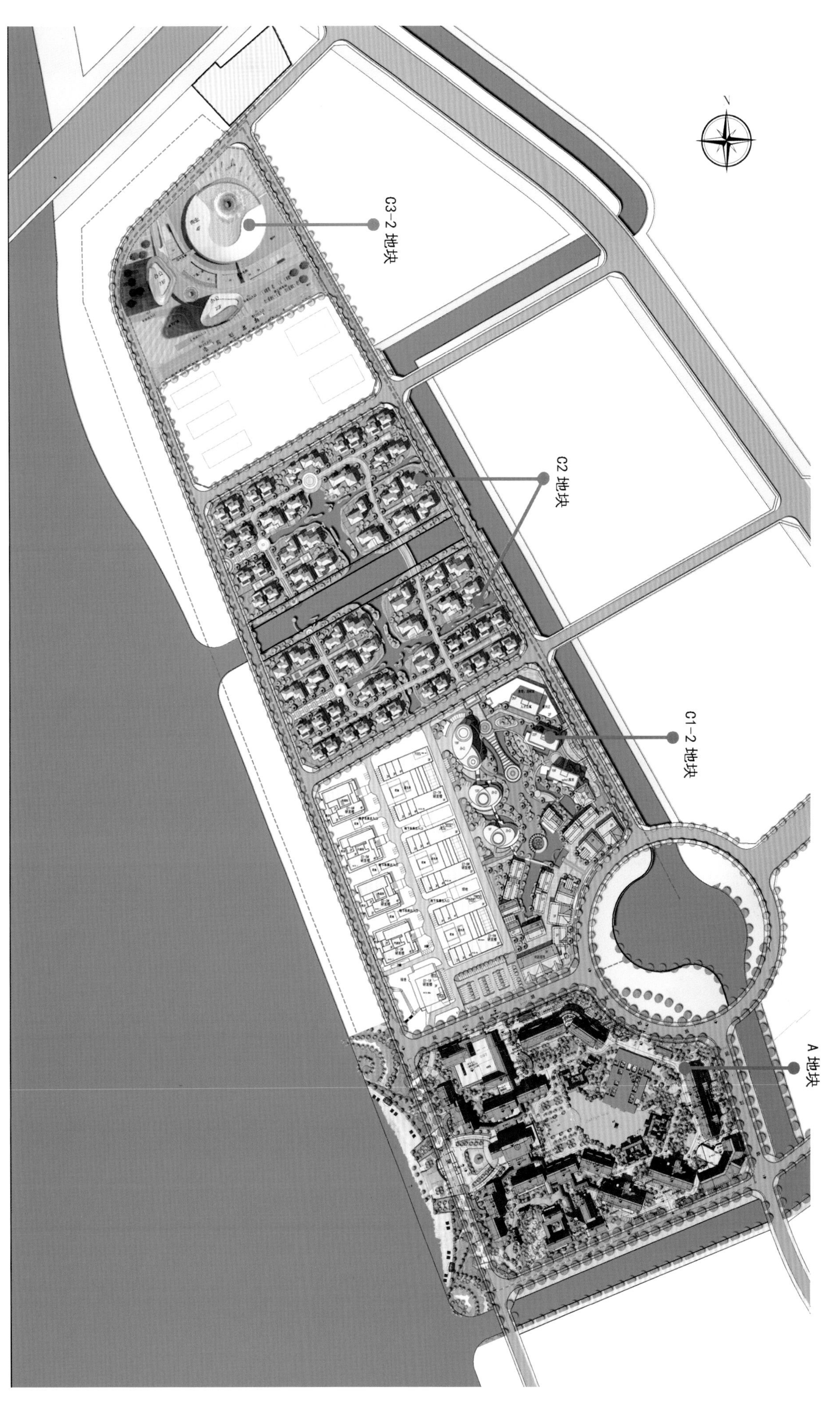
C3-2 地块
C2 地块
C1-2 地块
A 地块

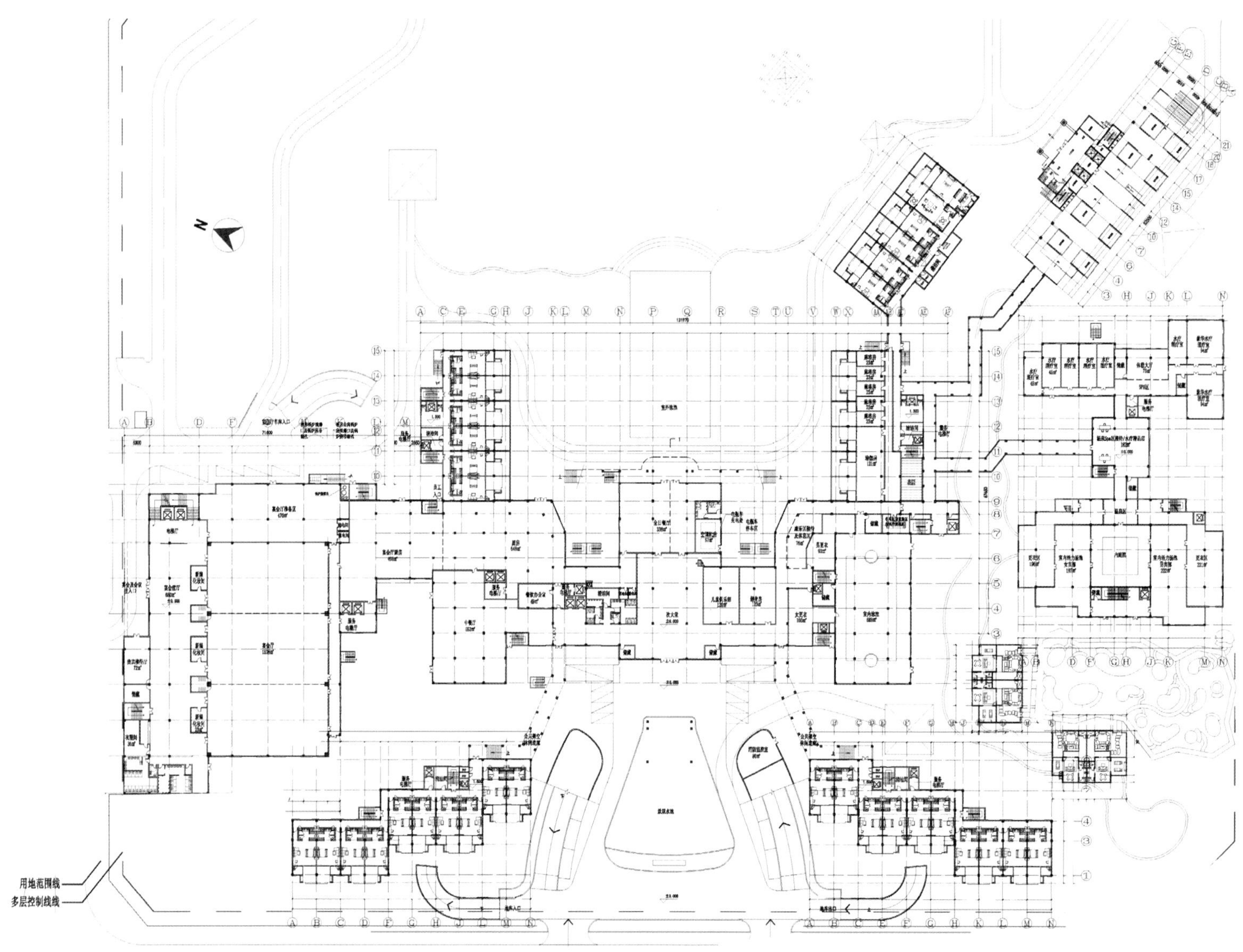


酒店区一层平面图

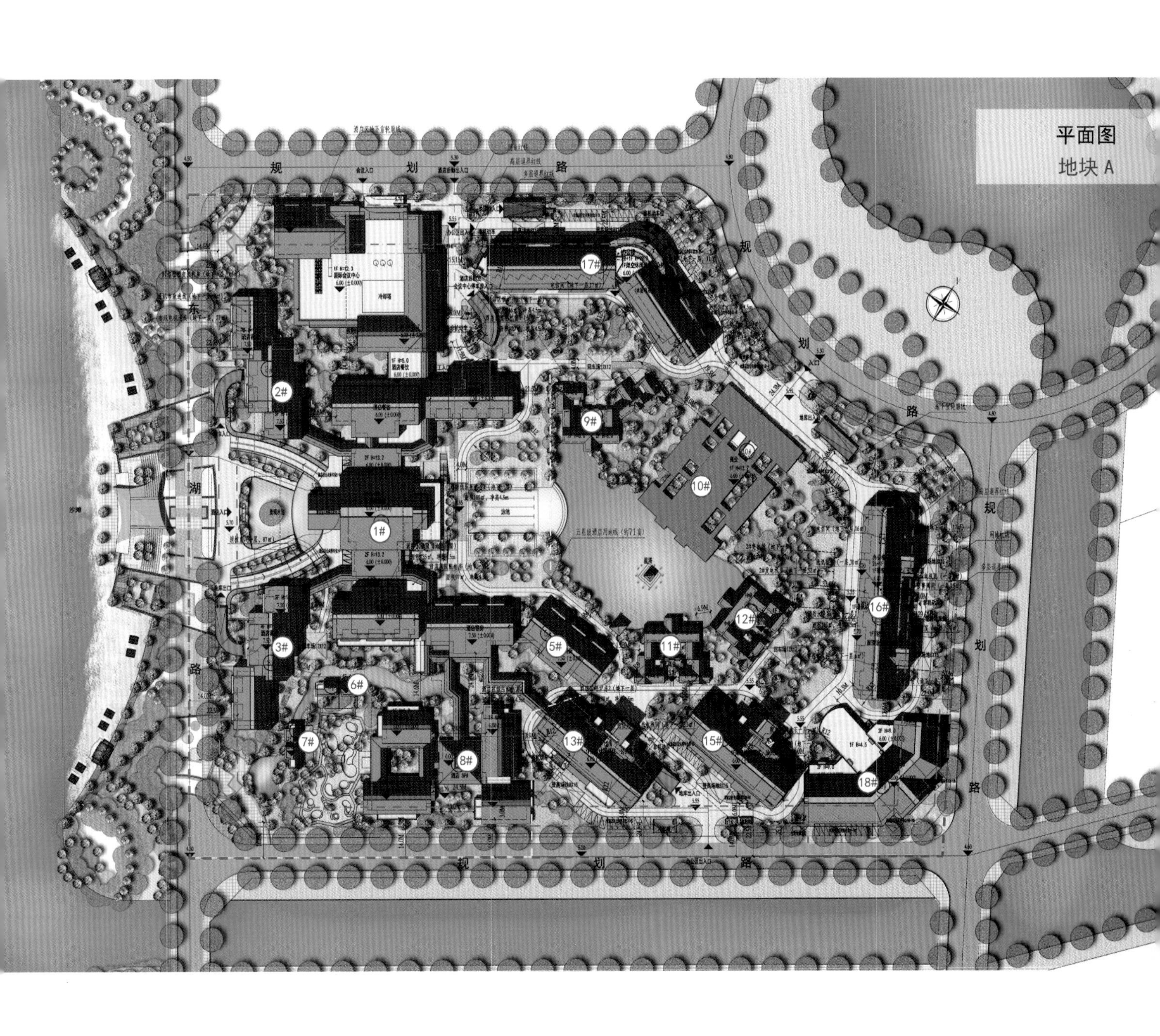
平面图
地块 A
规
划
路
湖
东
路
1#
2#
3#
5#
6#
7#
8#
9#
10#
11#
12#
13#
15#
16#
17#
18#

湖景，内部客房朝向主水景。

高层办公楼与低层特色办公围合出多个内院景观，使办公人员工作之余享受室外美景。场地中间为大片水景，供酒店及办公人员共享。

## 设计特色

建筑风格将闽南元素与具有地域特征的通透、半室外的空间相结合，力图打造具有地域烙印的地标建筑。立面采用新中式风格设计，融合部分东南亚建筑元素。传统闽南建筑的庄严肃穆与热带度假酒店的休闲惬意兼容并蓄。庄重与休闲并存，传统与现代通融。自东向西，办公楼及酒店主体依次成排跌落，借自然之势，尽览湖景。

## 立面材料

立面自下而上分三段：下层以石材为主体，表现基座的坚实厚重；中段采用暖色粉刷面，配合木质装饰，素雅柔和，展现仿福建土墙面的视觉效果；上端采用仿木质构件，轻盈通透。整体设

计对比中亦有渗透，纷繁中不乏秩序。

C1-2/C2/C3-2 地块

**规划布局**

本地块的整体布局可以概括为“一带两片”。“一带”是指地块里贯穿南北的滨水景观带，为该片区甚至所处的整个办公园区建立了景观意象和城市意象。整个园区绿地点、线、面结合。“三片”是指贯穿地块的滨水景观带将整个园区分为办公区、生活配套区、商业区三个片区。交通流线与功能组织布置合理，最大限度地释放了地面空间。

Monaco
E.Zegna
Diesel
Givenchy
Swarovski
Burberry
Benetton Semi-Anchors
Seven Days
Celine
Dunhill
Seven Days
Concept

# 广州 奥园广场

项目名称：广州奥园广场
设计单位：深圳市承构建筑咨询有限公司

**技术经济指标**
规划总用地面积：63 705.9m$^2$
建筑面积：350 000m$^2$

本项目为广州奥誉地产有限公司开发的大型商业项目，位于广州市番禺区中心城区南区福德路北侧政府储备用地南区地块2-1，规划总用地面积63 705.9 m$^2$，商业金融业用地56 402.9m$^2$，社会停车场用地7303 m$^2$。地块方整，东西长约450 m，南北宽约为145 m，东至同城路，西抵德贤路，北邻南华路，南隔福德西路，与大型公园相望。基地连接两条南北快速干道，往北可至石桥老城区和广州市中心，往南可到南沙工业口岸，同时靠近三条东西向快速干道，可连接珠江三角区如深圳和东莞，地理位置极其优越。

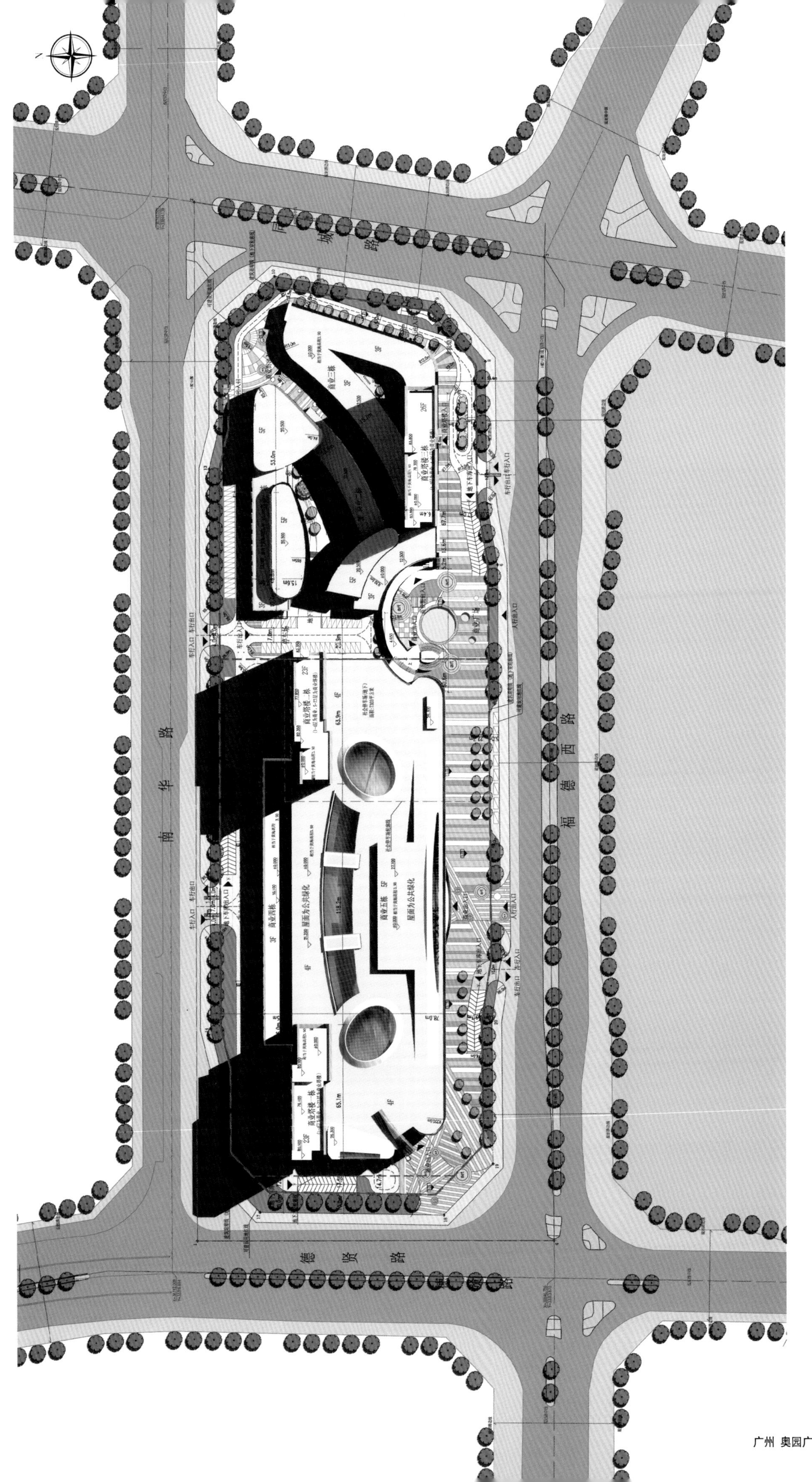
南华路
福德西路
德贤路

**规划理念与思路**

本案在设计上力求创新，充分体现国际化、时尚化的风格和布局，同时注重环保概念的研究，并以崭新的设计理念为本区域注入新的经济活力，创造出新的经济活动中心区，增强城市活力及竞争力。

**设计原则**

1. 建筑布局生动、自然、合理、清晰、表现出大规模发展的气势。
2. 注重“人本、自然、生态”， 强调建筑与景观的有机结合。
3. 尽量做到人车分流，进一步优化环境素质，给予顾客与用户既无烟又安全的户外活动空间。

4. 建筑的高度错落有致，丰富的空间层次，美化了城市整体环境。
5. 大面积的屋顶绿化和沿街绿化可有效保持恒温环境，改善了社区环境，同时为顾客与用户提供了观赏与休憩的场所。

### 规划主题

“大型中央绿色社区”结合“现代简约”的风格，形成一个具有强烈时代气息且富有浪漫色彩的区域级商业中心。

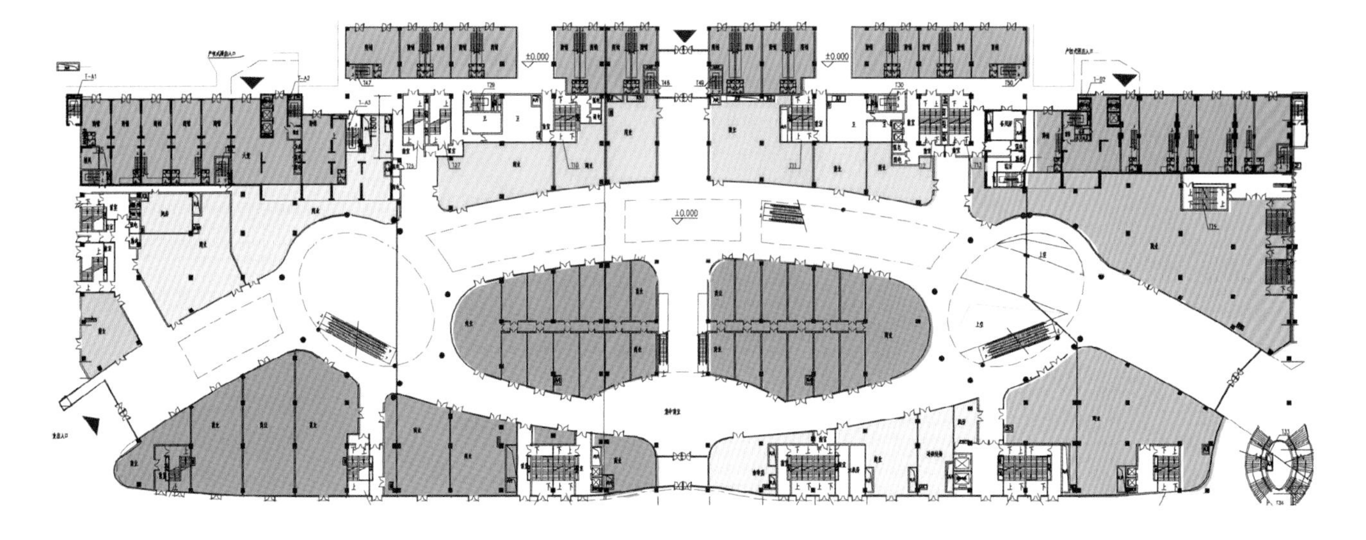

商业一层平面图

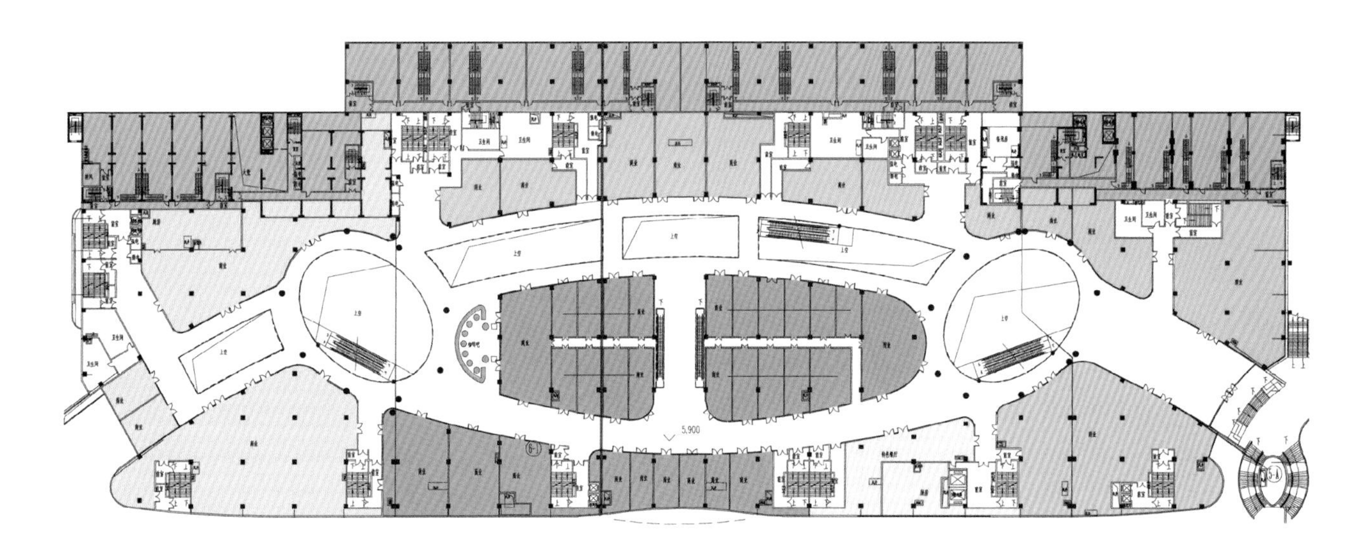

商业二层平面图

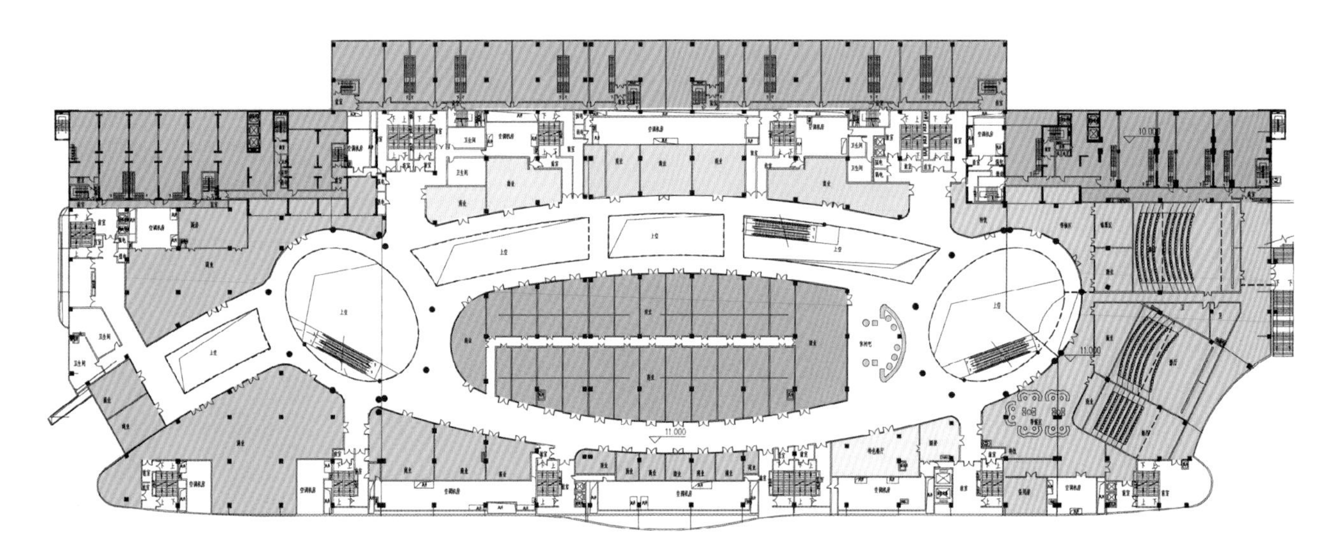

商业三层平面图

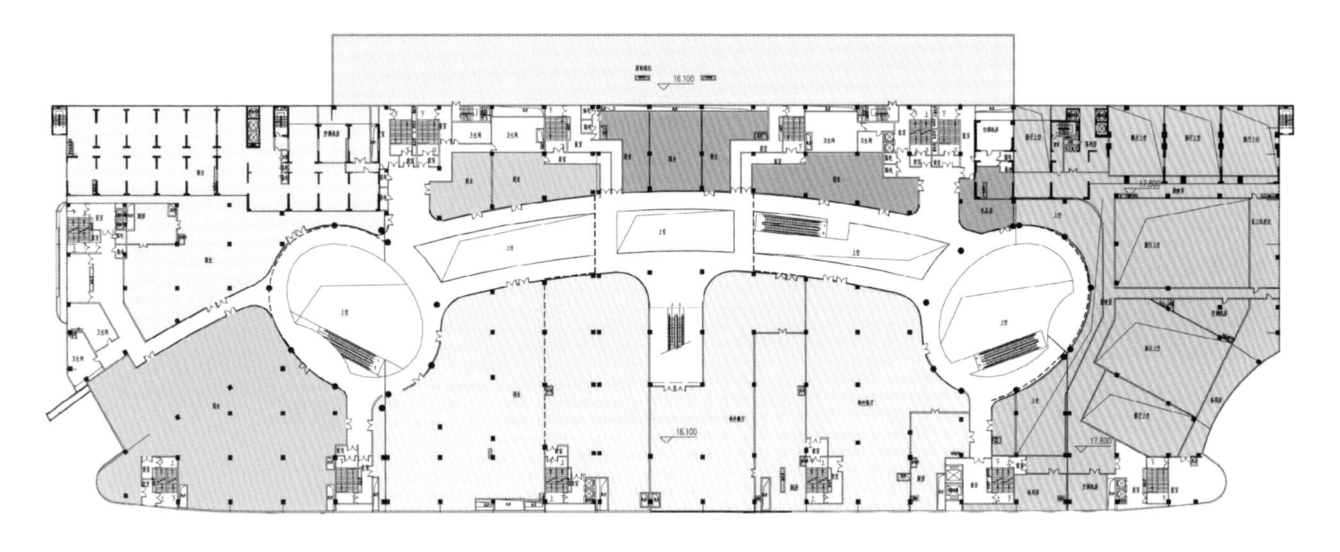

商业四层平面图

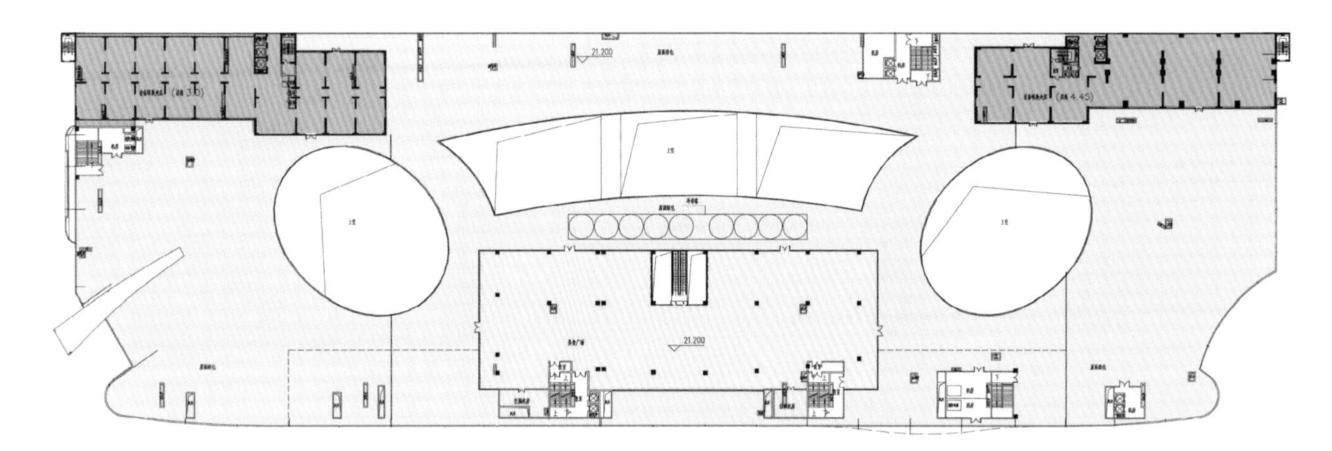

商业五层平面图

# 成都 龙湖时代天街

项目名称：成都龙湖时代天街
设计单位：深圳市承构建筑咨询有限公司

**技术经济指标**
项目占地面积：305 333m²
建筑面积：1 840 400m²

龙湖时代天街是当时亚洲区域内规模最大、全球前三的一站式购物中心，项目占地305 333m$^2$（458亩），是超乎想象的超级商业综合体，有望成为垄断大城西，辐射整个成都，影响中国西南部的超区域商业中心。

时代天街位于成都主城区内唯一一个集中央居住区、中央教育区、国家保税区于一体的城市核心区——高新西区。项目占据了高新西区极致稀缺的大型商业用地，覆盖成都西面至郫县的各层次多种类消费需求，坐拥成都西面和郫县各大住区组团、成都规模最大的大学城及成都唯一的综合保税区，拥有总计近两百万的消费人口资源。周边地铁2 号线、成灌快铁、羊西线（成灌高速）、IT 大道及高新西区内极为发达便捷的路网形成全方位立体交通网络，将项目与成都主城区和郫县都江堰等区域无缝连接。

H&M
COACH

龙湖时代天街集合了超大型主力百货店、龙湖天街购物中心、MOCO 家居馆、先锋数码港、美食天地等，成为一体化的一站式消费中心，销售业态为情景街区商铺、精装SOHO 公寓、创意LOFT、精装住宅，绝大多数产品为商业业态。四种外售业态加上五种自持商业布局，共同实现龙湖时代天街休闲购物、行政办公、餐饮娱乐、星级酒店、创意产业、城市广场、文化艺术这七大城市功能。

**设计特色**

优化商铺布局，提高铺面商业价值，主力店的设置拉动人流向中部集中与情景商业连接天桥的设置，形成水平商业环线 。六层屋顶设置花园餐厅，屋顶绿化 情景商业6M层高，在二层以上设置空中花园，提高商业价值，三层退台，可形成连续的商业环路与集中商业及内环两侧连接天桥的设置，增强商业水平动线 ，扶梯、观光电梯的设置将人流向竖向引导，办公与情景商业共用景观电梯，方便两种业态人流互动，增加商机。

童趣玩具

# 合肥 万科蓝山

项目名称：合肥万科蓝山
设计单位：深圳市承构建筑咨询有限公司

**技术经济指标**
建筑面积：463 600m$^2$

万科蓝山，位于合肥市滨湖新区城市主干道庐州大道与紫云路交汇处，为滨湖新区核心居住区，完善的配套，优良的教育资源、医疗环境为优居生活提供强力保障。项目为集退台电梯花园洋房、高层住宅、风情商业街等物业形态于一体的环湖优质生活区， 10万平方米自带集中商业，万科创新的“3+1”户型产品以及退台电梯花园洋房，将创领合肥人居新标杆。同时，地块内包括合肥市建设中的轨道交通1号线紫云路站点，未来居住出行将与现代城市生活更为紧密。

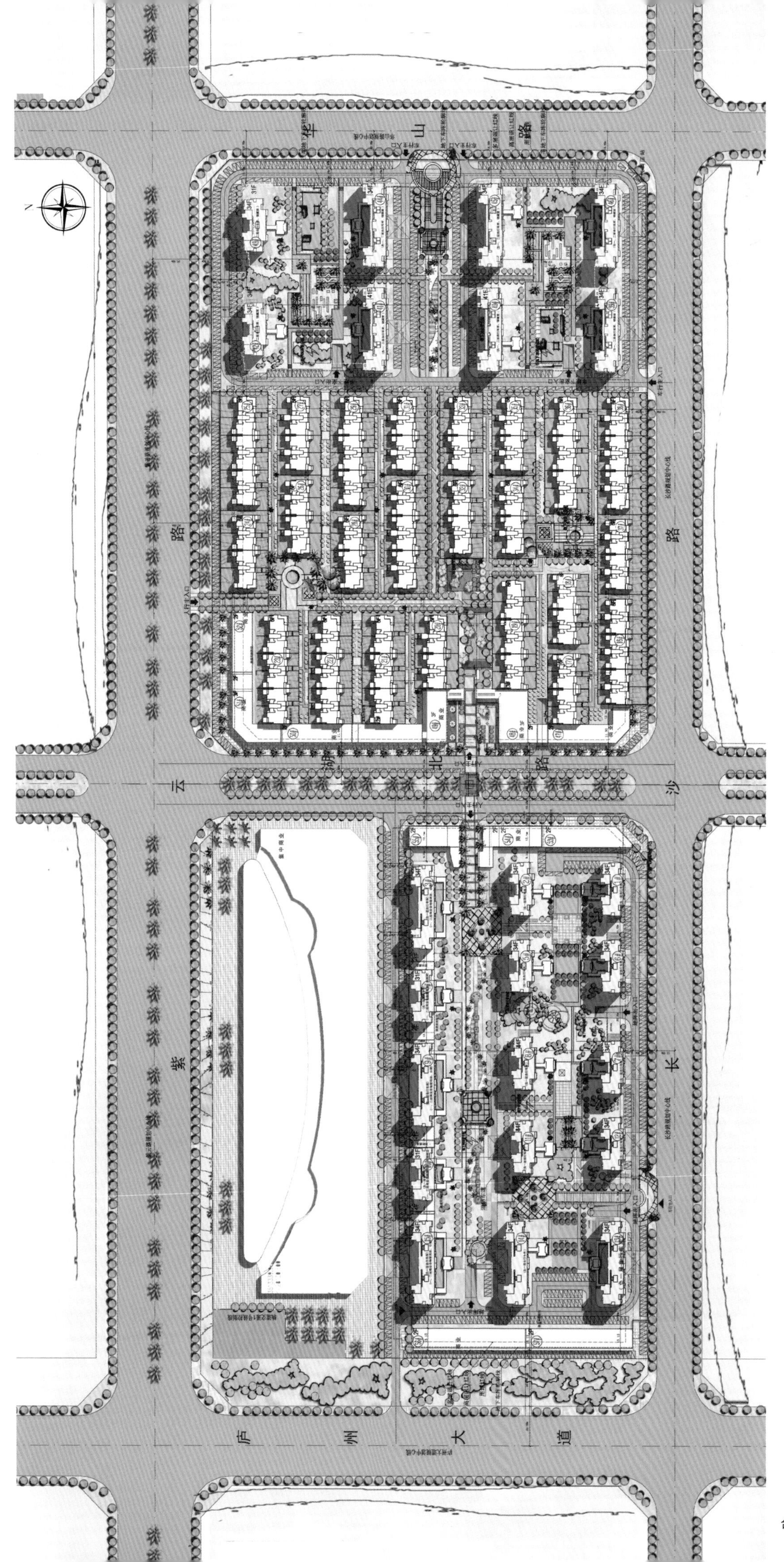
华山路
云湖北路
紫云路
长沙路
庐州大道

## 规划设计手法

本规划对建筑群体布局综合考虑，从提高环境质量入手，兼顾气候、日照、防灾、防盗的功能。住宅方案设计强调住宅的居住性、安全性、舒适性、标准性、多样性和智能化需求。明厅、明厨、明卫、明梯、明厕，使住宅视野开阔，通风顺畅，散热迅速。每个单元均为南北主朝向，大尺度的楼栋间距，较好地解决了采光通风和日照要求。

在住宅平面设计中突出了多元性、合理性，明确功能和面积分配，动静分区、主次分区、洁污分区。房间比例尺度宜人，并强调了私密性。厨卫集中布局，有利于管道的隐藏敷设和厨卫产品的整体化。此外，多户型设计以满足不同的消费层次、不同的生活习惯和喜好的居民要求，但在每个

SALON

单体设计上都本着一个原则，即充分体现现代居民的起居生活习惯和行为方式。户型设计舒适化，空间富于变化。住宅内部各空间面积分配合理，主次分区、动静分区、洁污分区。

OMEGA
Dior
COMMERCIAL
ONEVS1
CHANEL
Lee

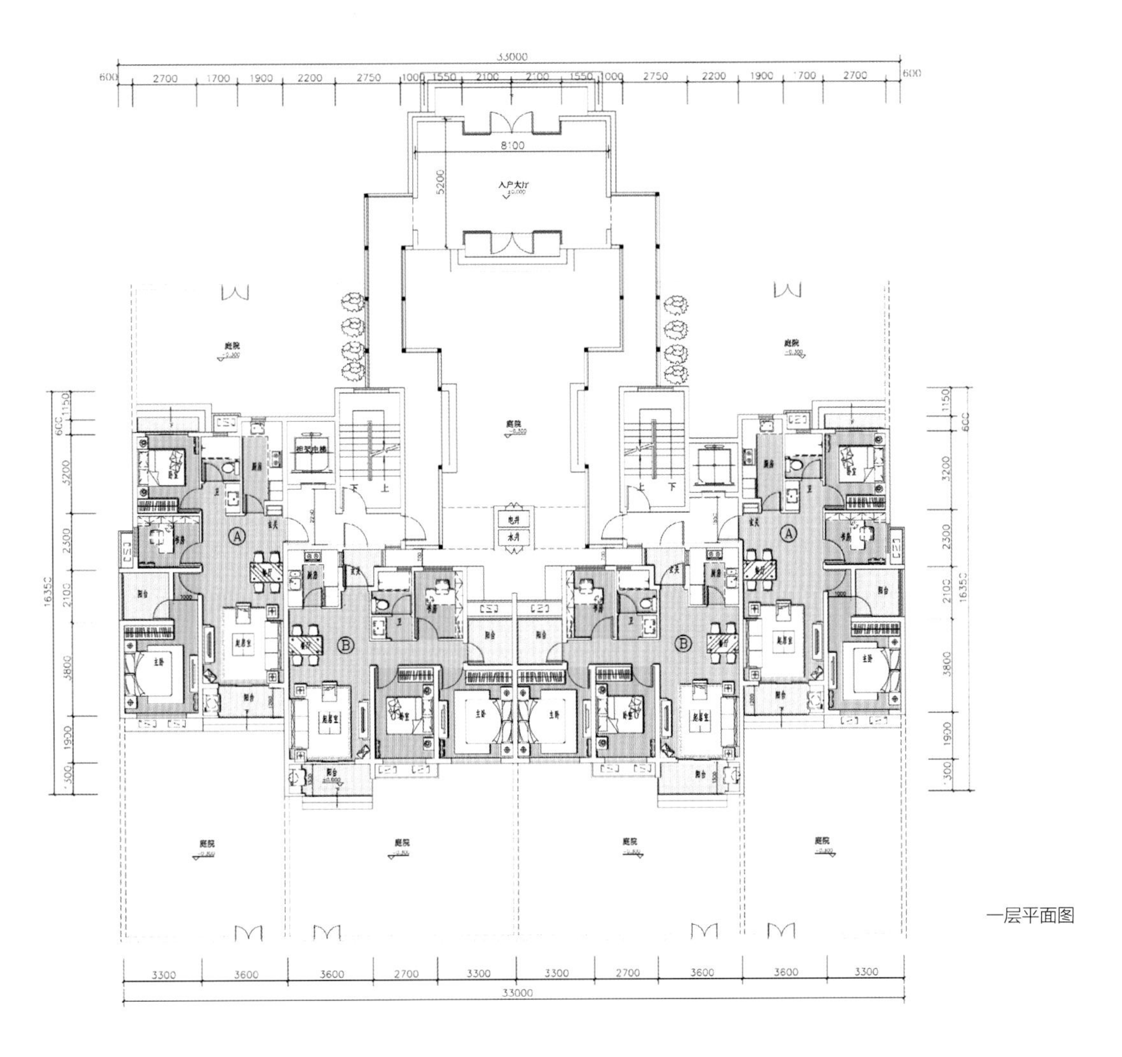


一层平面图

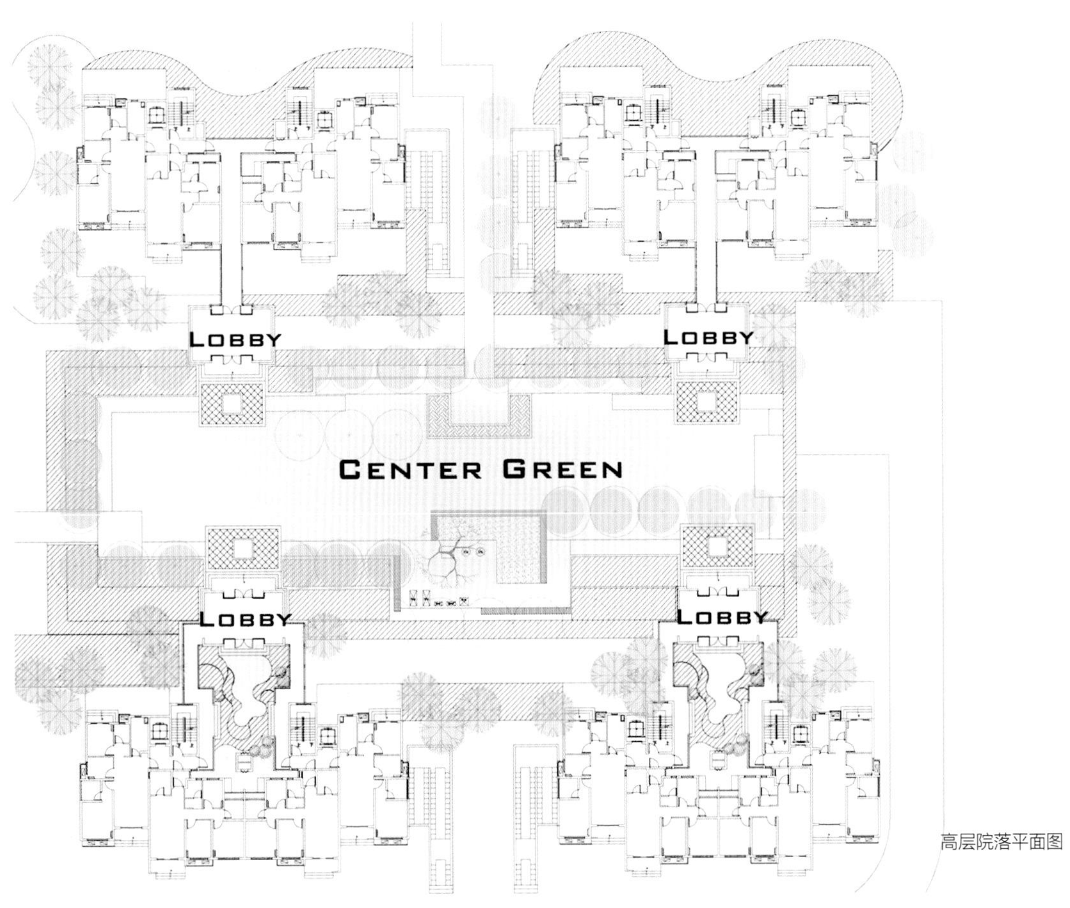


高层院落平面图

# 长春 国信•净月南山

项目名称：国信 · 净月南山
开发单位：长春新都市建设开发有限公司
设计单位：CDG国际设计机构

**技术经济指标**

北区
总用地面积：208 673m²
总建筑面积：208 322.49m²
建筑密度：30%
容积率：1.00
绿化率：40%

南区
总用地面积：1 371 898.11m²
总建筑面积：1 456 580m²
建筑密度：30%
容积率：1.06
绿化率：40%

本项目位于长春市东南奢岭，双阳区和净月区交汇处，北临净月潭国家森林公园，南接小天鹅湖，西抵新立城水库。生态优势明显，宜居养生。交通便利，高速公路、轻轨、旅游专线、短途火车线路尽有，且距双阳区和长春市区距离皆不超过18km，距长春龙嘉国际机场28km，是长春市规划空间格局中一个十分重要的战略功能区，未来的发展空间巨大。

**总体结构："一水多轴多中心"**

规划以环境做骨干，强调区内环境资源的均好性及景观共享性，旨在让所有的居住空间均能享受优美环境。

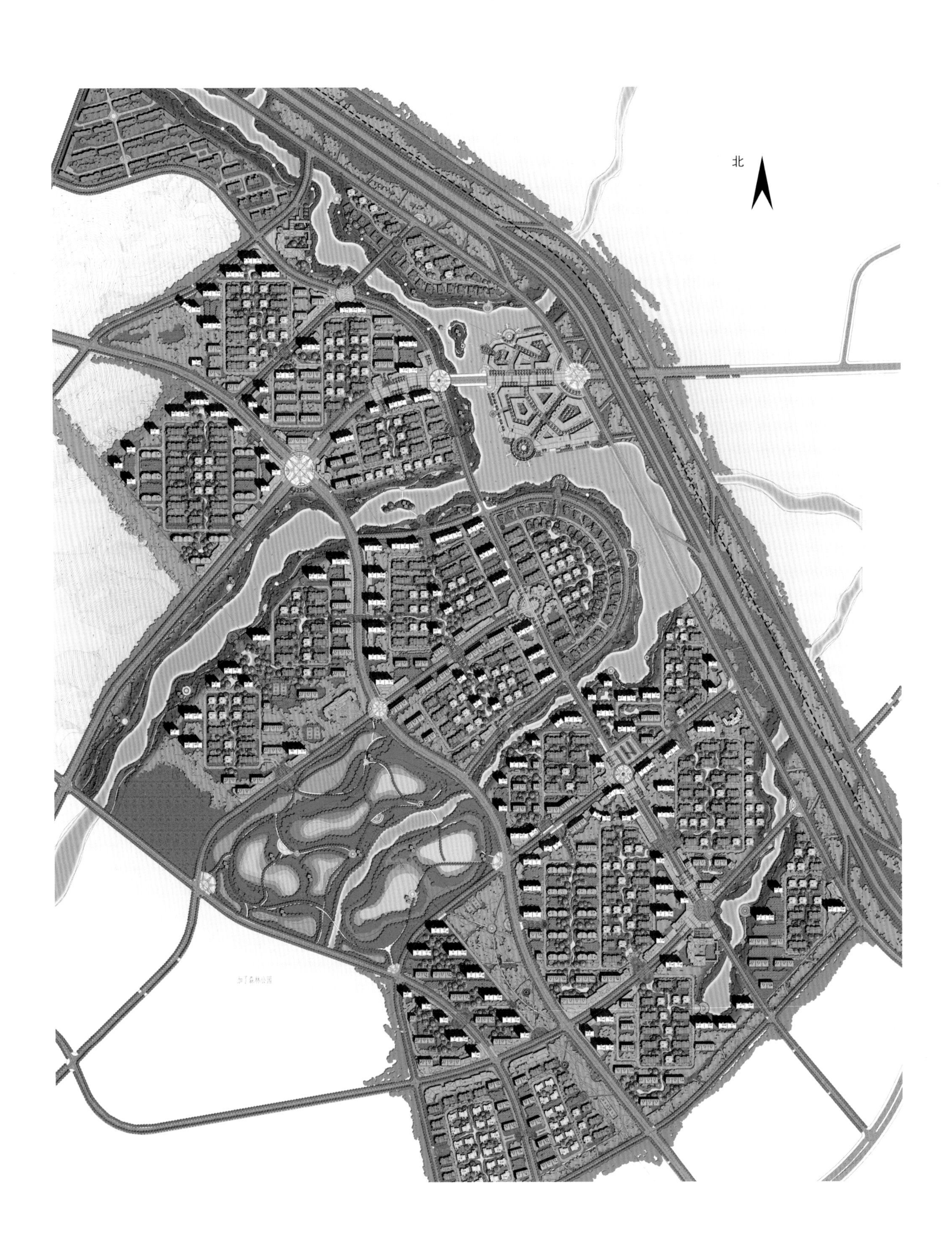
北
森林公园

南北地块中均有大面积的绿化用地及水面，将各个区域进行天然分隔，使南、北地块具有天然的景观绿化优势。规划中充分利用水资源，创造一种整合的区域景观体系。

## 立面风格

区内建筑风格多样：北地块以草原建筑风格为主，温泉精品酒店及温泉别墅采用法式建筑风格，强调酒店的端庄和凝重，成为北地块的点睛之笔。

南地块充分融合了多种建筑风格，为打造风格多样的小区奠定了基础。

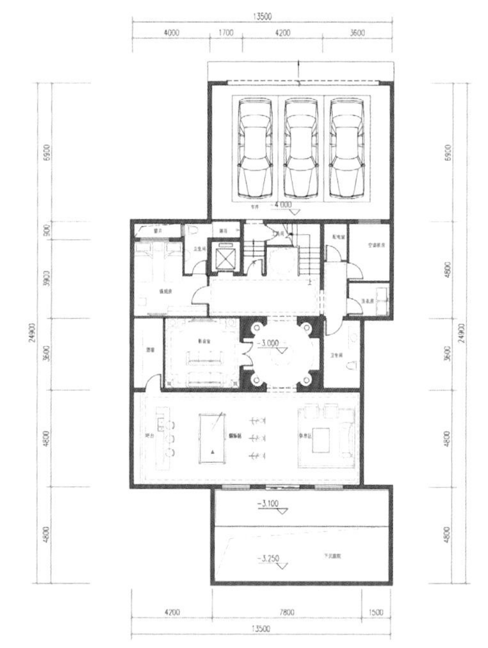

酒店别墅地下层平面图

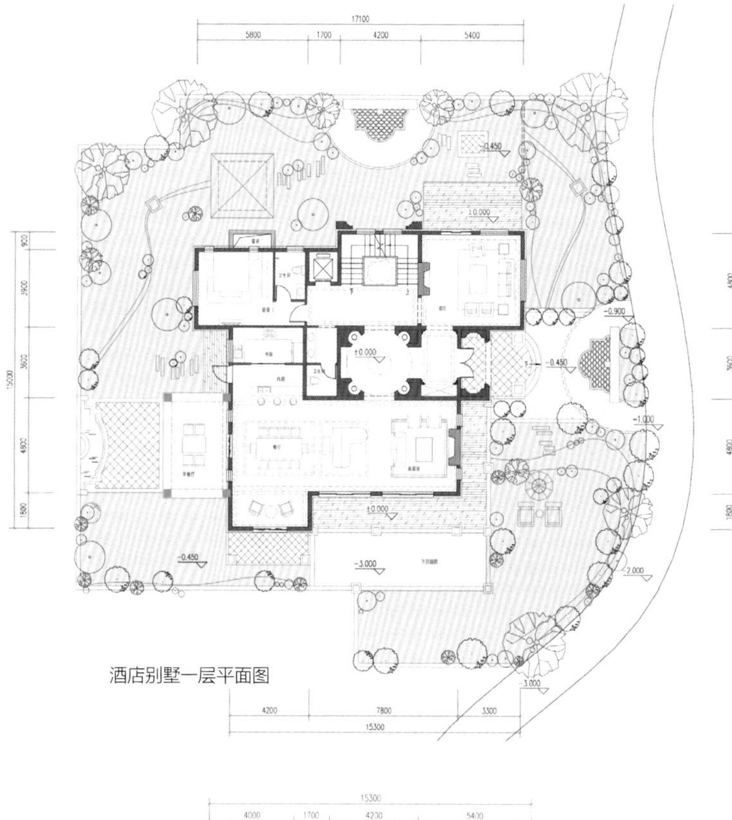

酒店别墅一层平面图

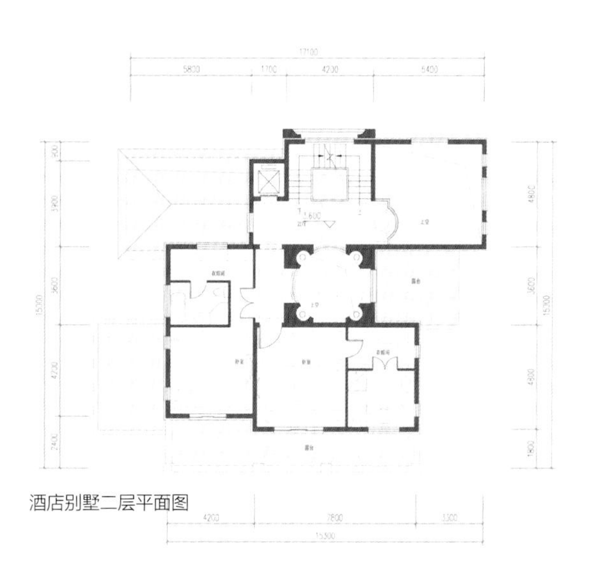

酒店别墅二层平面图

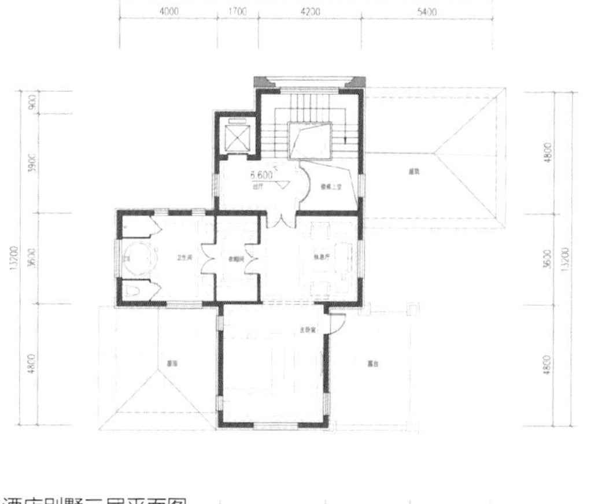

酒店别墅三层平面图

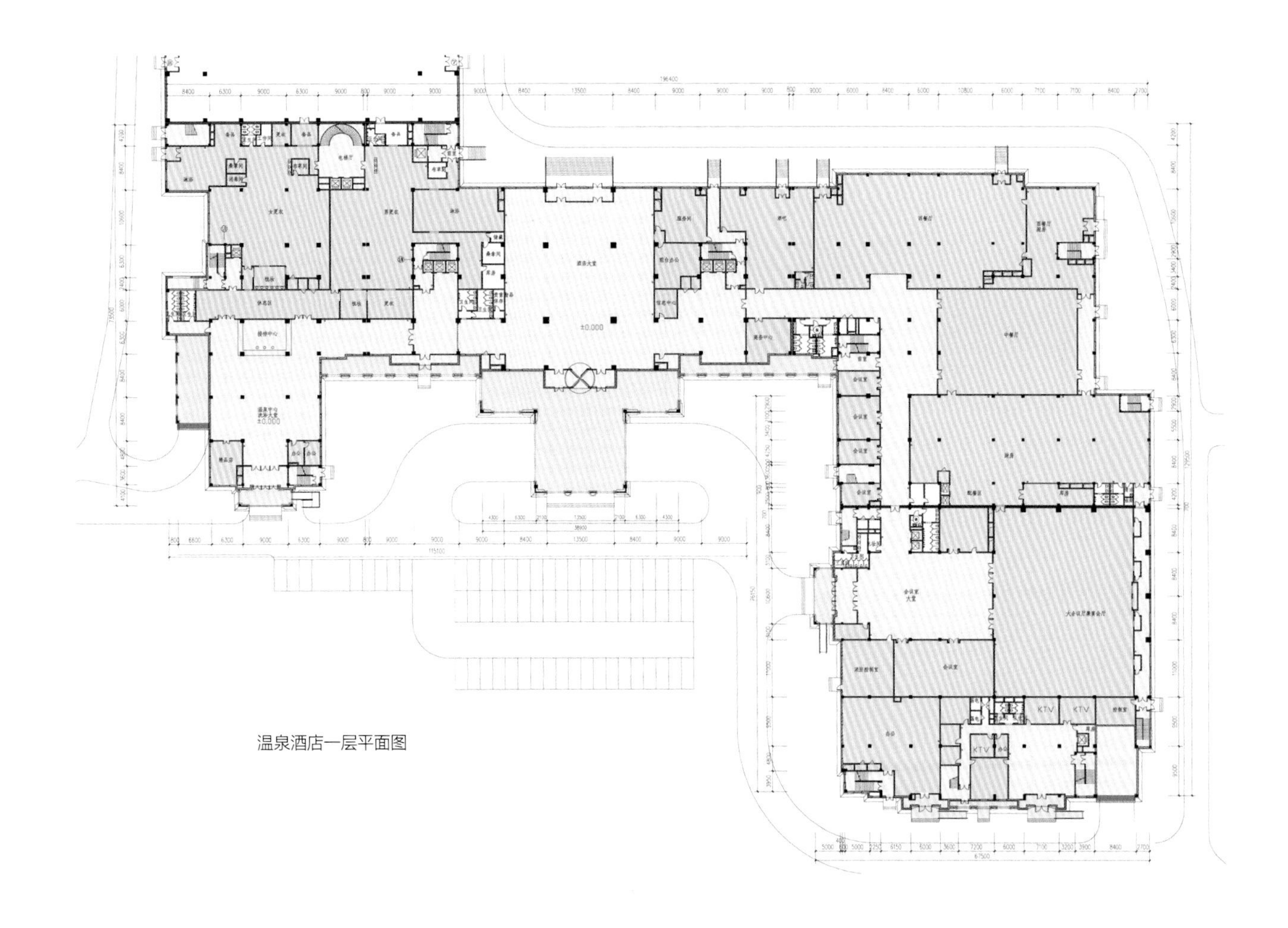

温泉酒店一层平面图

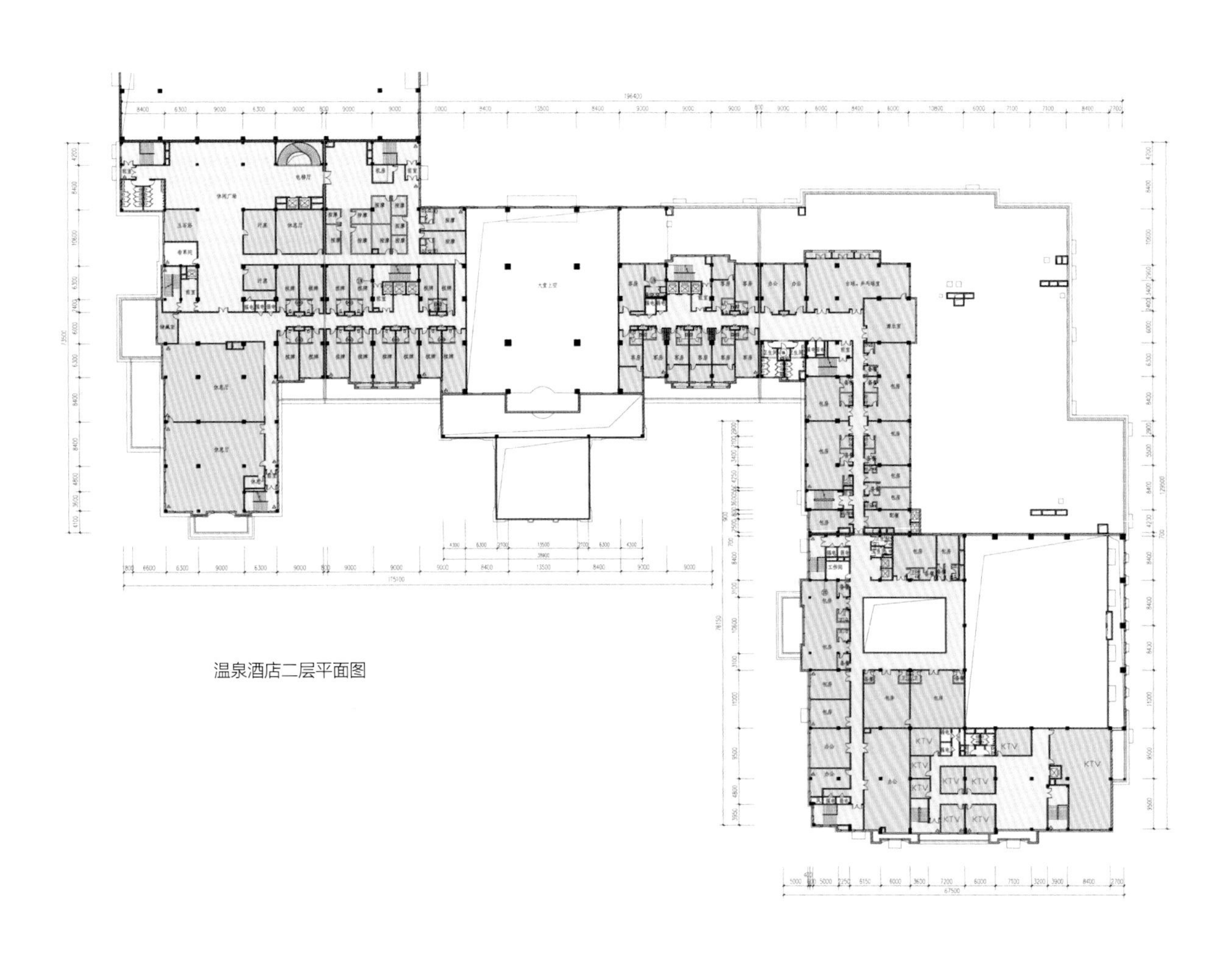

温泉酒店二层平面图

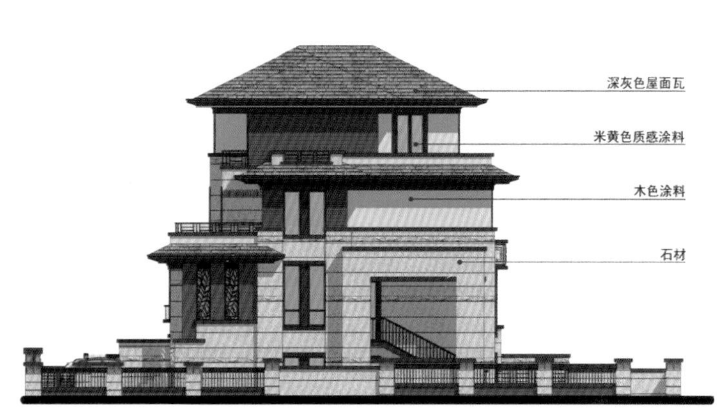


双拼西立面

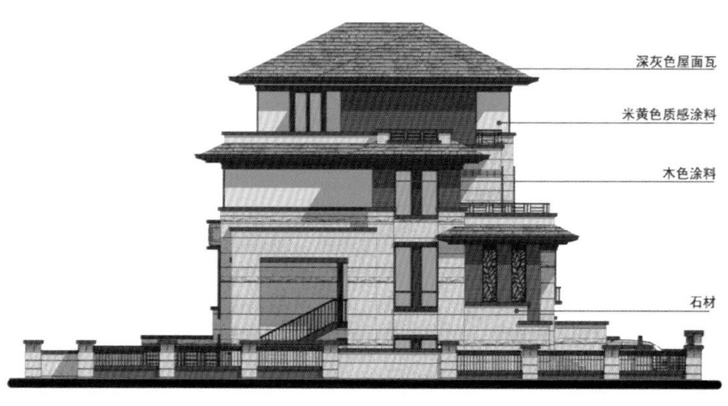


双拼东立面

双拼南立面

双拼北立面

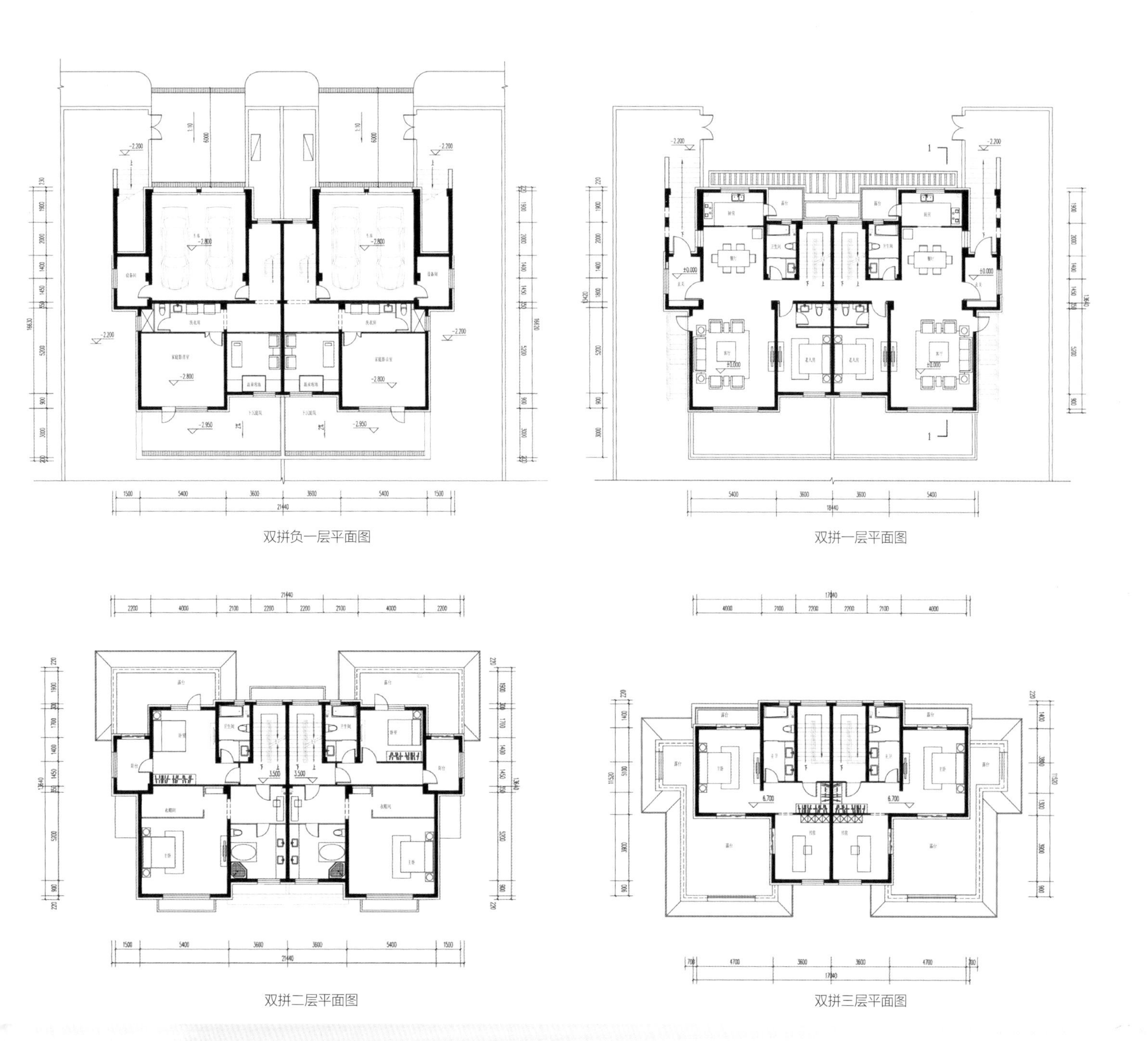

双拼负一层平面图

双拼一层平面图

双拼二层平面图

双拼三层平面图

# 达州 罗浮·南山美庐

项目名称：达州罗浮 · 南山美庐
开发单位：达州市大昌实业有限责任公司
设计单位：成都惟尚建筑设计有限公司

**技术经济指标**

| | |
|---|---|
| 用地面积：102 279m² | 建筑密度：16.88% |
| 总建筑面积：243 990m² | 绿化率：41% |
| 地上建筑面积：212 235m² | 户数：1929 |
| 容积率：2.08 | 停车位：971 |

南山美庐位于四川省达州市南外新区三号道路，地理坐标为北纬30° 75'~32° 07'，东经106° 94'~108° 06'。达州位于四川省东北部，是中国西部四大名城重庆、成都、西安、武汉交汇的中心地区，辐员1.66万km²，总人口638万。基地北高南低，东高西低。周边环境优美、风景秀丽、交通便捷，是达州市理想的居住之地。

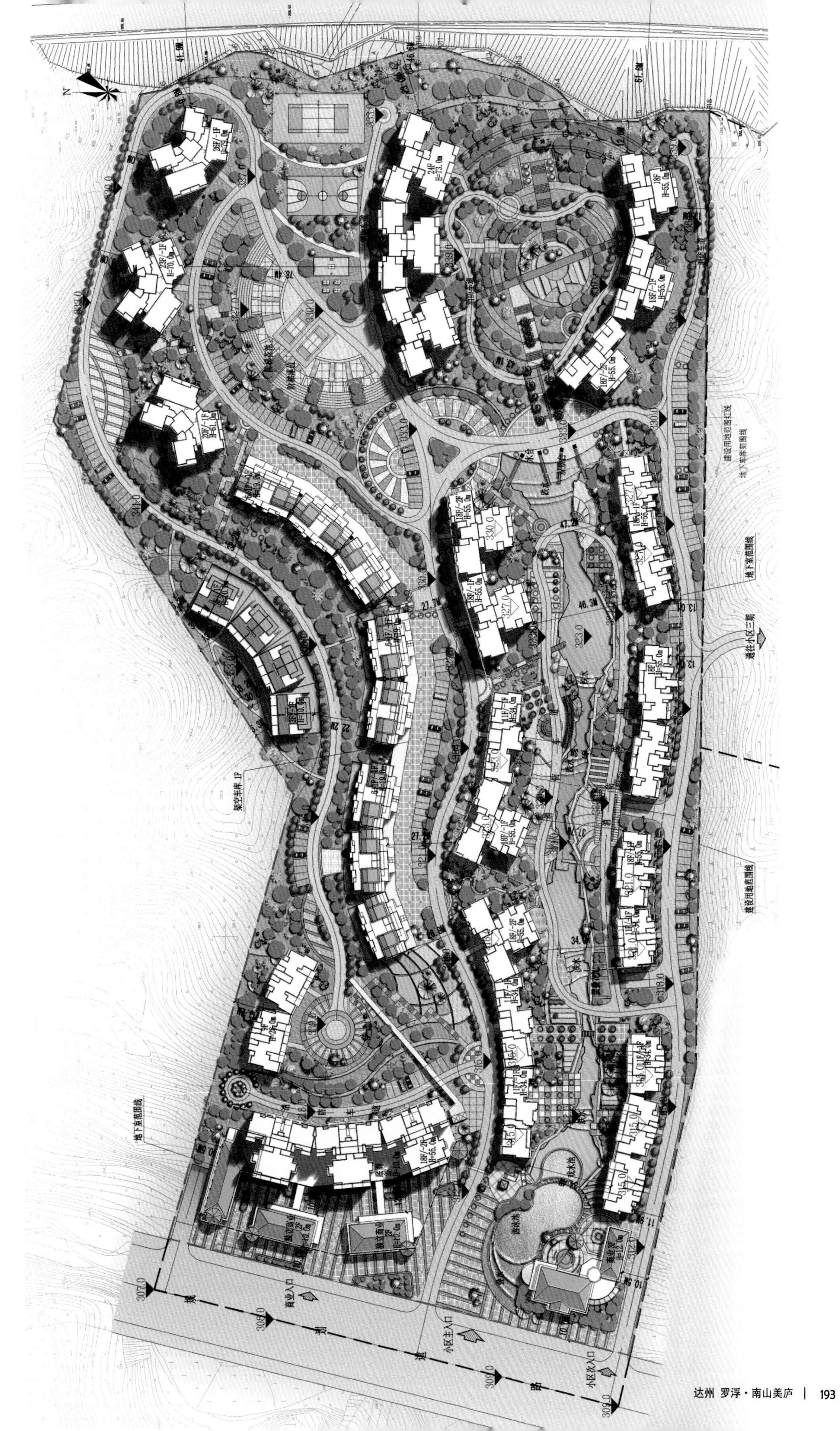

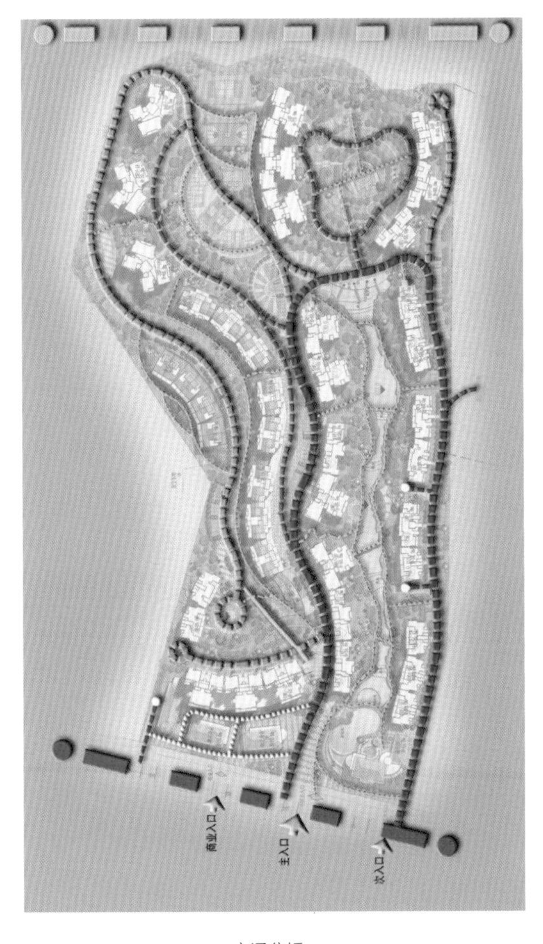

交通分析

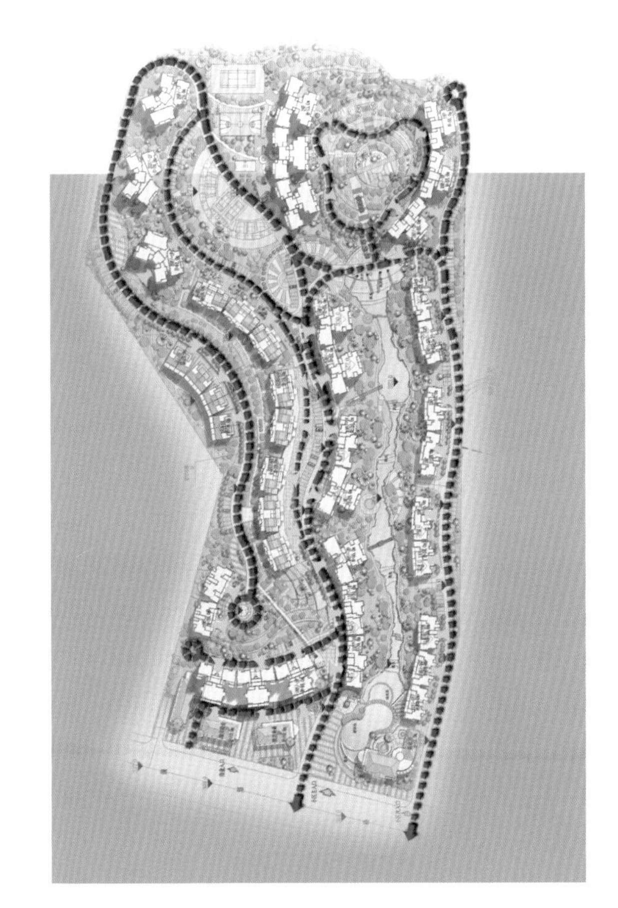

消防分析

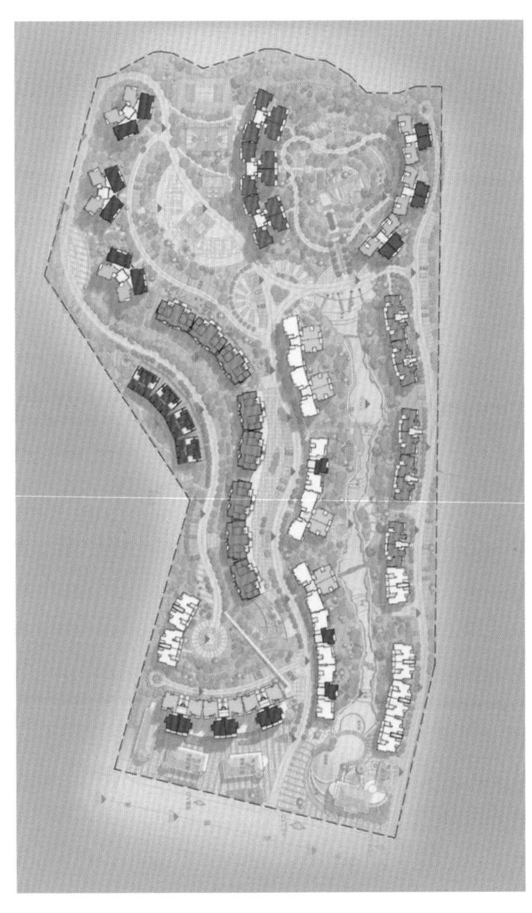

户型分布

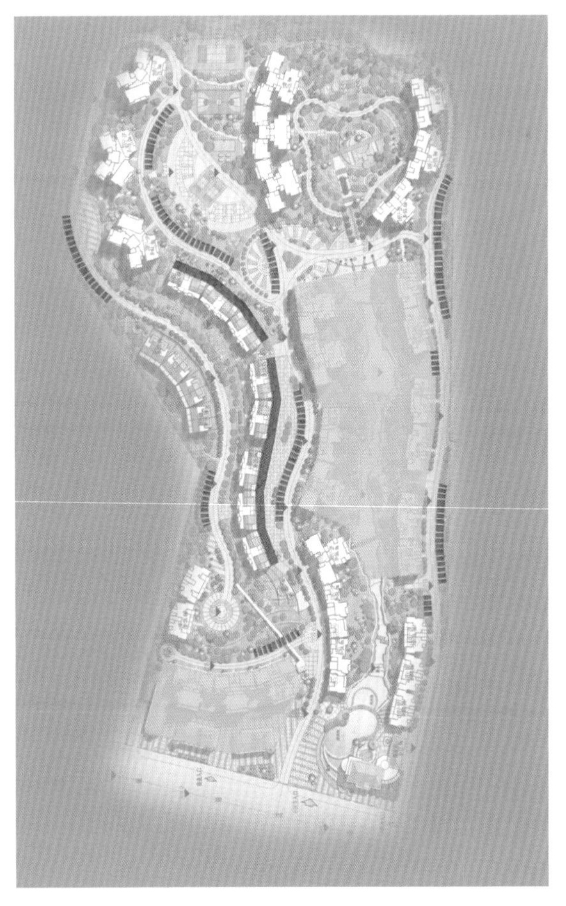

停车组织

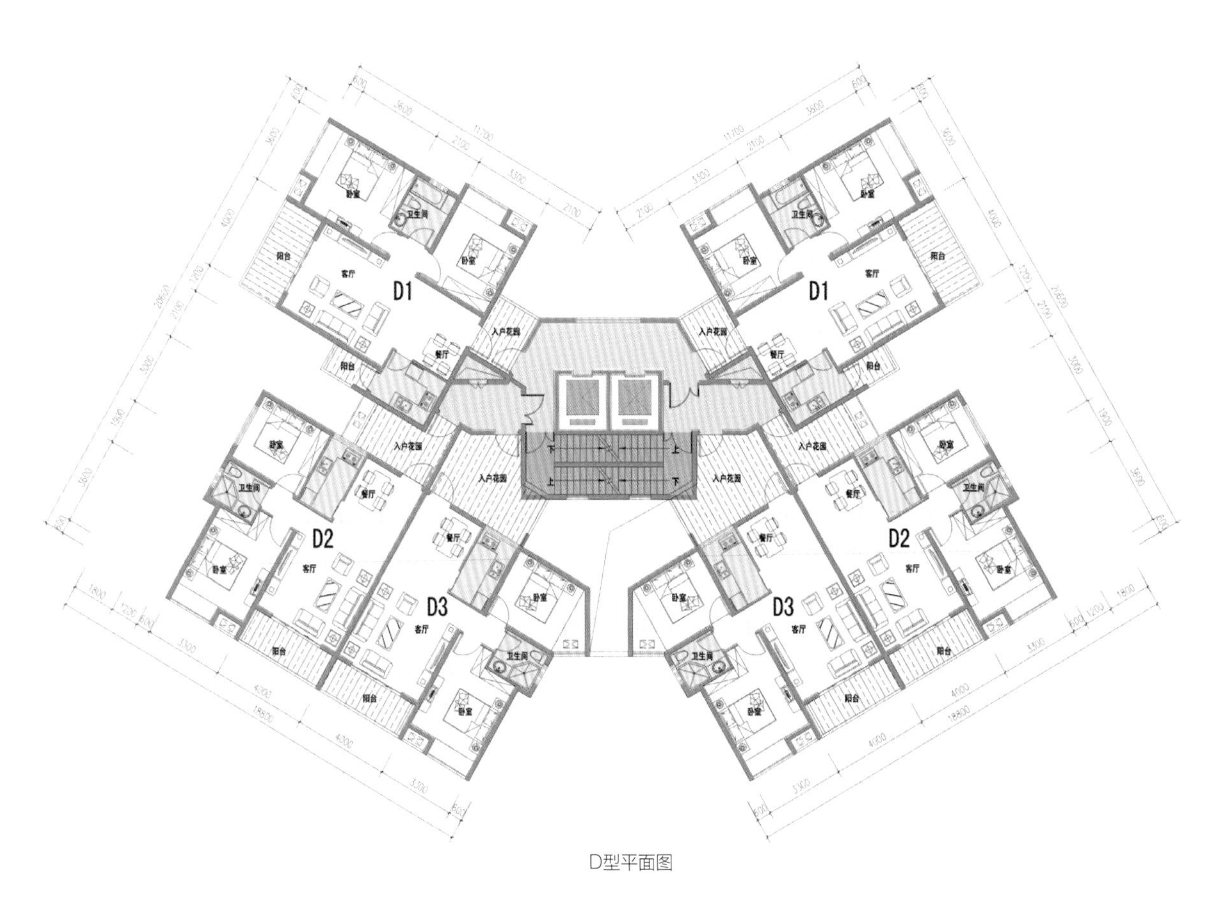


D型平面图

项目定位、开发思路：“罗浮·南山美庐”项目规划净用地9.7hm$^2$（146亩）。遵循全新的居住理念，将“罗浮·南山美庐”建设成居住环境优美、配套设施齐全、物业管理完善的现代化、生态型居住小区。

以城市总体规划和本区的控制性规划为依据，高起点、高标准、高水平地进行规划设计，结合当今居住区规划的最新理念与表达成果，建设最具有特色的居住小区，设计具备超前性与先导性的特点，实现了新理论与新手法在实际项目中的应用。

1. 坚持“以人为本”的理念。强调人居环境与建筑的共存与融合，以提高人居环境质量和建设舒适安逸的居住环境为设计目标。配置完善的服务设施，以满足住宅的居住性、舒适性、安全性、耐久性和经济性。通过“人车分流”，建立小区高效安全的道路系统，同时注重步行系统的构建与静态交通的设计，从而创造一个布局合理、功能齐备、交通便捷、环境优美的现代化小区。

2. 坚持“尊重自然”的 理念。方案设计充分尊重原始地貌，加以合理地改造，使得该项目的基地环境形成了依山傍水的独特格局，具有很强的标志性和唯一性。建筑群体与山水和谐呼应，生态环境在小区中没有遭到破坏，而是愈发得秀丽动人。

3. 坚持“绿色生态小区”的理念。充分利用基地内、外现有的自然环境要素，建设与地形完美结合、依山就势、特色鲜明的生态型的绿色居住小区，使人工环境和自然环境相协调，突出了“阳光、空气、山水、绿色”的生态主题。精心塑造生动和谐的开放空间和小区环境，强调绿化空间与居民活动空间的融合，建筑组群与自然环境的穿插与渗透，形成了层次分明、高低错落、富有特色的建筑景观和天际轮廓线，构筑了该地段独具特色的城市形象。

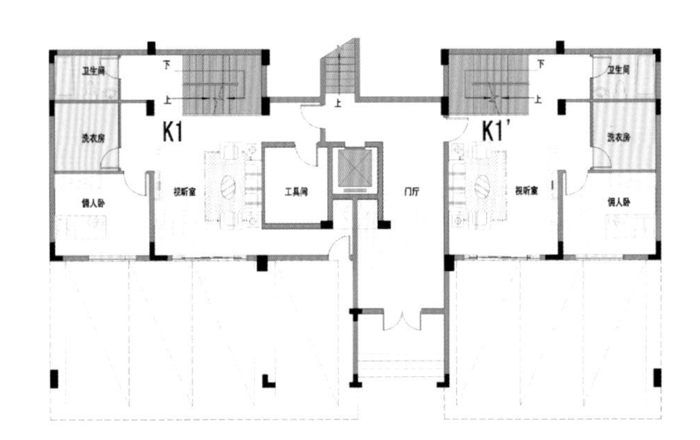

住宅K1型地下一层平面图

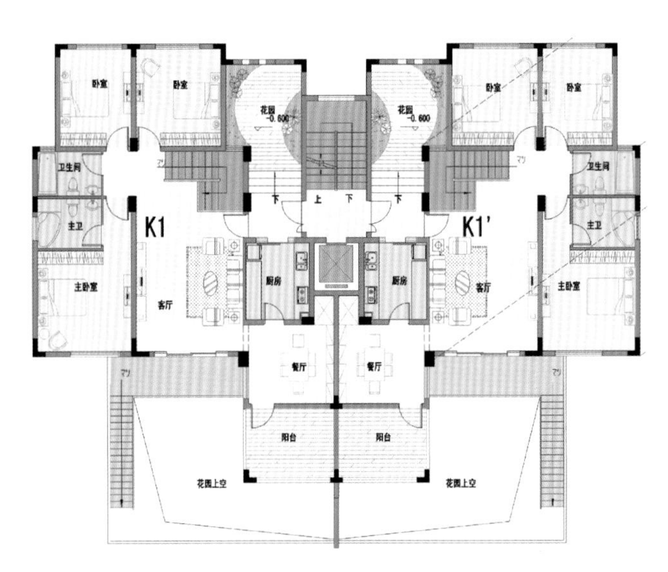

住宅K1型一层平面图

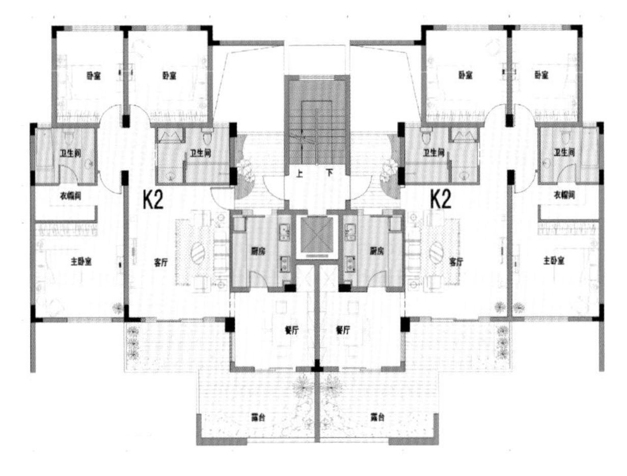

住宅K1型二层平面图

# 上海 金臣别墅

项目名称：上海金臣别墅
设计单位：BDP百殿建筑设计咨询（上海）有限公司

**技术经济指标**
总用地面积：166 000m²
总建筑面积：87 256.7m²
建筑栋数：93
绿化率：43%
建筑密度：23%

金臣别墅位于上海闵行区金峰国际社区的西北部。其靠近上海虹桥规划枢纽，因此交通便利，设施齐全。

该处同时靠近七所国际学校（包括英国、美国、日本、新加坡和韩国）。地块最大的一个部分呈长方形（南北350～430m，东西225～360m）。它涵盖北青路、金光路和石皮路。

建筑设计风格是以英式简约风格的乔治亚为原型。在社区规划上，半开放式社区与私密性别墅结合，针对中国顶级别墅而言，这是一种时代性突破与创新的尝试。乔治亚的设计理念是简单、比例、形式和功能。运用石头框架可以强调立面效果，也可以体现力量感，同时这是一种最简单的展示乔治亚的元素的方式，这已经大量在英国的经典范例项目中进行使用。建筑设计不仅是形态上的把控，其材料的选择也是精挑细选的。高质量的选材是创建丰富和奢华别墅社区的关键，天然石材和金属材料的搭配运用也恰到好处地体现了现代元素，同时传递了英国建筑设计的理念。

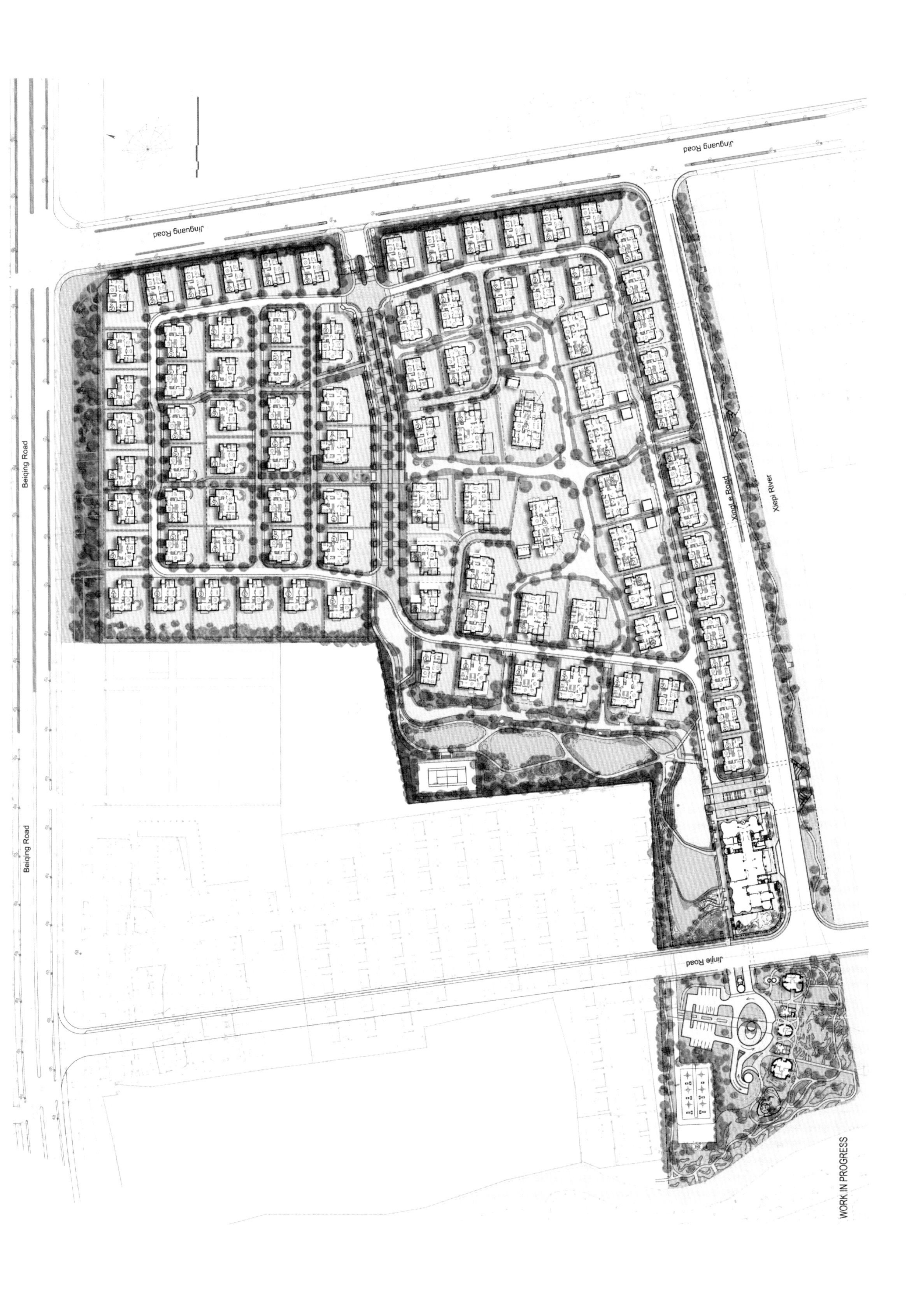
Jinguang Road
Jinguang Road
Beiqing Road
Beiqing Road
XingLe Road
Xiepi River
Jinjie Road
WORK IN PROGRESS

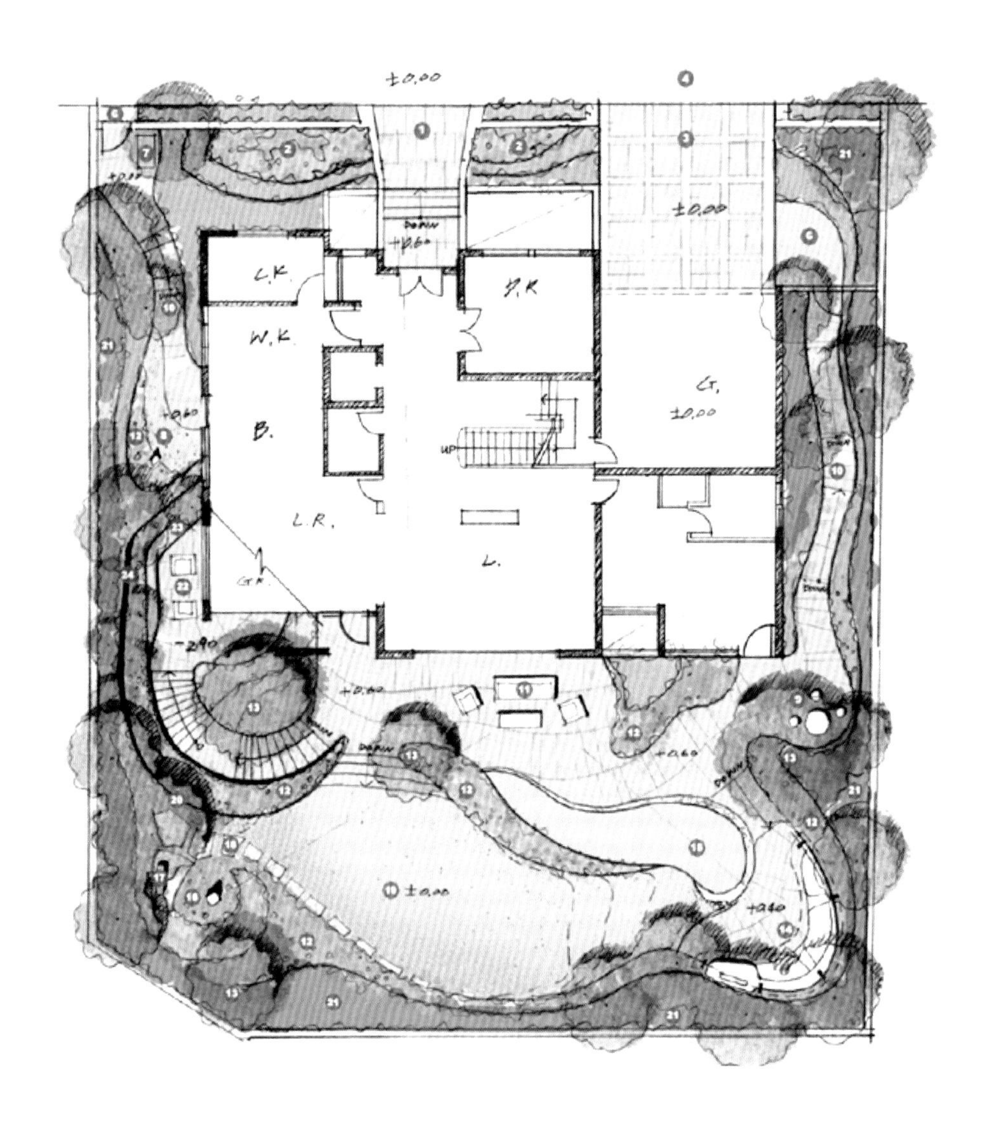

A户型地下层平面图240m²

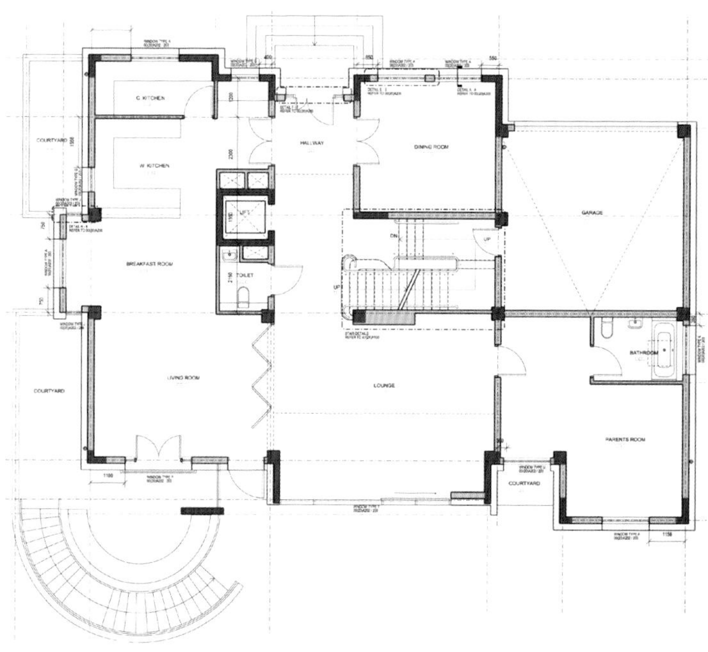

A户型一层平面图238m²

**规划理念**

1. 整体规划理念：总体布局、道路系统、主入口、项目核心规划理念、特点、表现出来的优势及空间关系等。总体规划设想为将高端豪华的别墅与花园景观相融合，利用水道、山坡和森林创造一个独特而隐秘的空间。突出了个人化的私人空间感。

2. 整合别墅、公寓、会所三大物业的规划关系，如位置关系、布局由优势分析、体量特点等。

3. 结合各分区（湖景、森林及山景）设计理念，突出中央森林公园的设计理念。

**规划及建筑亮点**

1. 别墅建筑设计概念：93栋别墅的布局呈现出强烈的英伦风格。13种不同类型的别墅创造了不同的视觉感。建筑设计的目的是在确保别墅独特性的基础上，

又能够创造出一个具有吸引力的空间形式。

2. 别墅的结构采用的是英伦风格的构建模式，并有BDP英国建筑师设计。

3. 材料质量是评判别墅社区质量的关键，结合天然石块与现代材料来体现传统英国建筑的设计风格。

4. 向南的集中式花园庭院创造出悠闲的生活空间。

5. 中央景观大道由石头路面构成，周围种植大量树木，同时也是喷泉森林公园的入口，为居民创造出一个美好的视觉景观。

**景观设计说明**

景观和自然都采用了“英式景观/庭院”作为重要主题，结合三大特色景观（湖景、森林、山景）。森林公园将提供各类娱乐设施（网球、健身等）。

# 南京 朗诗近零碳住宅

项目名称：南京朗诗近零碳住宅
设计单位：BDP百殿建筑设计咨询（上海）有限公司

**技术经济指标**
据用地面积：97 312m²
总建筑面积：172 159m²
地上建筑面积：116 653m²
容积率：1.2
建筑密度：25.61
绿化率：37.1%
户数：778
停车位：822

本项目地块位于南京仙林新市区仙鹤片区西南部，南临新市区东西向生态主廊道，北侧的仙林大道是仙林新市区重要的景观主干道。隔仙林大道往北是仙鹤门经济适用房和规划的中小学、商业、公交地铁综合设施用地。西侧是宁芜铁路，西侧的防护绿地和仙林大道北侧控制绿带内有地铁2号线高架通过，并预留有未来的地铁4号线地下通过。东侧临凯旋路。基地距新街口14km，紫金山风景区2.4km，紧邻地铁2号线仙鹤门站，交通便利。

本项目建筑以严谨的方式排布，强调围合和院落空间及以静谧与私密为主要特征的居住场所。在满足所有规划条件和最好的日照通风条件的前提下，在地块东侧与西侧沿用地红线适量布置了一

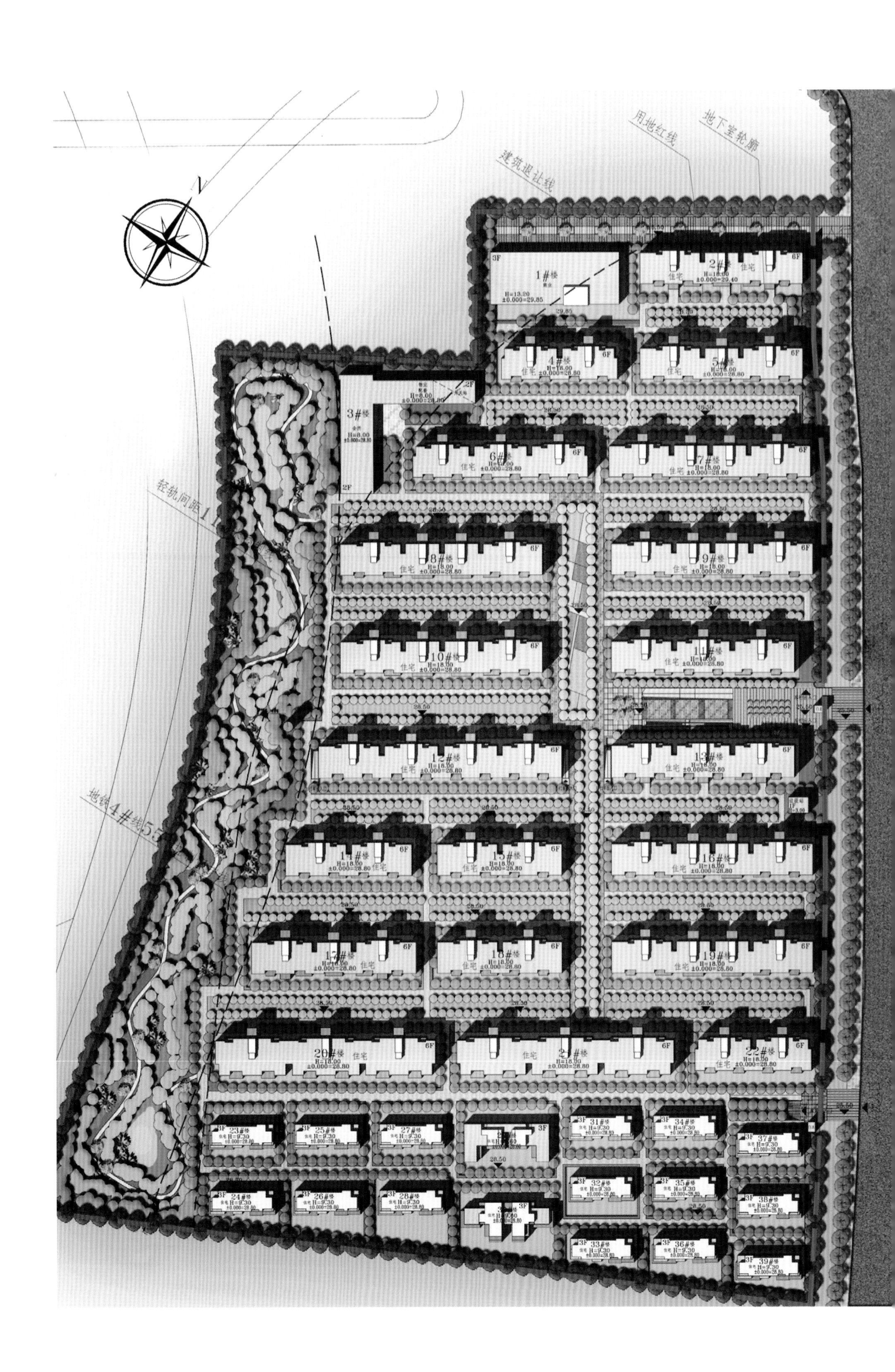
用地红线
地下室轮廓
建筑退让线
轻轨间距
地铁4#线

些东西向建筑，形成住宅间围合的院落空间，并将每栋住宅所享有的自然空间环境最大化，将居住的品质和舒适度做到最优化。也通过这样的手法形成了从家庭到组团，从组团到社区的层层过渡，以丰富的人工环境引导了这个演变，并为人与人的相互交往提供了场所，促进了单个的人与社区人群的广泛交流。

地块中心的横向景观主轴将小区划分为南北两个部分，由一条竖向景观轴将此两部分串联起来。形成“十”字形的公共景观空间。地块西侧集中绿地以大面积的自然绿地为主，景观树木和绿地相间，形成绵长的绿地轴线和丰富的层次，并串联整个地块，形成整个小区主要的活动及游憩场所，方便住户在户外休息放松。

在居住建筑布局上，社区分成了低层住宅和多层住宅两个区域。在低层住宅区，沿地块南侧平行布置了两排三层住宅，多层区域由两个围合的六层住宅组团组成。地块的西北角为多层配套用房。在景观朝向方面，本案绝大多数楼栋均控制在南偏东35度以内，但仍为南向。住宅通过其特有的能源系统保证户内四季都能达到恒温、恒湿、恒氧，并不忌讳东西朝向，但全南朝向的住宅会给住户带来充足的阳光，同时减少能量消耗，低碳且经济。

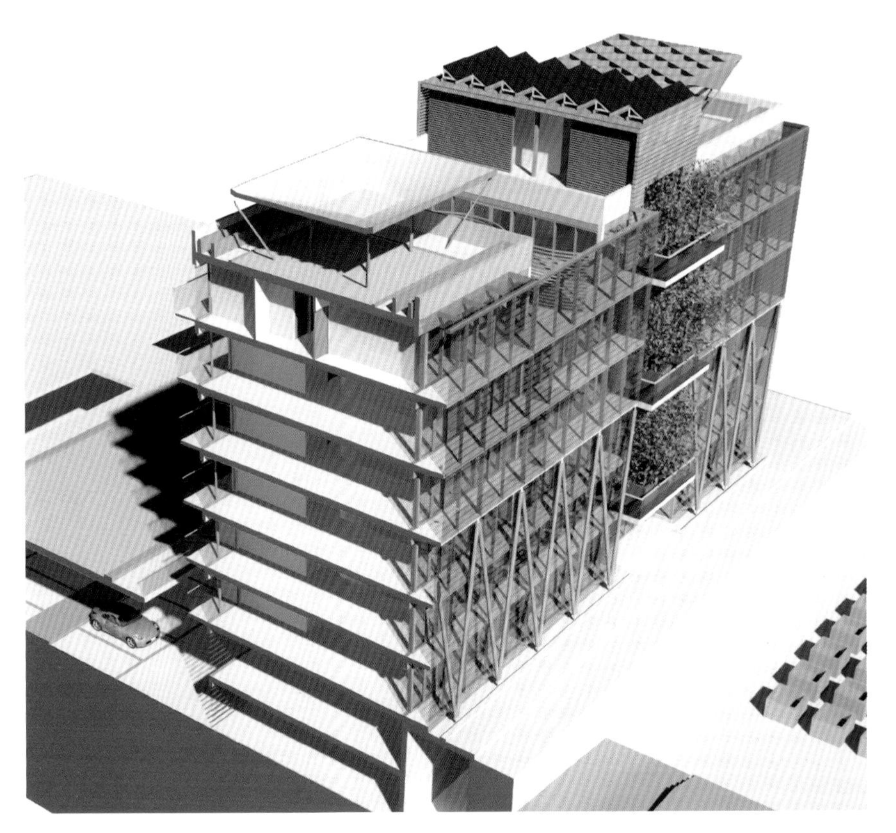

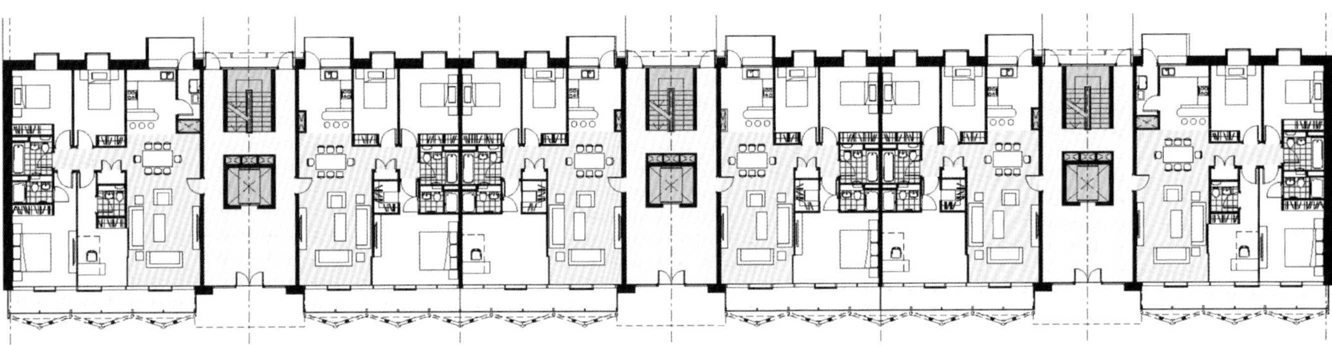

标准层平面一

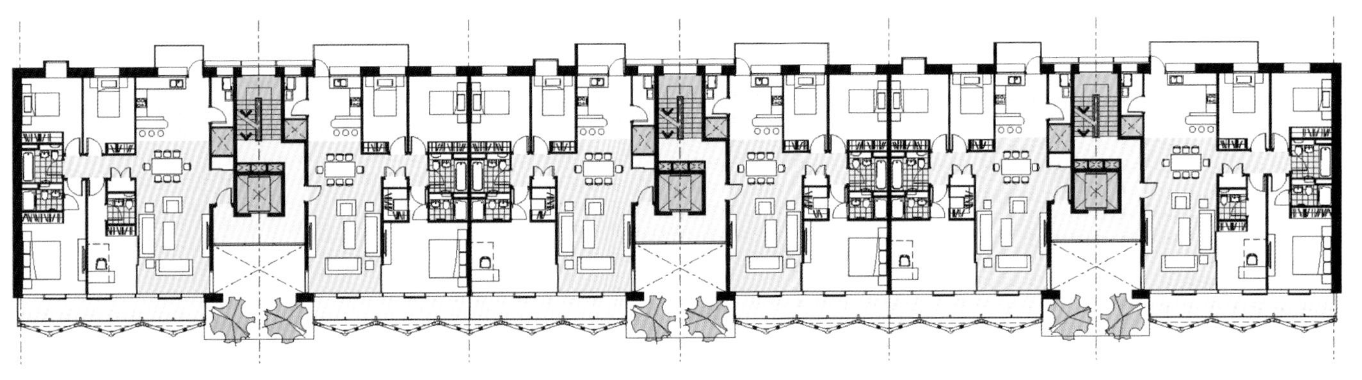

标准层平面二

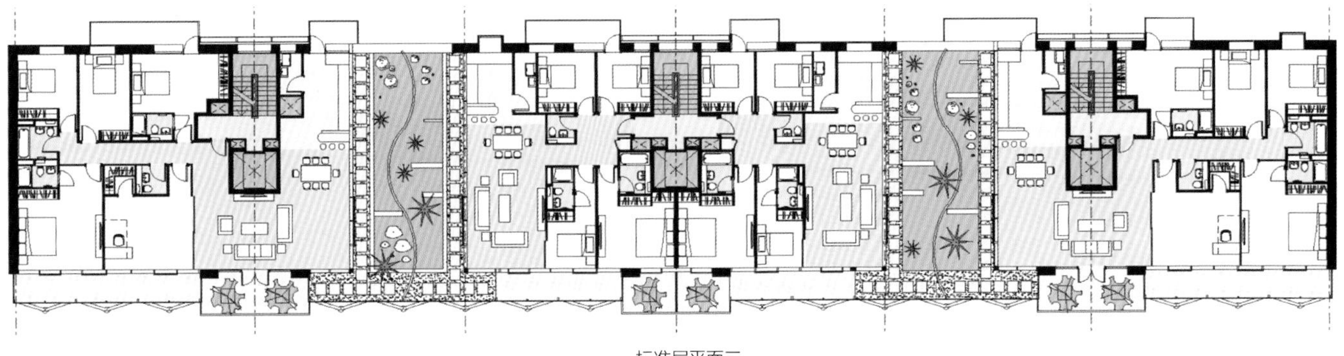

标准层平面三

# 北京 中软昌平软件园三期

项目名称：北京中软昌平软件园三期
开发单位：中国软件与技术服务股份有限公司
设计单位：中船重工建筑工程设计研究院有限责任公司

**技术经济指标**
用地面积：72 670m²
总建筑面积：89 904m²
容积率：1.24
绿化率：51%

中软昌平软件园三期项目建设地点位于北京市昌平区中关村科技园区昌平产业基地的中软昌平软件园内。昌平软件园东临规划的白浮泉水上公园，西靠已建成的昌盛路和规划的龙水路，南面为相对高度40m 的龙山，北面为规划的超前路。规划的白浮泉路东延段将园区分割成南北两部分。中软昌平软件园距昌平市中心约5km，距北京市区约30km，距北京一八达岭高速路约2km，交通方便。

本项目建设的目的是搭建适应云计算和自主可控平台软件生产与产业发展的平台看，以及为中软云计算和自主可控平台系统生产建设一个良好的环境，优化资源配置。三期工程建设主要内容包括：行政办公综合楼、AFC办公综合楼、金税三期办公综合楼、单身公寓、 配套设施。

行政办公综合楼坐落在整个园区的最北侧，其建筑特点不仅吸取

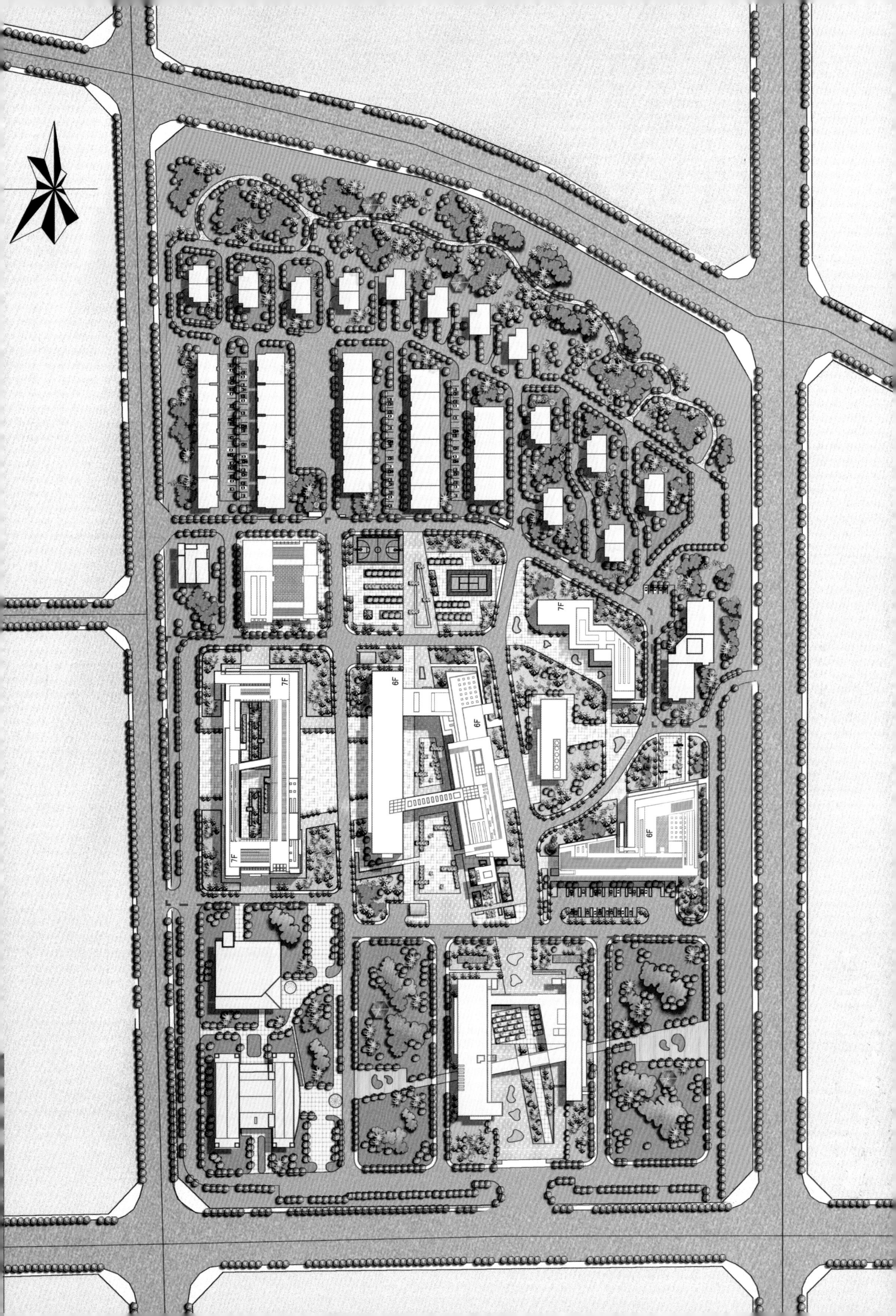

7F
7F
6F
6F
7F
6F

了拟建业务楼的立面造型元素，同时加强了建筑本身的内外呼应。办公楼的东、南、西、北分别被局部切割，其中东、西两侧开口对称，可由建筑首层进入中心的半室外庭院。建筑的南、北两侧则为大比例的切割，其中南侧为庭院的单独出口，同时连接楼梯的空中走廊，突显了由内而外的建筑特色。而北侧的开口则设在二至四层，这样的布局不但加强了建筑的独特语言，同时大大改善了采光及通风系统。建筑外表皮则大面积为横向的规则线条。规则的横向元素将复杂的几何体块串联为一体，同时呼应了相对比例较大的横向体块。

AFC 办公综合楼坐落在三期园区的中部，在建筑体量关系上，该建筑由单一体块分为南、北两部分。其中北翼延续了二期北侧建筑布局方式，以正东至正西，而南翼则被考虑为二期建筑间室外庭院的延续，角度发生了旋转。立面造型上的处理延续了二期的建筑风格元素并加以深化，同时体现了“以人为本”的设计原则。

金税三期办公综合楼坐落在园区南侧，设计布局上，建筑被分为南、北两部分，中间由电梯间及步行通道连接。挑空的空中长

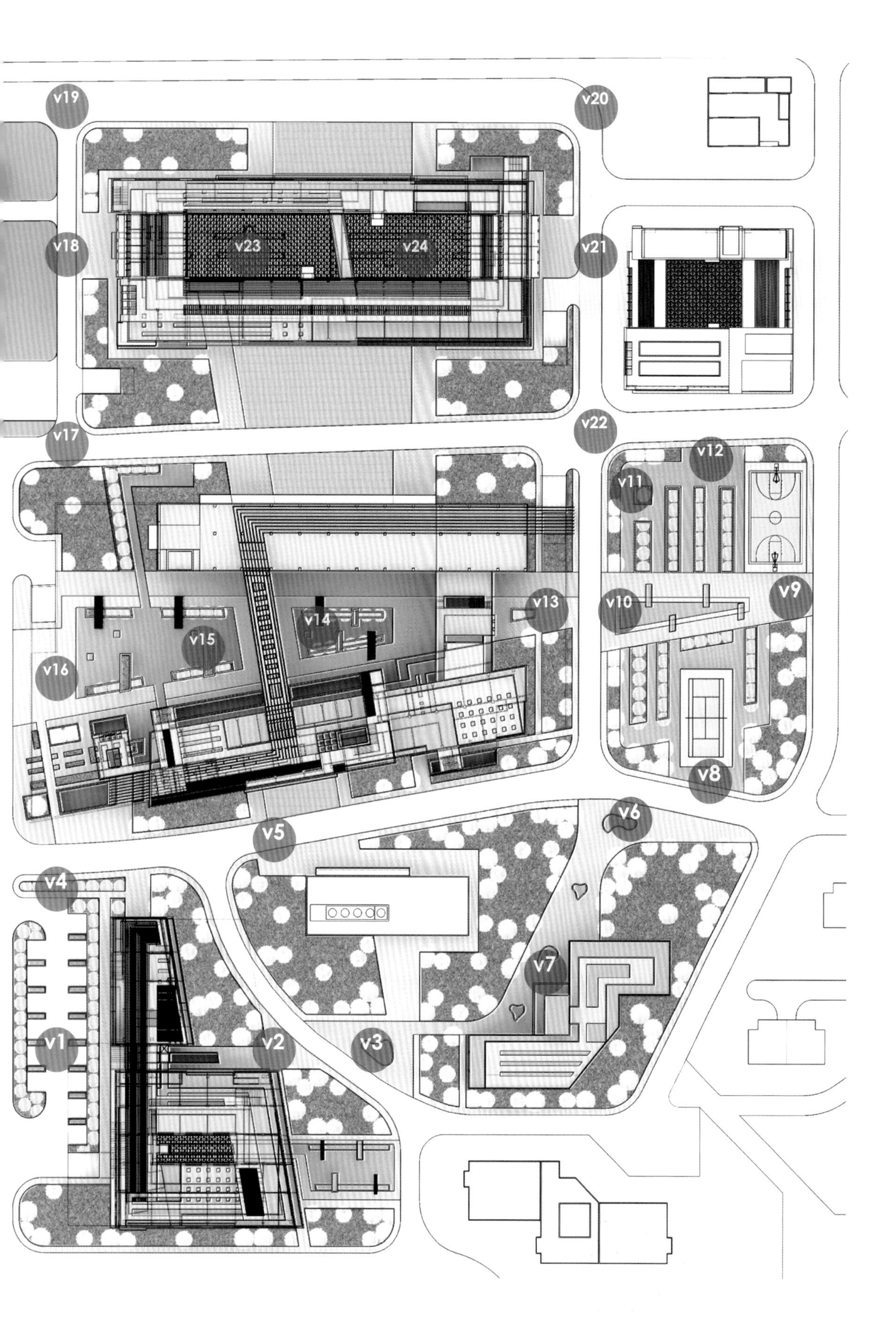


廊将两大建筑体块合二为一，同时创造了可供交流的“灰色空间”。同时，西侧的建筑表皮别具匠心，作为园区外主要的可视建筑特点，建筑表皮一改横向的流畅线条，其竖向线条的交错能使建筑更显稳健且具有特色。

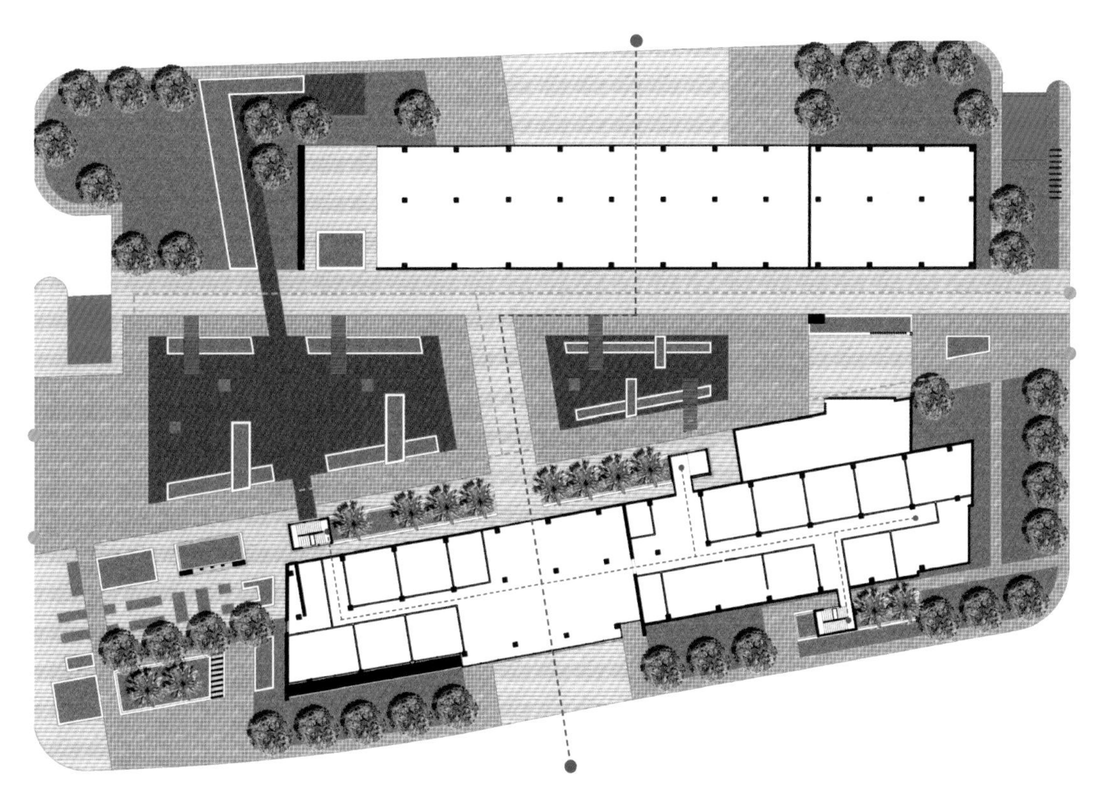

AFC综合办公楼一层平面图

# 北京 国际园林博览会——北京园

项目名称：北京国际园林博览会——北京园
设计单位：北京山水心源景观设计院有限公司

**技术经济指标**
总占地面积：12 500m$^2$
总古建面积：2115m$^2$

北京园博园为第九届中国国际园林博览会的举办地，位于北京西南部丰台区境内永定河畔绿色生态发展带一线。历史文化氛围浓郁，地形多变，山水相依，颇具特色。

北京园占地1.25公顷，位于会场东南，北临永定河，东接锦绣谷，园址本为垃圾坑边缘。设计沿承传统造园思想与技法、展示了经典的皇家园林模式及其内涵。

## 一、指导思想

1. 体现北京园林文化的博大与悠久。
2. 体现首都精神——大气包容、胸怀天下。

## 二、设计原则

1. 继承中国山水园林精神，弘扬、发展传统文化。

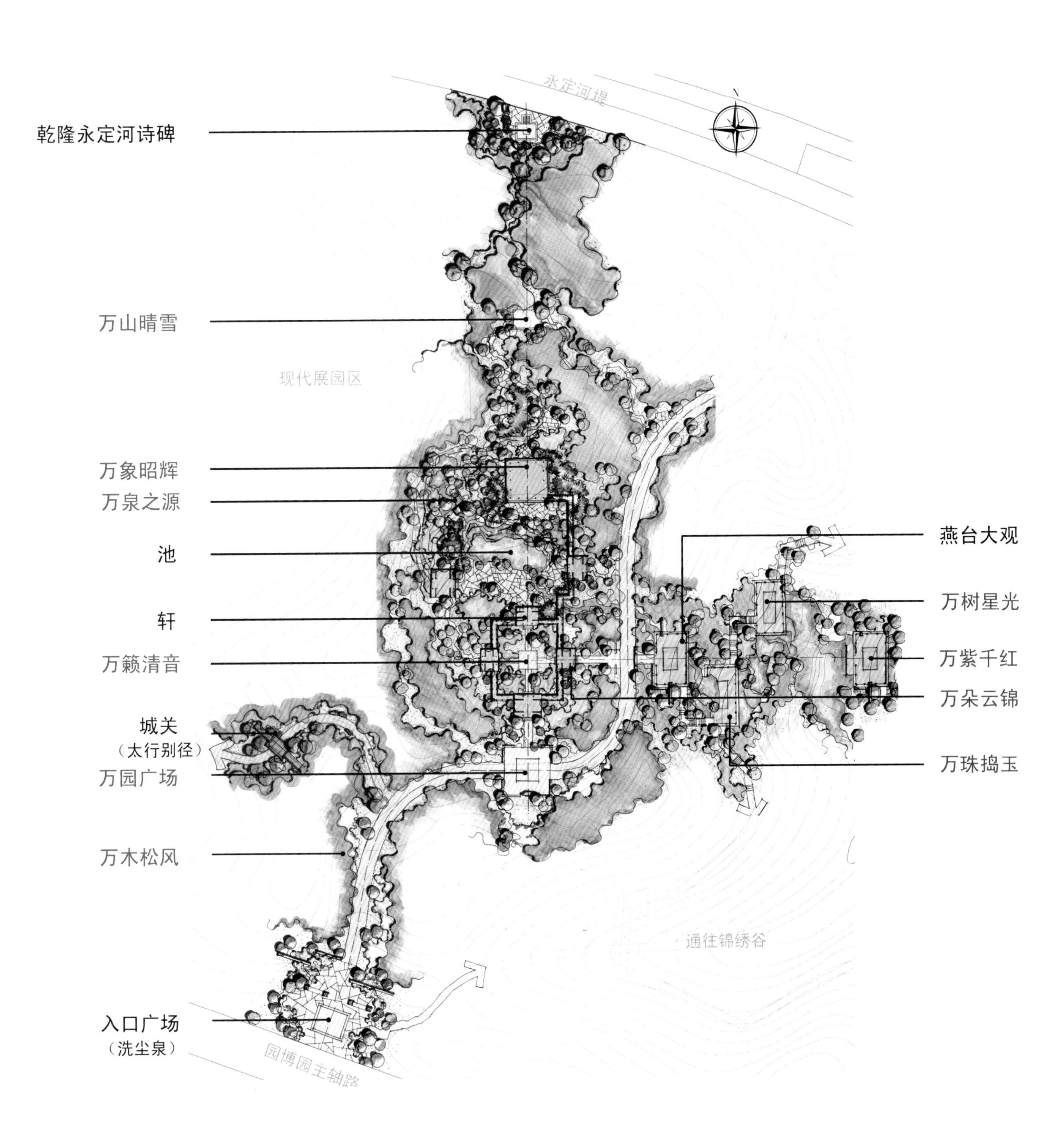

永定河堤
乾隆永定河诗碑
万山晴雪
现代展园区
万象昭辉
万泉之源
池
轩
万籁清音
城关
（太行别径）
万园广场
万木松风
入口广场
（洗尘泉）
园博园主轴路
通往锦绣谷
燕台大观
万树星光
万紫千红
万朵云锦
万珠捣玉

2. 整体性考虑，与周边大环境融为一体。

## 三、立意

1.“万园之园”——圆明园的赞誉广为人知。这一赞美之词同样可以体现北京园林文化的特点与地位。
2.最为杰出的展园。

## 四、设计理念

北京园选取最具代表性的皇家园林作为全园基本风格，全面深刻体现皇家园林的艺术，进而体现出北京园林文化的博大精深。

“万园之园”是对皇家园林艺术高峰的精炼概括，也代表了北京园林的整体特点与地位，为呼应这一点，北京园则以“万园之园”为全园立意主题。

“万”字寓意“丰富、极多”，传统园林艺术的写意性：一拳代山的技法，使万景之感成为可能。全园由3种经典皇家园林类型组成，园内外布置“十万”景点。在有限空间中创造丰富的景观。

## 五、布局

全园融汇了3类皇家园林精华，即幽雅的宫廷园（明春院）、富丽大气的山水园，以及含蓄内敛的山地园（知秋园），涵盖了皇家园林的基本类型。

共形成南北、东西两条轴线。南北轴线为游览的正轴线，与北侧永定河产生联系；东西轴线为副轴线，增强北京园与锦绣谷的景观联系。

为体现“万园之园”汇集园林精粹之意，设计“十万景图”，即万象昭辉、万泉润泽、万籁清音、万景千园、万木松风、万珠响玉、万树星光、万朵云锦、万紫千红一组十个景点，形成一系列特色鲜明、空间渐进、完整的景观空间序列。

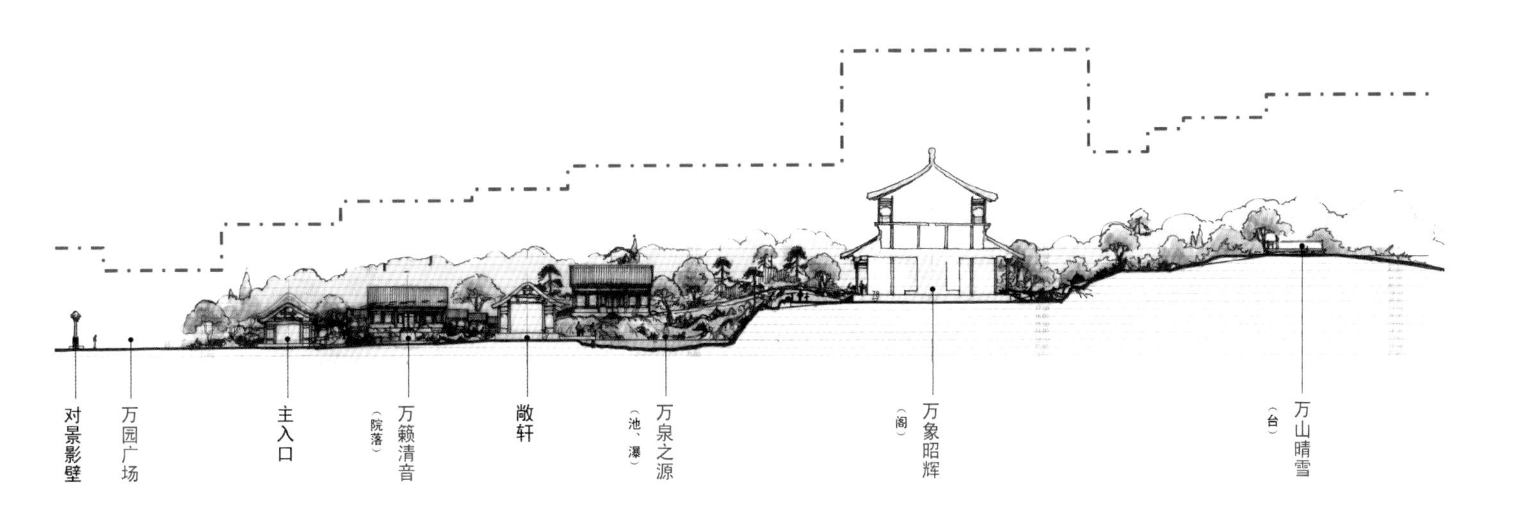


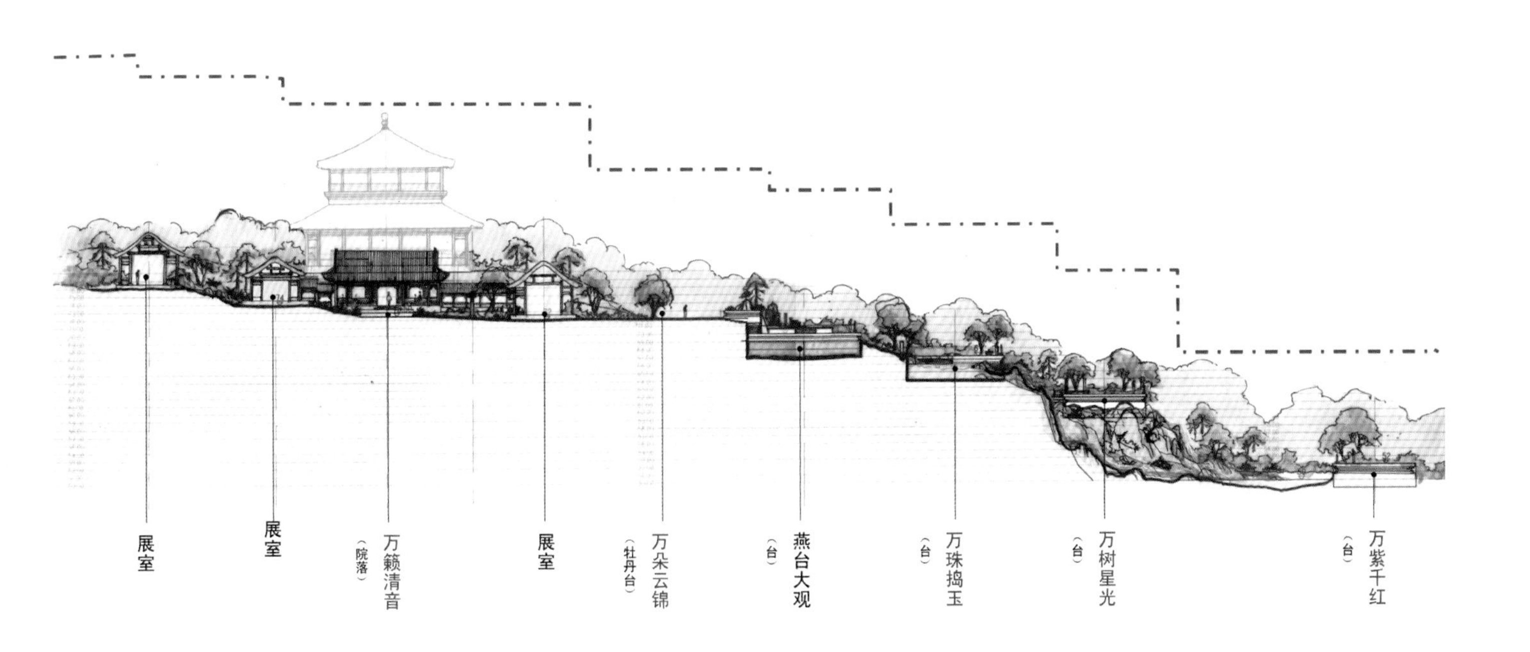

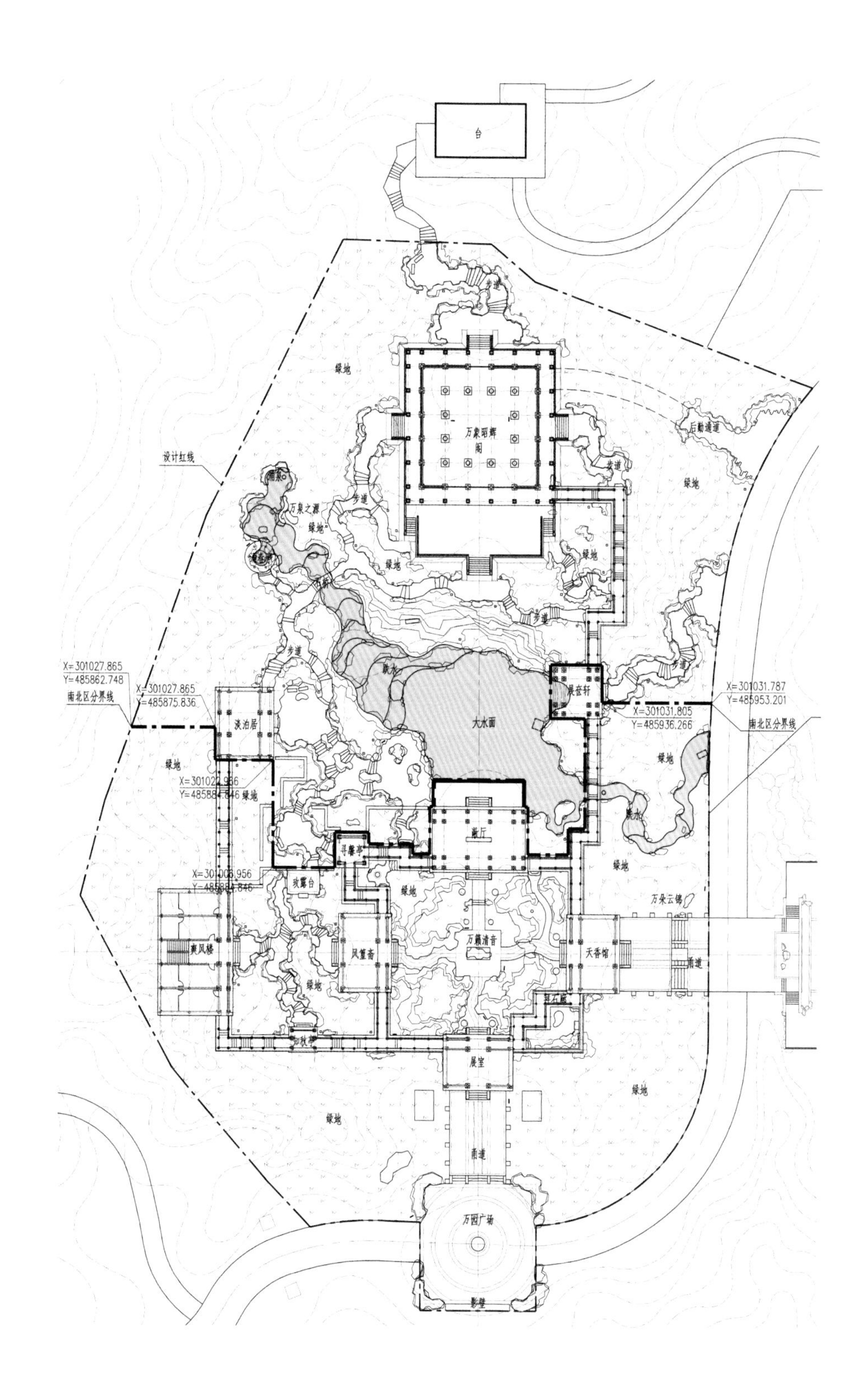


沿南北轴线方向由影壁、万景千园广场起始，经北京园主入口进入第一进院落，呈现出精致细腻、宁静淡雅的气氛。通过敞轩到达第二进院落，豁然开朗，院落由人造景观与自然围合，设山石跌水、瀑布等景观，呈现欣欣向荣的欢快氛围。最后引导游人登临两层高五开间的万象朝晖阁，由此眺望，锦绣花谷全貌尽收眼底，风景无边。

东西副轴线上，结合现状地形高差，设三处不断跌落的台地，分别是燕台大观、万珠响玉、万树星光，并将北京园中水系引流到此，结合山石，形成瀑布。并在瀑布东侧设一处观景平台（万紫千红），由此可以观赏到北京园的全貌及飞流直下的瀑布景观。

在园中设小品若干处，如散落在全园各处的石刻小品，篆刻历代北京颂、赋题及镜面小品的廊壁，爬满各色月季的花架格栅，以及《古都北京山川形胜写意》建园记石碑等，全面展示北京园林文化的精髓和内涵。

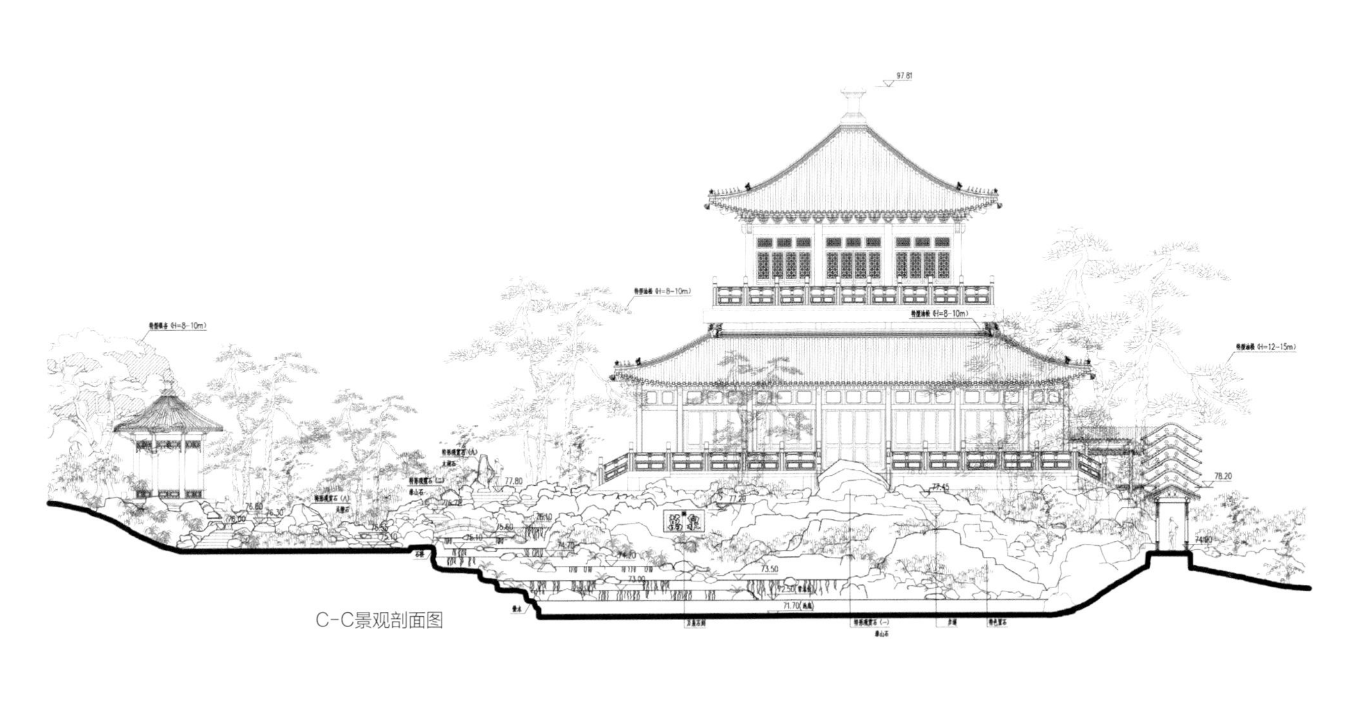

C-C景观剖面图

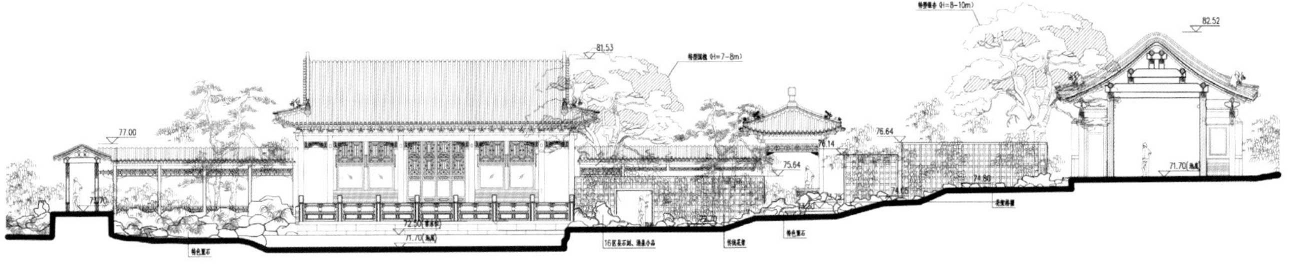

D-D景观剖面图

# 日照 招商•莱顿小镇规划及4#地块公寓

项目名称：日照招商 · 莱顿小镇规划及4#地块公寓
开发单位：招商局地产（日照）有限公司
设计单位：中外建工程设计与顾问有限公司深圳分公司

**技术经济指标**
用地面积：346 897m²
总建筑面积：637 590m²
地上建筑面积：579 785m²
容积率：1.67
建筑密度：30%
绿化率：35%
户数：5845
停车位：3616

## 设计构思

设计遵循日照市提出的“将奥林匹克公园北侧地块建设成为风情旅游小镇”的构想。

依托良好的地理位置及景观资源，以欧洲水城为蓝本，利用现状水系进行整体水景规划，形成三级水道系统，并建设为集居住、商业、旅游、度假为一体的观光型城市街区，将项目打造成为宜居、宜商、宜游的“开放式风情旅居目的地”，从而形成新一代日照城市景观地标建筑群，成为品牌旅游观光胜地。主河道设置

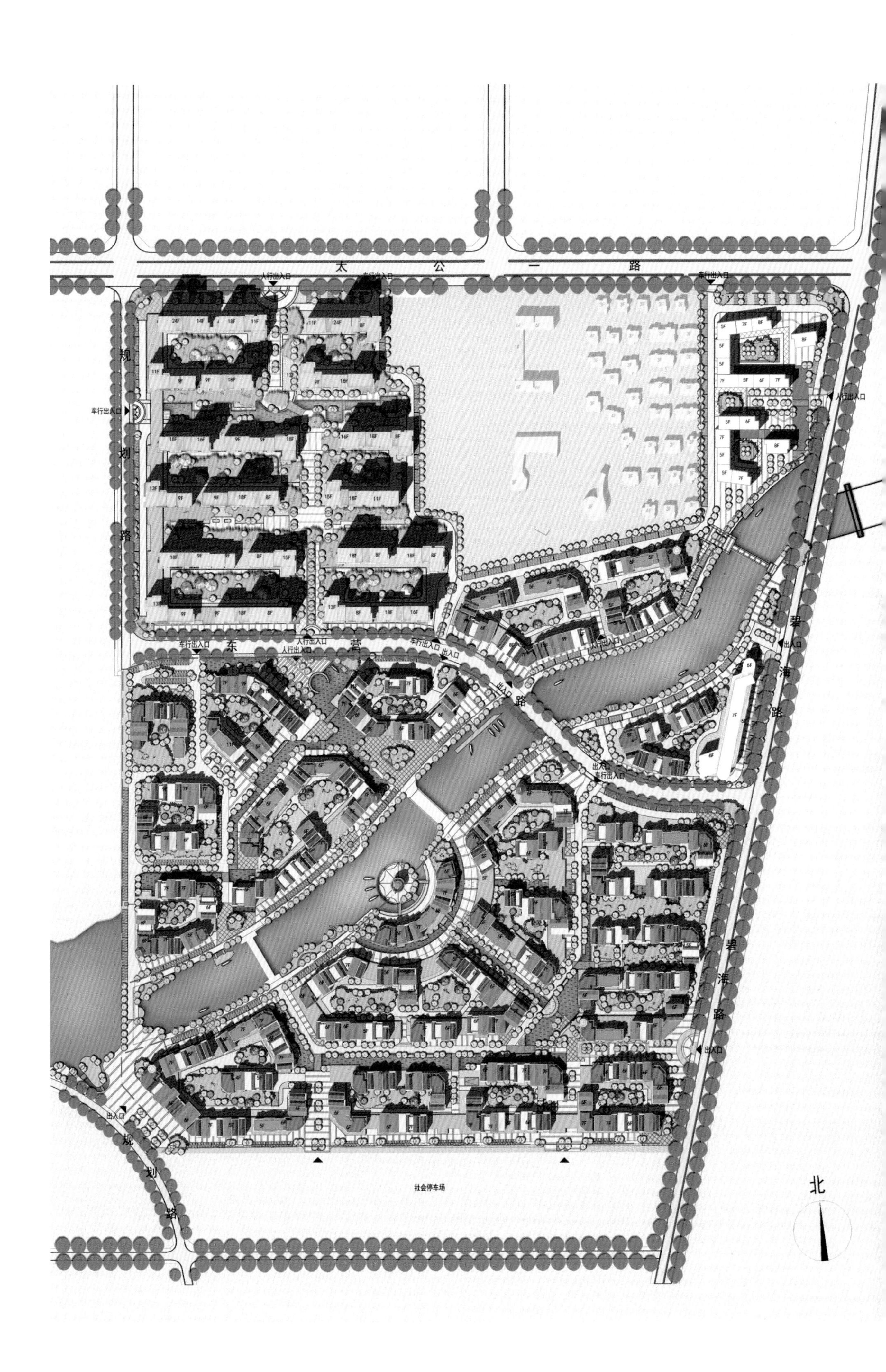
太公一路
规划路
东营路
碧海路
车行出入口
人行出入口
出入口
社会停车场
北

IV-1#北立面图

游轮、游艇比赛等，打造新的城市品牌；二级河道结合商业设置休闲节点，提升城市商业品位；三级河道的亲水设计，营造充满活力、灵动、尺度宜人的社区生活氛围。通过欧洲小镇的设计手法，打造一河两街、一河一街、有河无街、旱街、亲水平台等差异化形态，形成丰富的空间体验。

# 青州 博物馆新馆

项目名称：青州市博物馆新馆
开发单位：青州市文物事业管理局/青州市城市建设投资开发有限公司
设计单位：上海同砚建筑规划设计有限公司

**技术经济指标**
用地面积：62 145m$^2$
总建筑面积：53 465m$^2$
地上建筑面积：43 897m$^2$
容积率：0.7
绿化率：26.32%
停车位：392

青州市属于潍坊市，位于潍坊市西侧，距离潍坊市约1个小时车程。青州市区位优越，交通便利，地处山东半岛中部，胶济铁路、羊临铁路、济青高速公路和长深高速公路在境内交叉贯通，309国道、胶王路等穿境而过，被列为山东半岛城市群副中心城市。

本案基地位于青州市西侧，南阳湖以南，仰天山路以东，瀑水涧以西。基地东侧为王府游乐园，西侧为城市现状道路，南侧

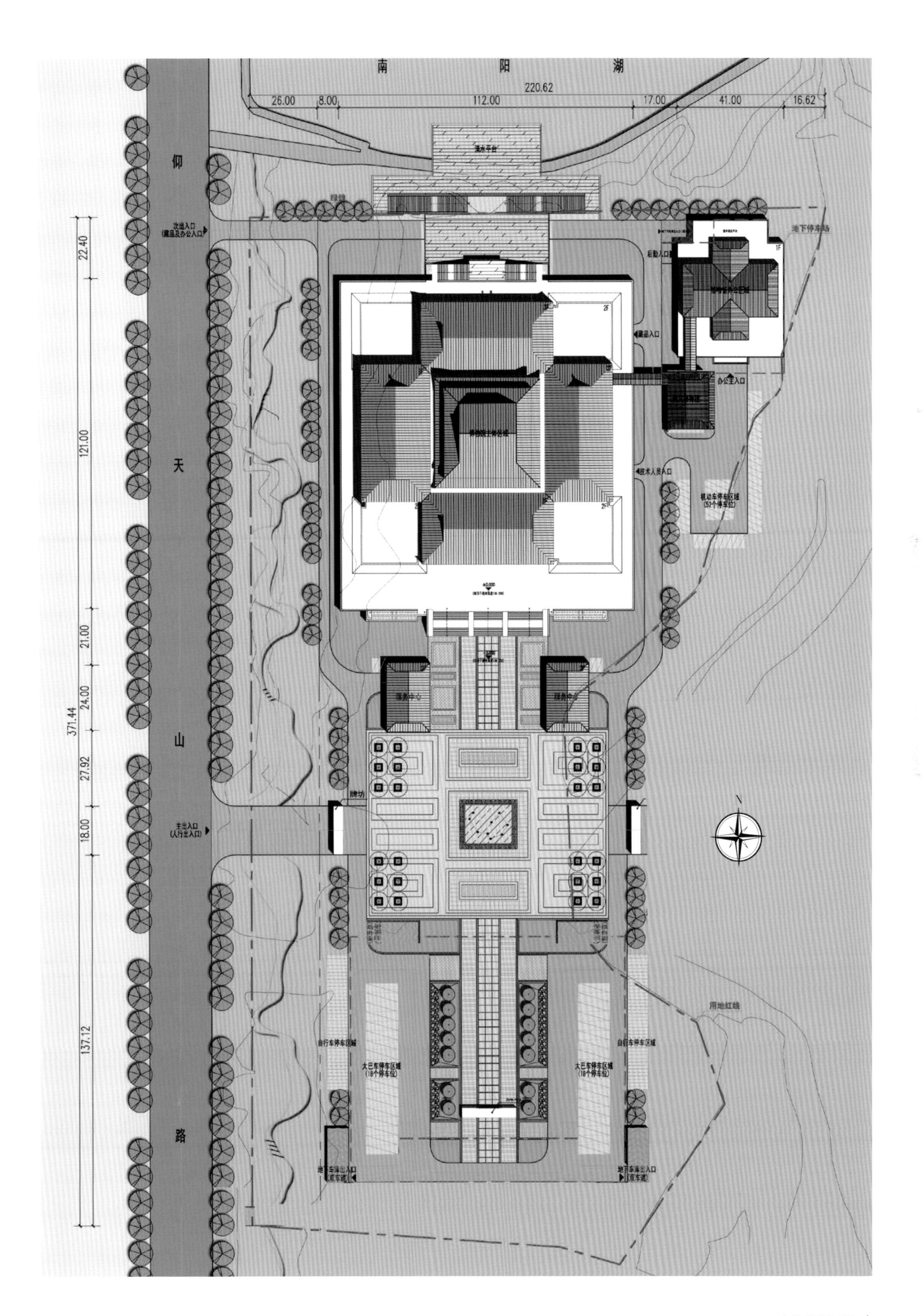
南阳湖
220.62
26.00
8.00
112.00
17.00
41.00
16.62
亲水平台
绿植
仰
天
山
路
次出入口
(藏品及办公入口)
后勤入口
藏品入口
办公主入口
技术人员入口
地下停车场
1F
2F
机动车停车区域
(52个停车位)
服务中心
牌坊
主出入口
(人行出入口)
自行车停车区域
大巴车停车区域
(18个停车位)
地下车库出入口
(双车道)
用地红线
N
22.40
121.00
21.00
24.00
27.92
18.00
137.12
371.44

负一层平面图

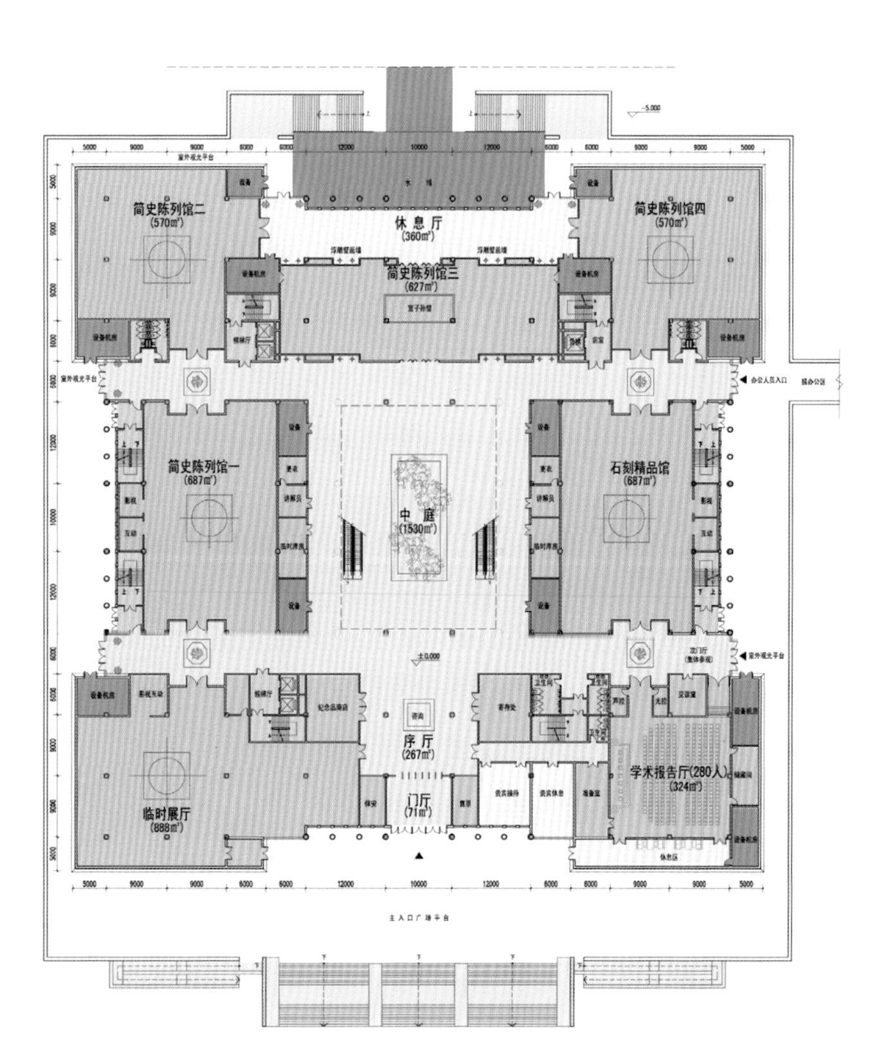


一层平面图

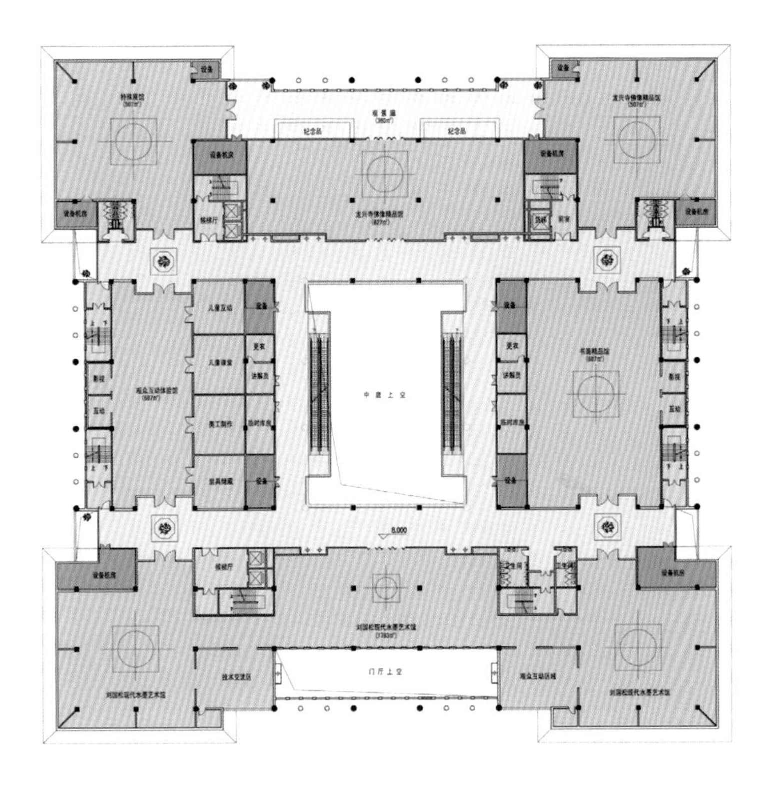

二层平面图

为现状农田，北侧为南阳湖。基地距青州市博物馆老馆约有20分钟的步行距离。现状地形为凸地，基地地势比东侧王府游乐园及北侧南阳湖地形高出约10m。基地用底面积为6.3hm$^2$（94.5亩）。

建筑采取坐北朝南的布局方式，将博物馆布置在基地的北侧，广场布置在基地的南侧。人们通过步行的方式从基地四个方向均可进入博物馆区域。车行入口结合功能性的停车场布置在基地的南侧，人行入口布置在基地北侧博物馆建筑的地下一层，办公及贵宾入口位于博物馆东侧。

博物馆广场位于基地的中间部分，广场与西侧仰天山路之间有一条鸿沟，广场东侧为王府游乐园，地势较低，基地与王府游乐园之间有一条沟涧，广场与东西两侧以桥作为载体进行有机联系。

本方案选用的建筑风格为新时代背景下的“新中式风格”，继承传统而不拘泥于传统，灵活的选择和创新是本案的特色，虽然大量借鉴和使用了古画中的建筑符号，但客观上仍不能代表除当下时代的其他任何时代。本方案追求传承中华文

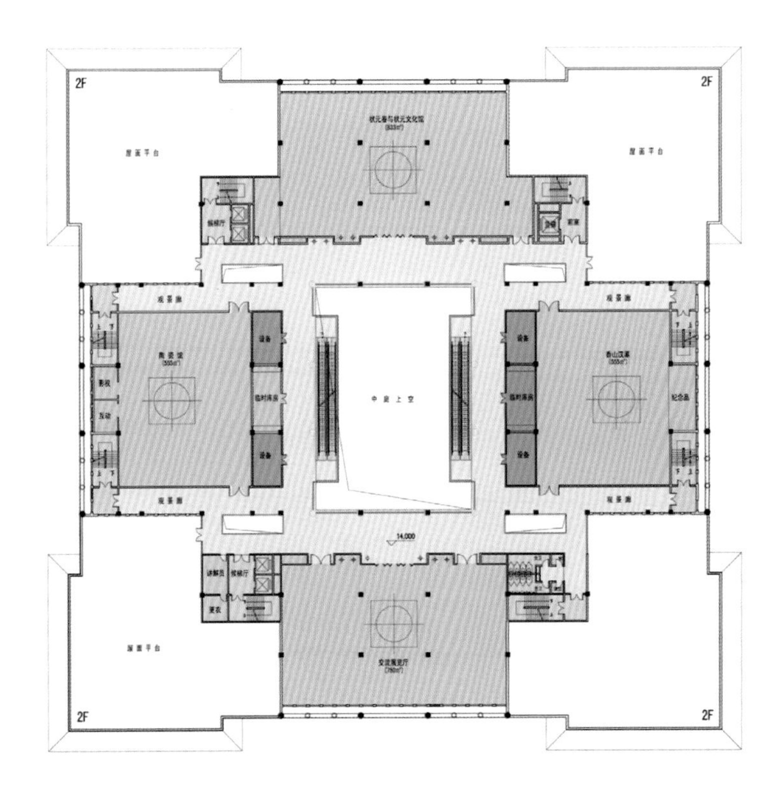


三层平面图

脉、彰显青州市特质的建筑形象，是一座具有重要意义的文化建筑。

1. 建筑外观：宋代的青州有七州三十八县，为青州占地面积最大的时期，同时结合青州打造的宋城景区，形成风格集群效应，故借鉴宋代建筑外观为本方案的建筑外观。

2.“稳若泰山”的建筑意境：建筑整体呈对称式，尤体现其庄重严肃的氛围，屋顶的设计形成向心的“山”势，犹如泰山般矗立在南阳湖上，并与云门山及驼山相映成趣。

3. 基座、历史台阶：博物馆通过基座的运用将中国古代重要的高台建筑进行现代演绎，彰显博物馆博大精深、物华天宝的气势，同时解决了基地地势高的问题。大台阶象征着中国历史上各朝代的新旧交替历史进程，参观者由此拾级而上，净化思绪，进入一种“朝圣”的意境。

4. 屋顶：大屋顶是最具中国传统建筑特征的元素，具有浓郁的历史气息。本方案结合其内部的空间构成，充分考虑南阳湖与基地的空间关系，塑造了稳重的建筑行态。

# 扬州 建设大厦

项目名称：扬州市建设大厦
开发单位：扬州华盛置业有限公司
设计单位：上海华都建筑规划设计有限公司

**技术经济指标**
总用地面积：26 900m$^2$
总建筑面积：113 000m$^2$
计容建筑面积：93 000m$^2$
容积率：3.46
建筑密度：47.1%
绿化率：31.1%

本项目基地位于扬州市城市发展主轴——文昌路中段，此处为扬州市新老城区交接处，本项目意在建设成为区域地标性建筑，承接扬州历史文脉，领航扬州市新时代发展。

本案紧邻文昌路，文昌路为扬州城区东西交通大动脉，素有“唐宋元明清，从古看到今”的说法，传达着这个城市古代文化和现代文明交相辉映的特质。

文昌轴线的发展方向正象征这扬州的发展方向，本案借“帆”隐喻扬州的建设：扬帆起航，本案也成为扬州东部核心区的启动先锋。

**规划理念**

本案沿文昌东路布置三栋高层办公塔楼，自东向西逐渐升起，

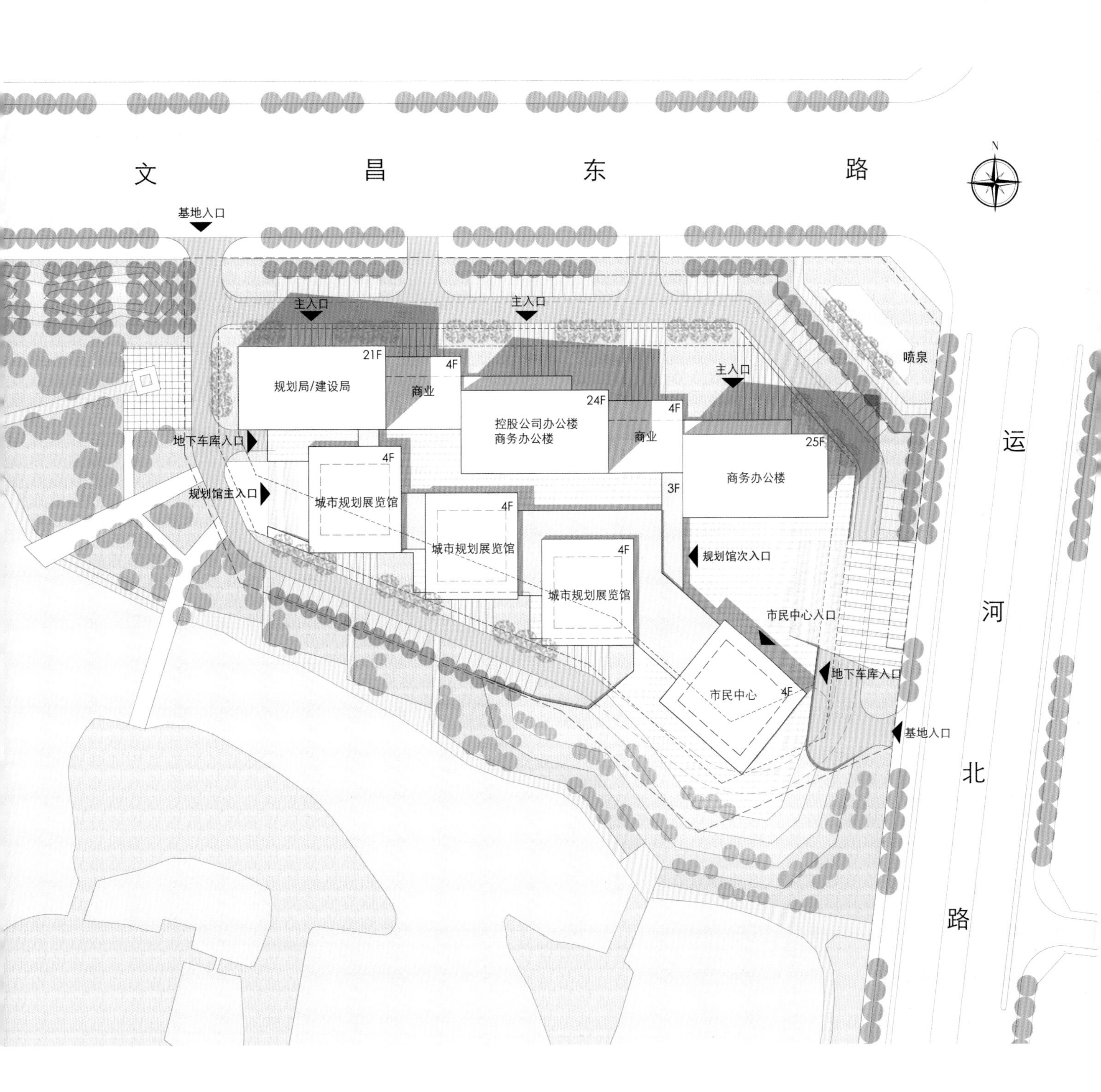

文
昌
东
路
N
基地入口
主入口
主入口
主入口
21F
规划局/建设局
4F
商业
24F
控股公司办公楼
商务办公楼
4F
商业
25F
商务办公楼
喷泉
地下车库入口
4F
城市规划展览馆
规划馆主入口
4F
城市规划展览馆
4F
城市规划展览馆
3F
规划馆次入口
市民中心入口
地下车库入口
市民中心
4F
基地入口
运
河
北
路

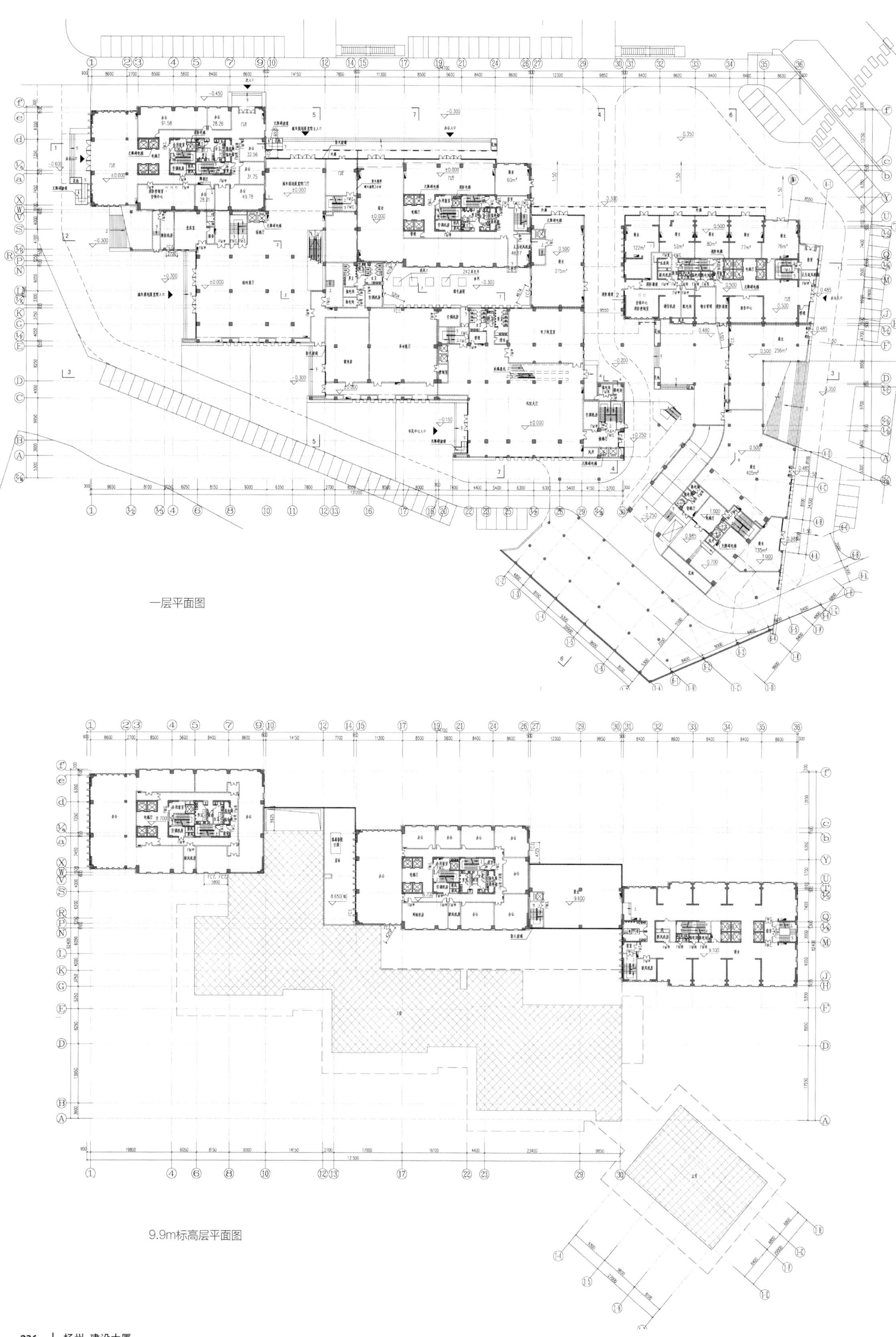

一层平面图

9.9m标高层平面图

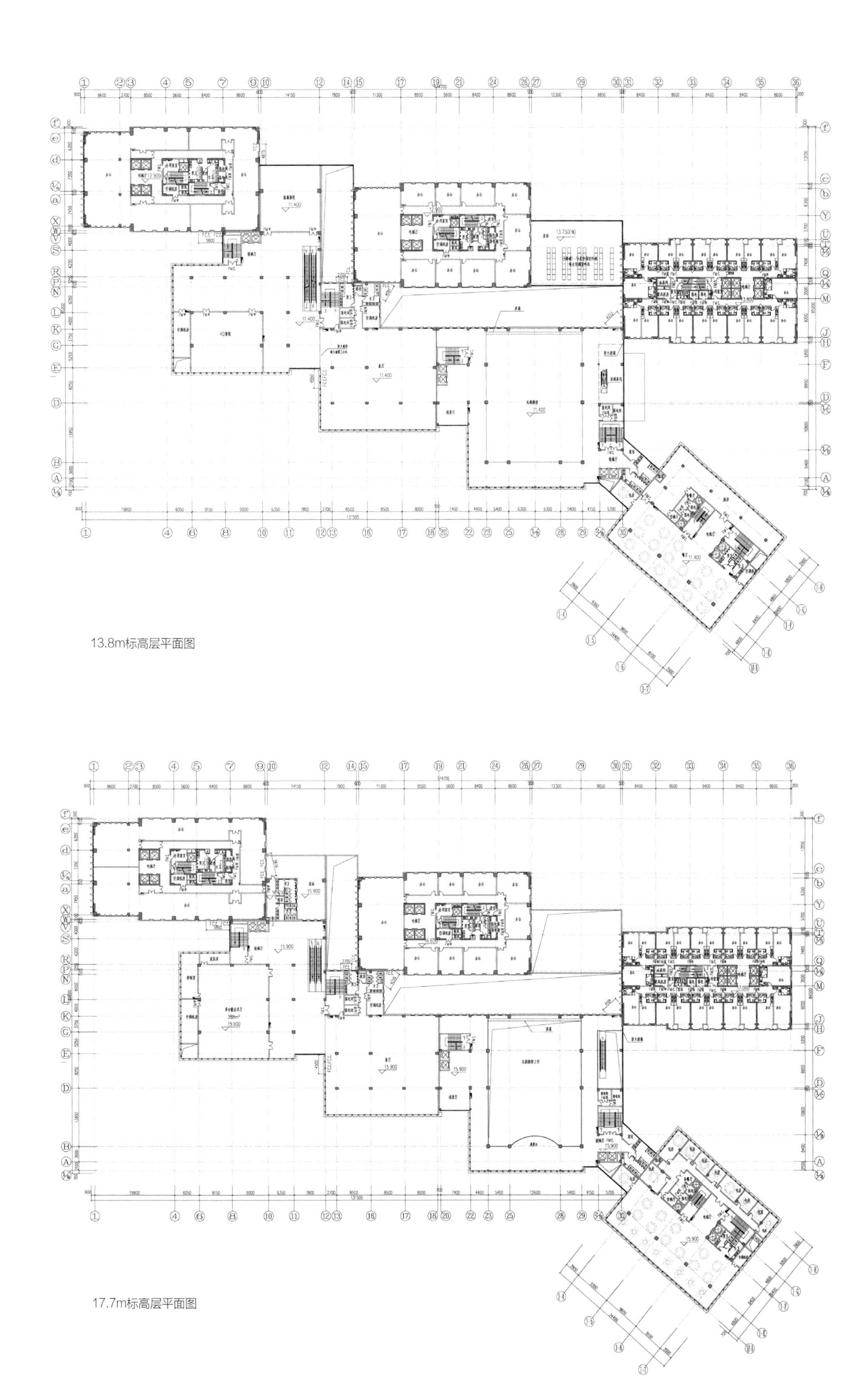

13.8m标高层平面图

17.7m标高层平面图

形成连绵的风帆形象，创造城市地标。基地南侧布置城市规划展览馆和市民中心，形态设计为四个漂浮的盒子。其尺度适宜的建筑尺度，很好地融入南侧曲江公园的环境之中，并借助北侧办公楼为背景，成为曲江公园名一道亮丽的风景线。

**景观设计**

本案通过基地西侧、东侧的大台阶与南侧的大草坡，将人流引入二层室外游走平台，在此布置休憩交流空间，同时也可远眺曲江公园美景。

**建筑特色**

本案立面以石材和玻璃为主，通过强调竖线条的设计手法，创造出建筑挺拔、现代的外在形态。

**交通组织**

基地内设有环行机动车道，联系两个对外车行出入口。另设有三个地下机动车库出入口，其中两个邻近地块对外车行出入口，各种流线各自独立，以减少地面机动车的穿行。并在地上设临时停车位，供外来机动车停放。在二层平台下方设穿越建筑的应急消防通道。

# 襄阳 大剧院

项目名称：襄阳大剧院
开发单位：襄阳市文化新闻出版局
设计单位：上海华都建筑规划设计有限公司

**技术经济指标**
用地面积：104 494m$^2$
总建筑面积：59 000m$^2$
地上建筑面积：49 000m$^2$
容积率：0.47
建筑密度：16.7%
绿化率：31.2%
停车位：427

襄阳大剧院项目基地位于襄阳市东津新区核心区，地处汉江与唐白河交汇处，为城市地标项目，用地性质为文化用地。基地形状不规则，东西最宽处约277m，南北最长处约522m，基地中间高、四周低。

襄阳大剧院项目为地上五层，包括一个甲等含有1600座的大型剧院、600座的多功能剧场、8710m$^2$的商业和餐饮、750座的电影院、4186m$^2$的培训中心及其他配套附属用房；地下部分包

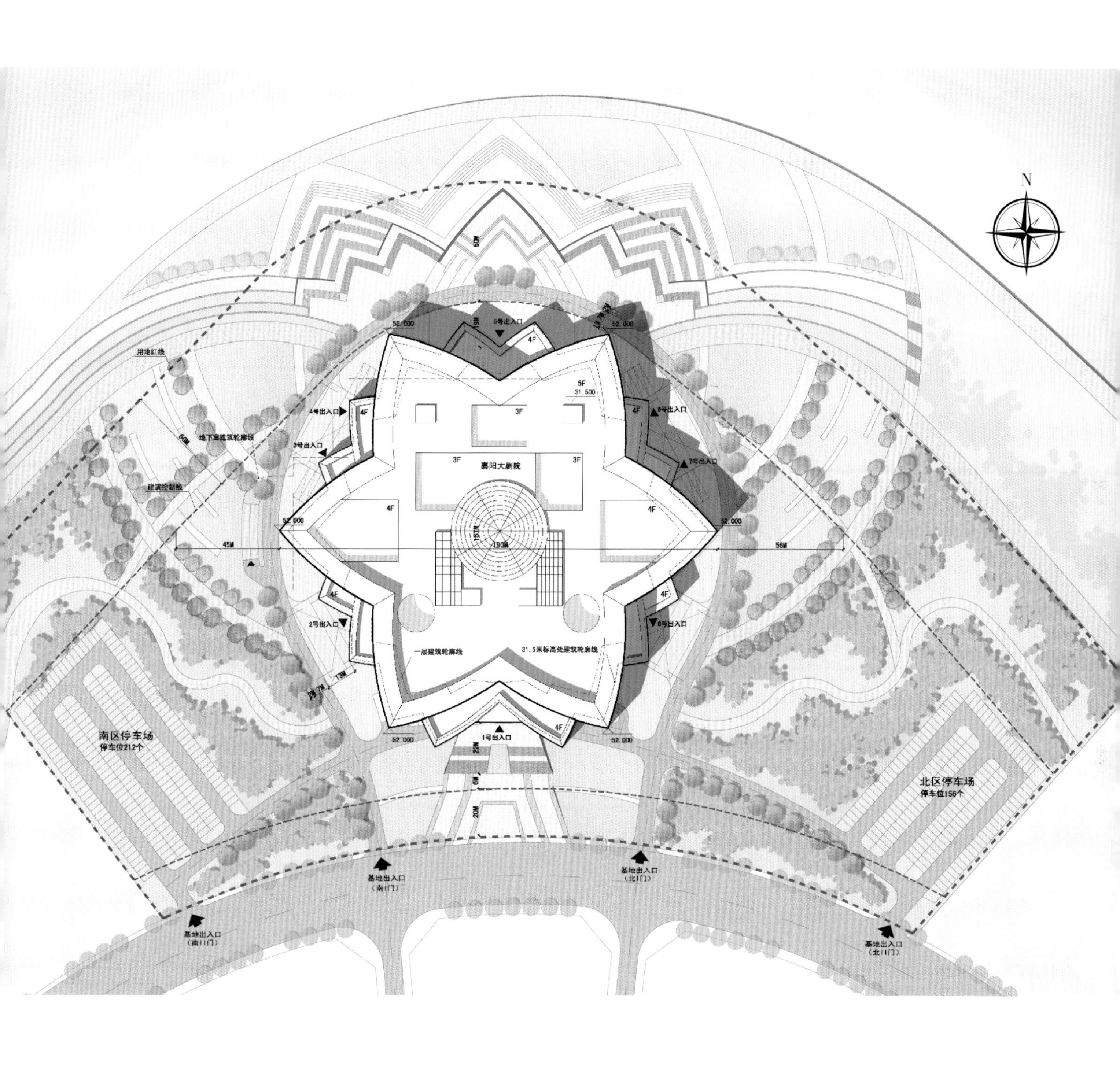
N
用地红线
地下室建筑轮廓线
建筑控制线
襄阳大剧院
5号出入口
4号出入口
3号出入口
6号出入口
7号出入口
2号出入口
8号出入口
1号出入口
一层建筑轮廓线
31.5米标高处建筑轮廓线
南区停车场
停车位212个
北区停车场
停车位156个
基地出入口
（南门）
基地出入口
（北I门）
基地出入口
（南II门）
基地出入口
（北II门）
45M
56M
180M
52.000
31.500

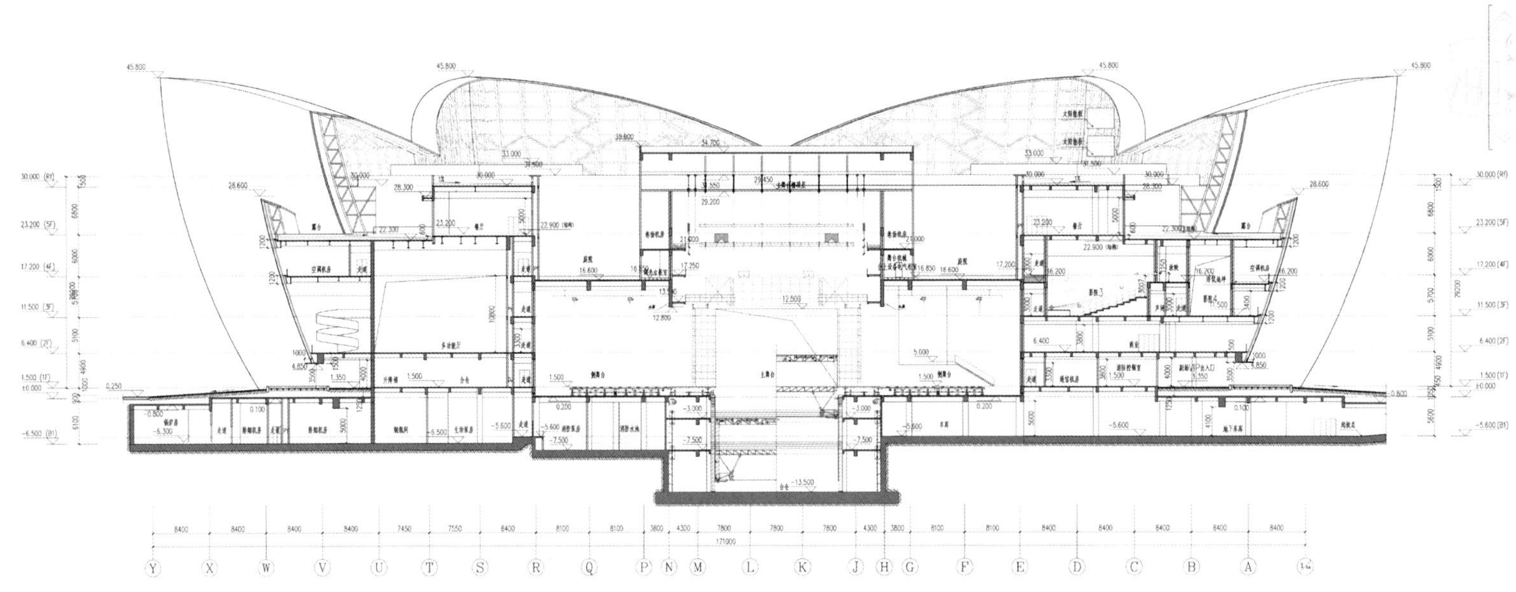

剖面图3

括员工餐厅、员工宿舍、办公、停车库、设备用房等其他配套附属用房。

本案立面材料主要采用玻璃幕墙、穿孔铝板及石材。大花瓣立面分为双层幕墙（内侧一层为封闭式幕墙、外侧一层为开放式幕墙）；小花瓣立面内侧一层为封闭式玻璃幕墙，外侧一层为穿孔铝板；剧院前厅立面为单层玻璃幕墙。一层为距地面约1.5m高的石材地面。

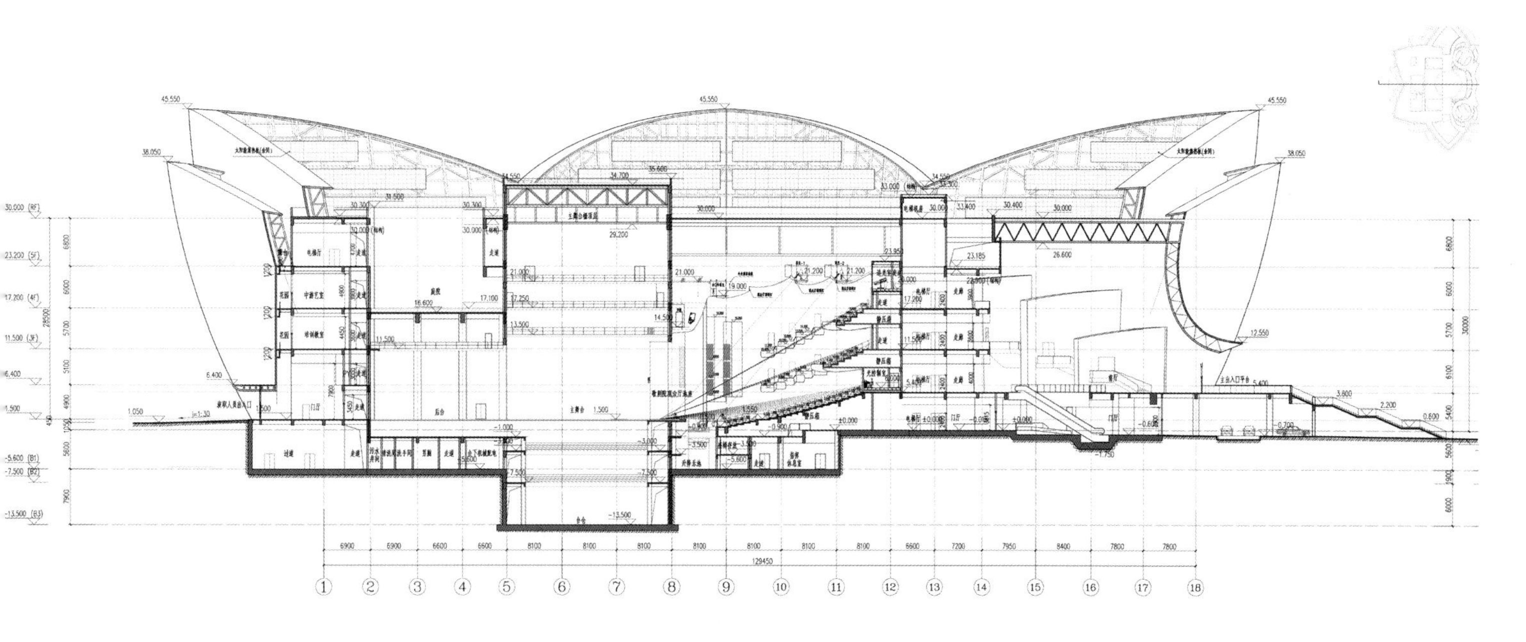

剖面图5

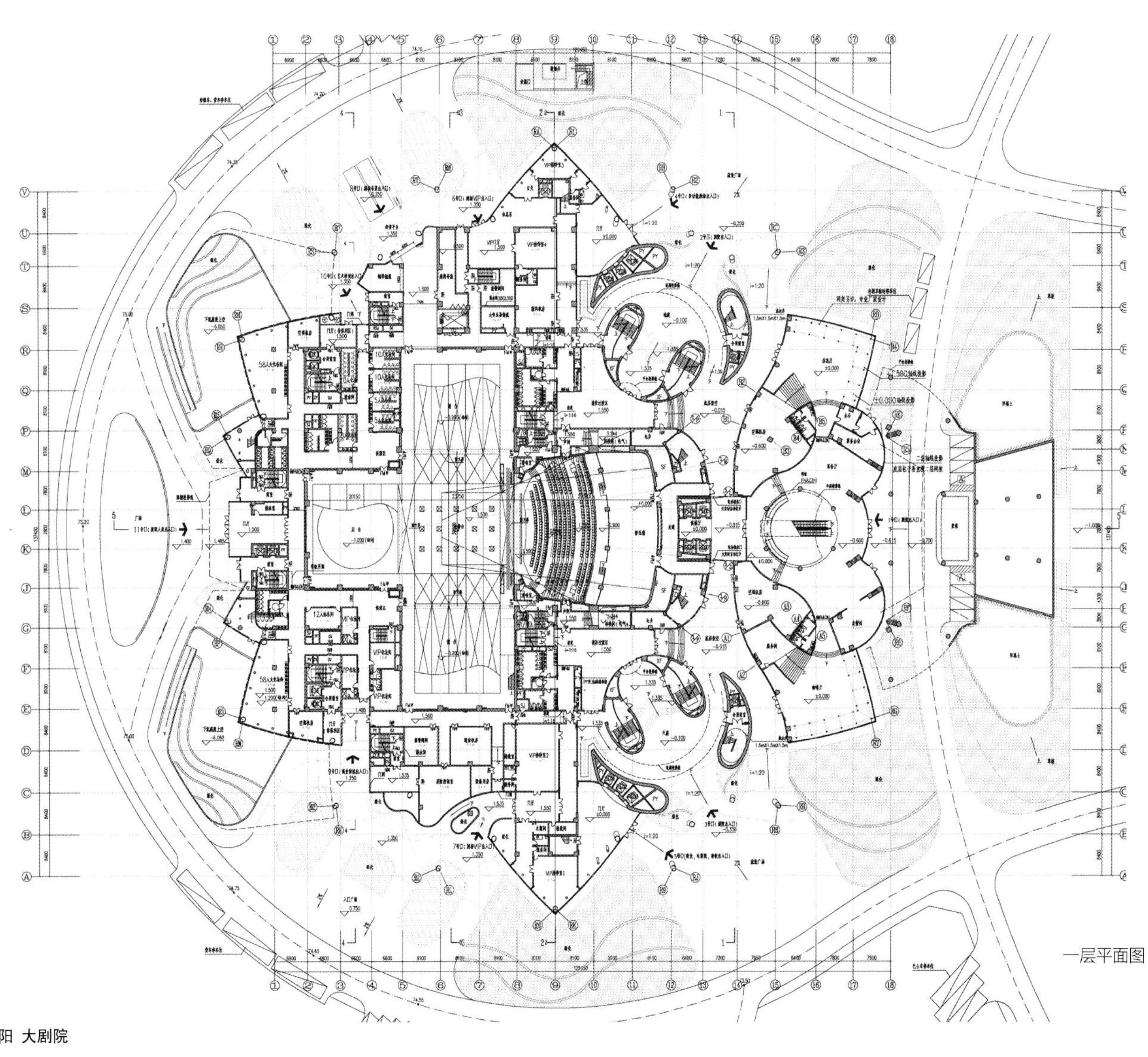

一层平面图

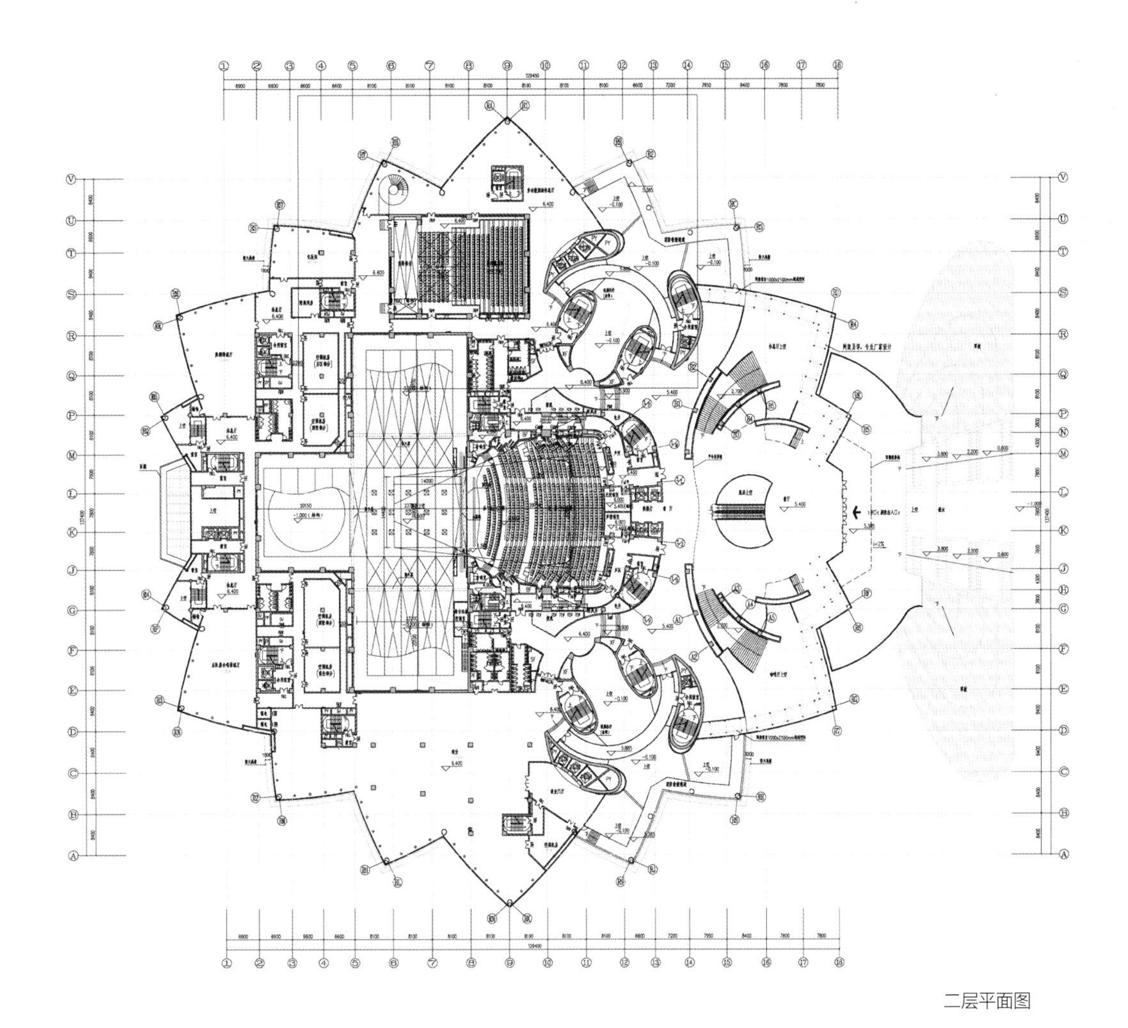

二层平面图

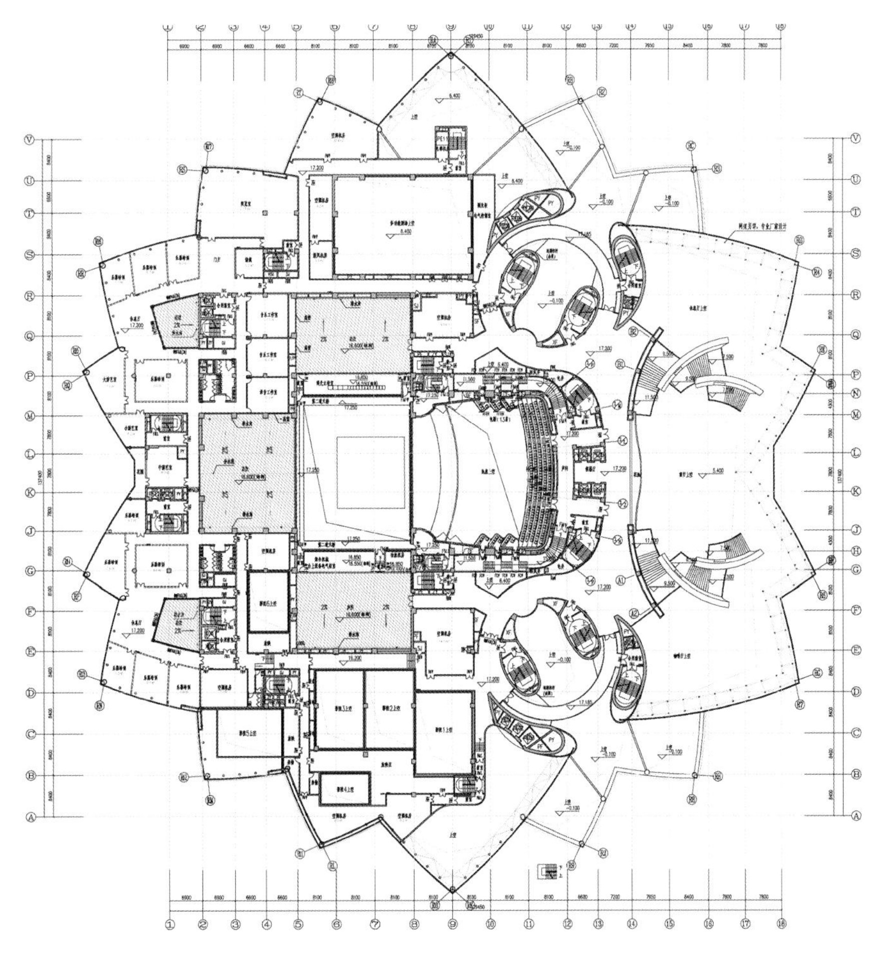

四层平面图

# 扬州 东方国际大酒店

项目名称：扬州东方国际大酒店
开发单位：扬州亚太置业有限公司
设计单位：上海华都建筑规划设计有限公司

**技术经济指标**
用地面积：35 821m$^2$
总建筑面积：267 480m$^2$
地上建筑面积：179 420m$^2$
容积率：5.01
建筑密度：50%
绿化率：15%
停车位：1124

扬州东方国际大酒店是扬州市江都区一个超高层五星级酒店商业综合体。塔楼65层，裙楼6层（局部7层），地下4层，塔楼人员可到达塔楼249.4m的高度，塔楼高为280.9m，裙楼建筑高度为34.4m。项目主要包括五星级酒店、酒店公寓、甲级写字楼、多功能国际会议中心、精品购物中心等，酒店有384间，酒店客房公寓有300间。

裙楼建筑立面运用玻璃与石材打造与公共建筑虚实对比的空间氛

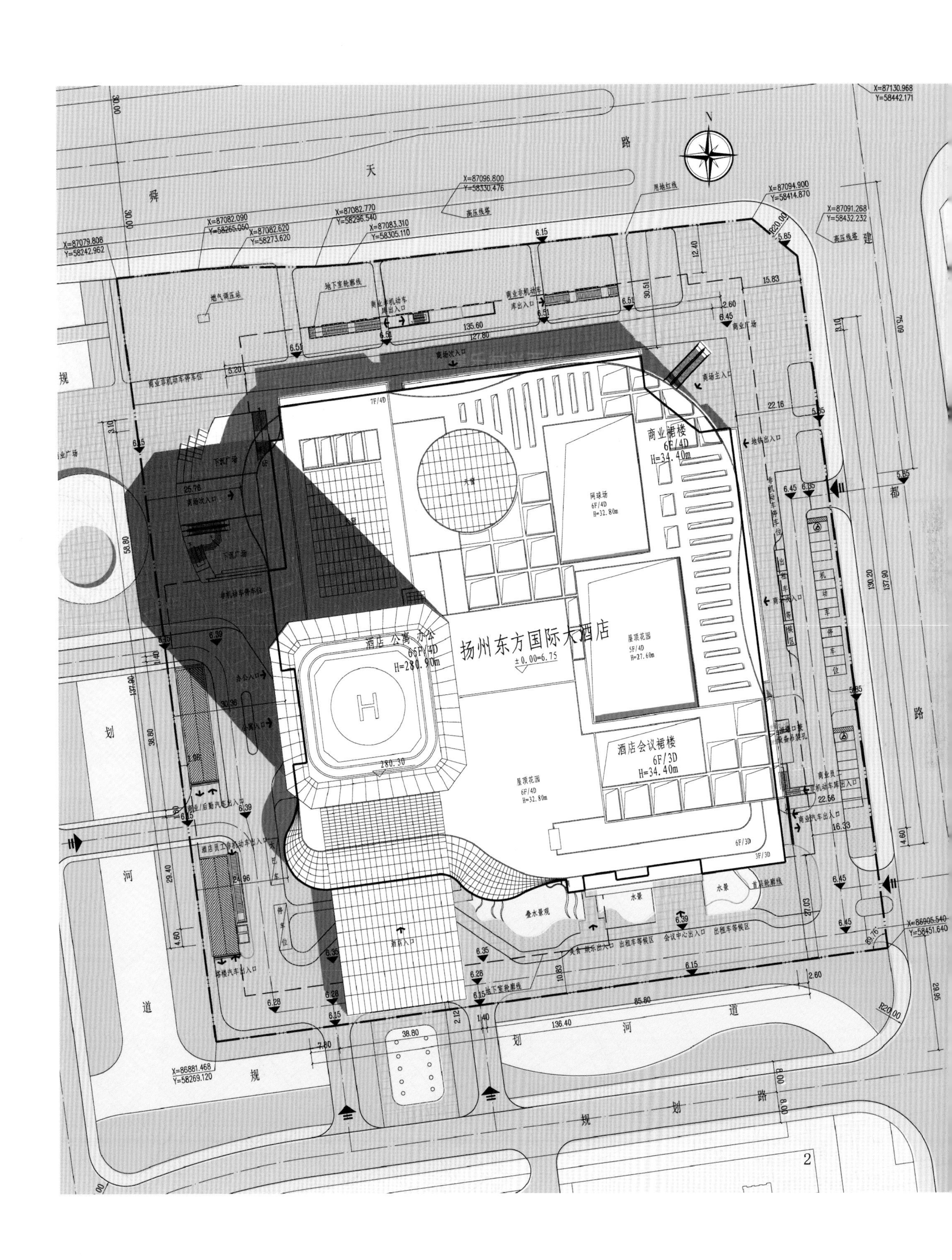

扬州东方国际大酒店
±0.00=6.75
舜
天
路
规
划
河
道
都
建
商业裙楼
6F/4D
H=34.40m
酒店会议裙楼
6F/3D
H=34.40m
酒店 公寓 办公
65F/4D
屋顶花园
网球场
用地红线
高压线塔
地下室轮廓线
商业广场
商场主入口
下沉广场
燃气调压站

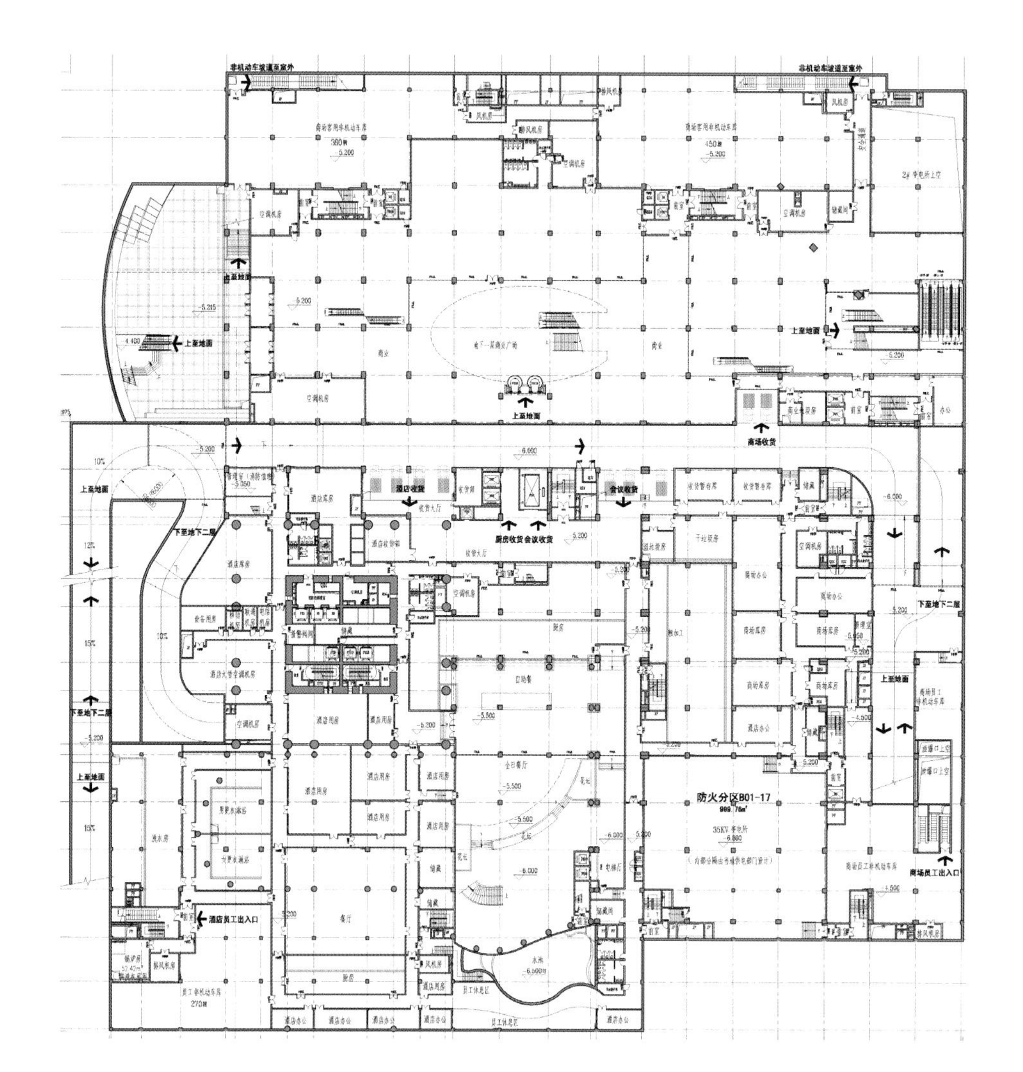

地下一层平面图

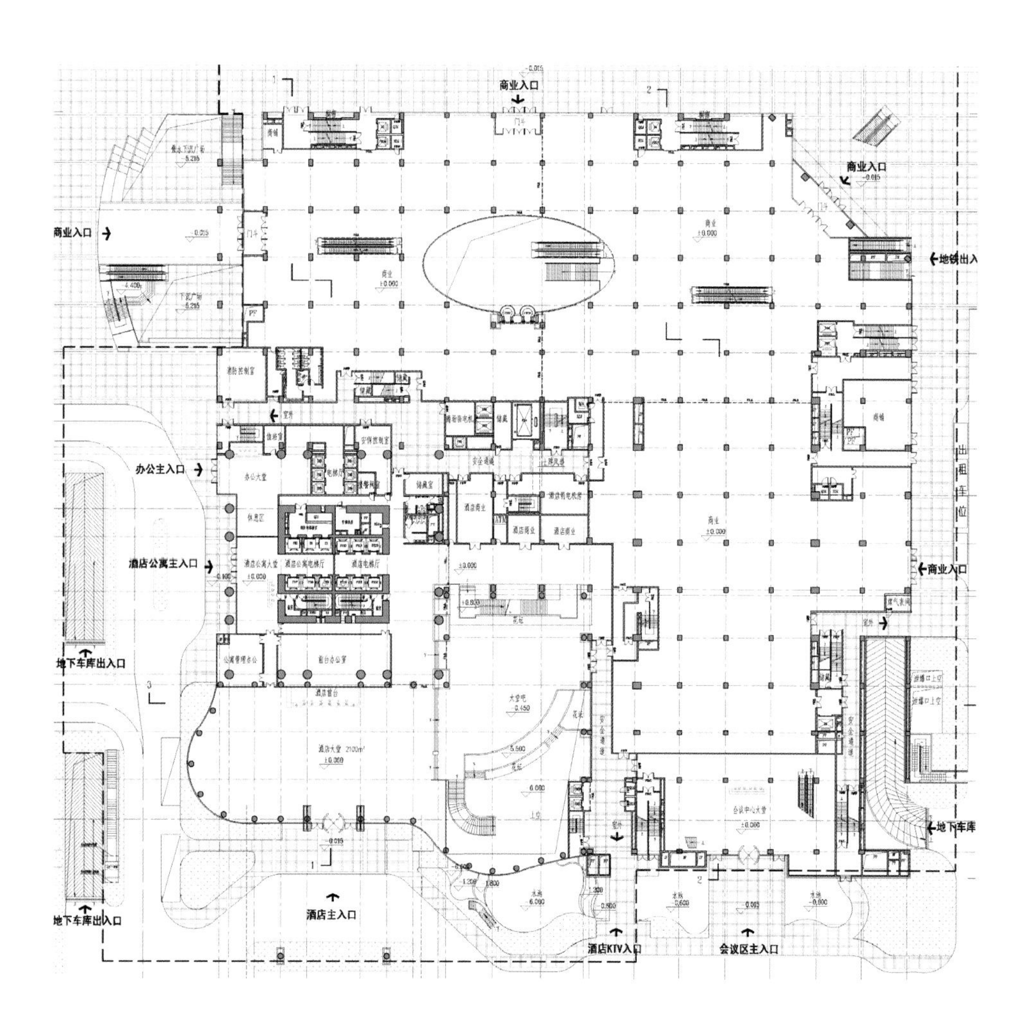

一层平面图

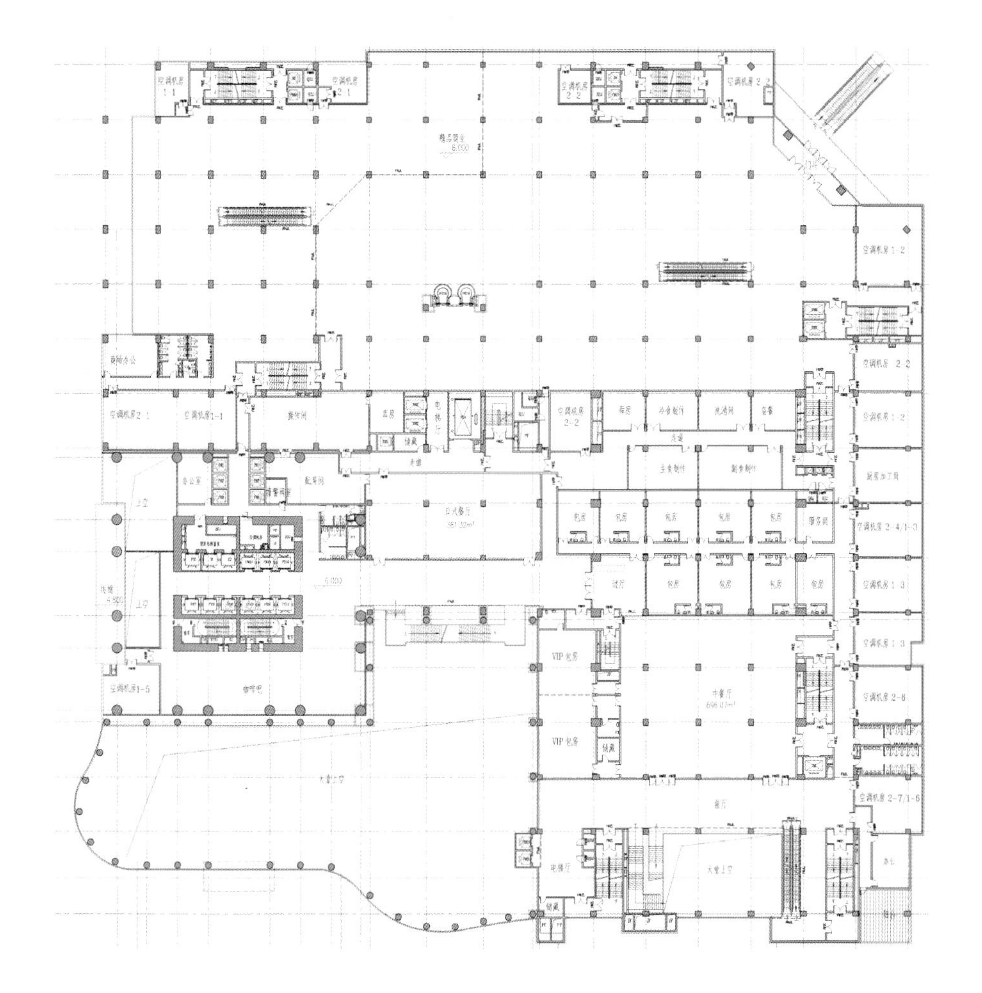
二层平面图

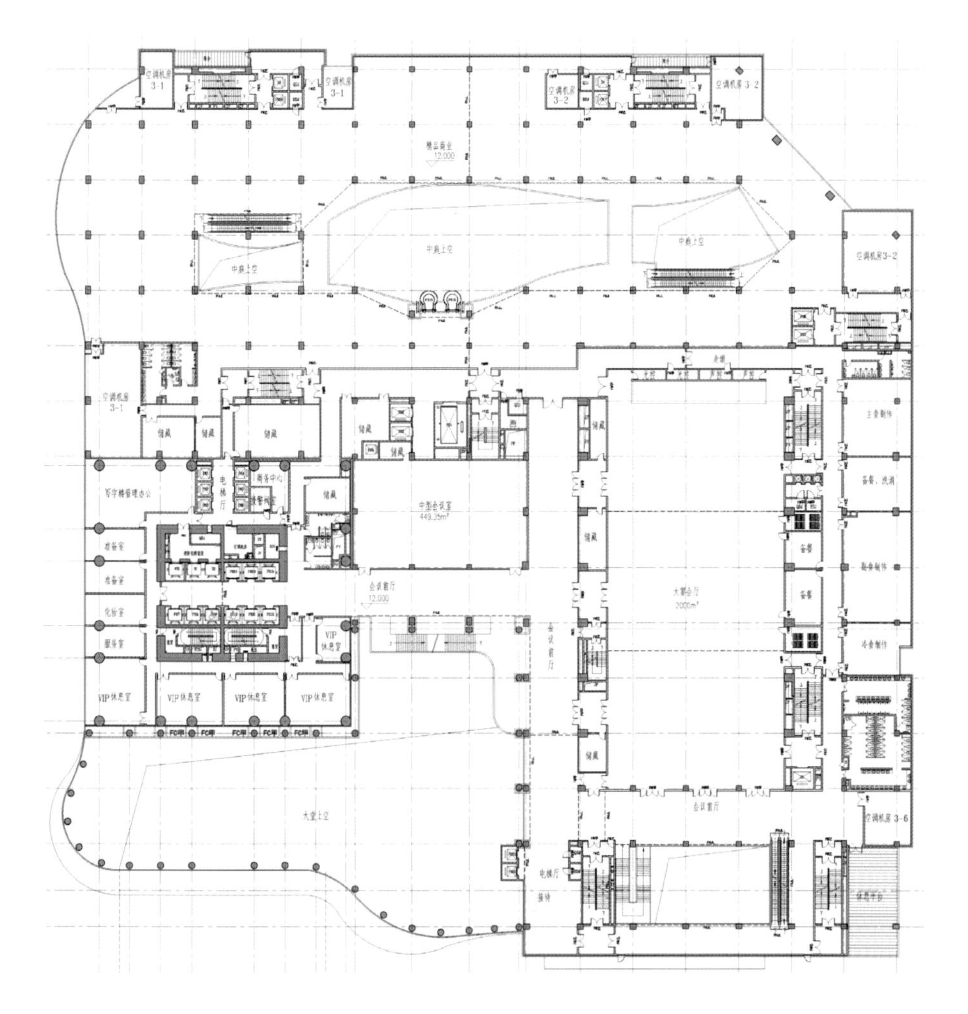
三层平面图

围。在裙楼北区购物中心部分，不同材质特性的玻璃表达不同的商业特性，与石材幕墙结合，创造出建筑大气的城市界面。主要公共空间用内透光的手法展示诱人的商业气氛围，同时强化了商业建筑夜景的灯光效果。在会议、酒店休闲及商业区采用半透空的石材幕墙营造安静高雅的商务酒店氛围。酒店餐饮区采用玻璃立面，将室外环境景色引入室内。裙楼建筑线条的横向划分突出水平向感觉，与高耸的塔楼形成纵横对比。

裙楼的屋顶是建筑的第五立面。设计采用屋顶庭院与露台相结合的手法，突出向内聚合与向外开放的特点。屋面上必要的设备采用隐藏的设计手法，与屋面体块结合成一个整体。从塔楼向下望，是一个错落有致的屋顶花园。

塔楼的立面主要采用两种玻璃幕墙体系。一种是外遮阳与玻璃复合的幕墙，强化建筑设计概念中“塔”的水平向线条，这部分线条在建筑设备转换层处做百叶窗的处理。另一种玻璃幕墙设计采用隐框的设计构造。光洁的玻璃体块与外遮阳与玻璃复合的幕墙体块形成对比，突出建筑表面的线条穿插，体现建筑简洁大气的时代感。幕墙间的穿插凹槽、水平线条等都设置了LED及泛光照明，配合主题设计概念，强化了高层塔楼的上升意向及高耸感（详见幕墙细部图）。

塔楼顶部采用玻璃幕墙体系，配合内透光与泛光照明效果达到美化夜景的目的。

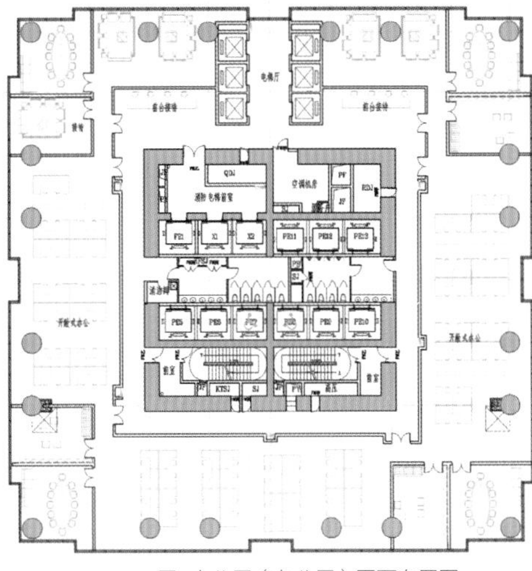

一层~十八层（办公层）平面布置图一

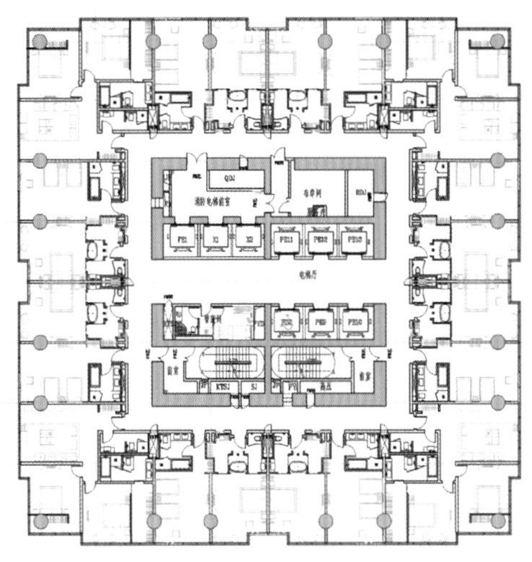

三十九层~五十二层（酒店标准层）平面图

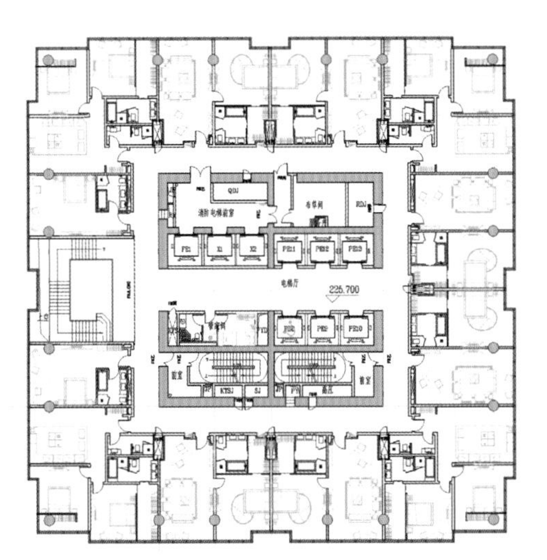

五十八层（行政套房层）示意平面图

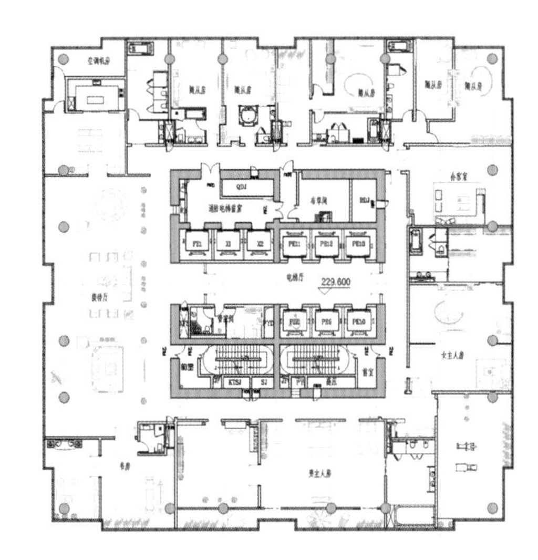

五十九层（总统套房层）示意平面图

# 佛山 中海锦苑

项目名称：佛山中海锦苑
开发单位：佛山中海千灯湖房地产开发有限公司
设计单位：深圳市天华建筑设计有限公司

**技术经济指标**
总用地面积：38 078.20m²
总建筑面积：171 812.39m²
计容建筑面积：133 273.03m²
容积率：3.5
商业建筑面积：10 718.02m²
住宅建筑面积：122 090.88m²
总户数：1104

本项目位于佛山市南海区桂城街道C11街区地段，地处佛平五路与大德路交汇处，路网交通发达，项目所处地理位置通达性好。地块位于桂城平洲中心城区，平洲区域隶属于桂城东板块，位于桂澜路以东的区域，包括桂城与平洲，区域发展成熟，城市生活气氛浓郁，是桂城比较有代表性的楼市区域，也是南海目前高档住宅比较集中的区域。

## 立面设计理念

该项目立面设计采用新古典偏现代都会风格。

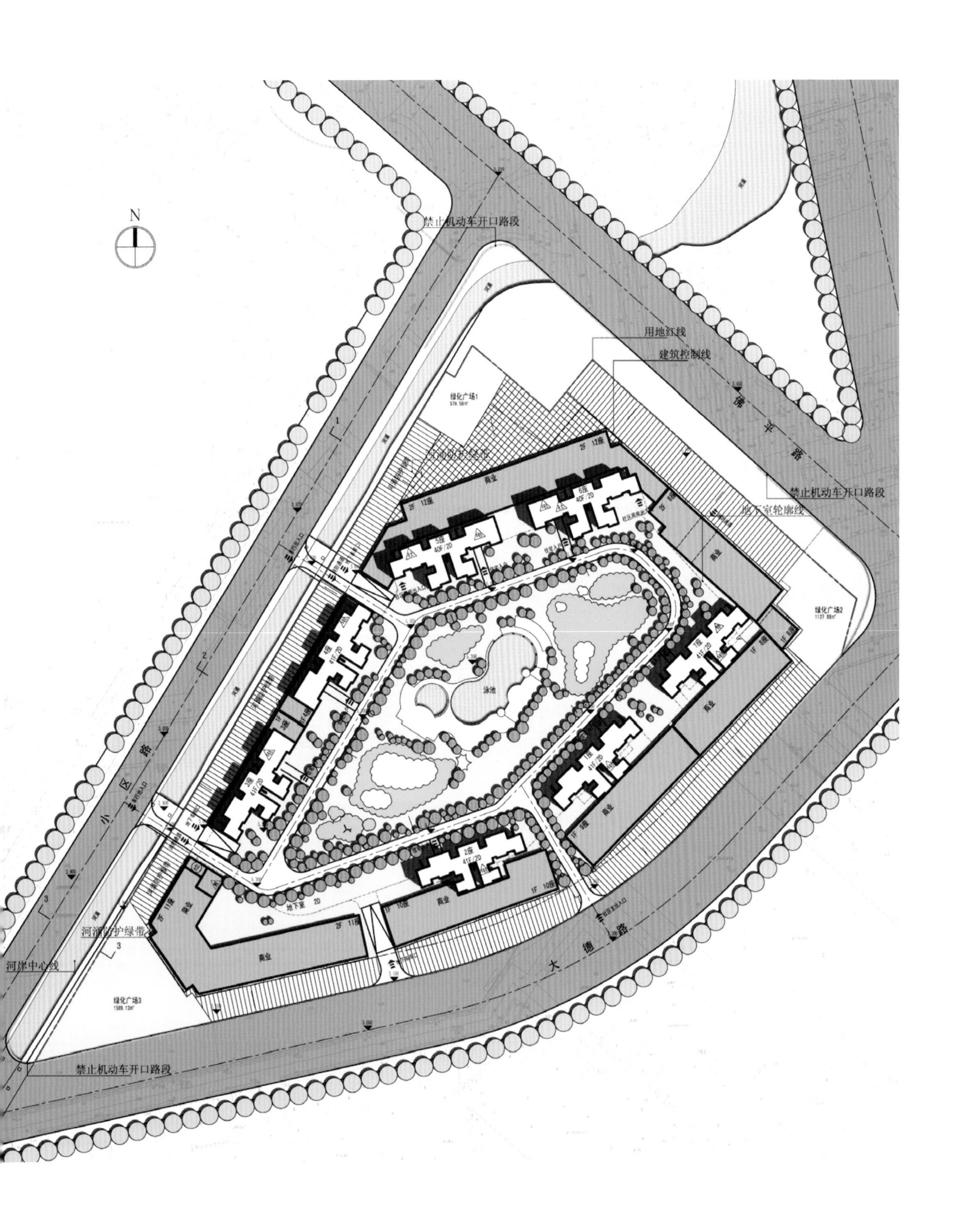
N
禁止机动车开口路段
用地红线
建筑控制线
绿化广场1
河涌防护绿带
商业
佛平路
禁止机动车开口路段
地下室轮廓线
绿化广场2
泳池
小区路
河涌防护绿带
河岸中心线
绿化广场3
大德路
禁止机动车开口路段

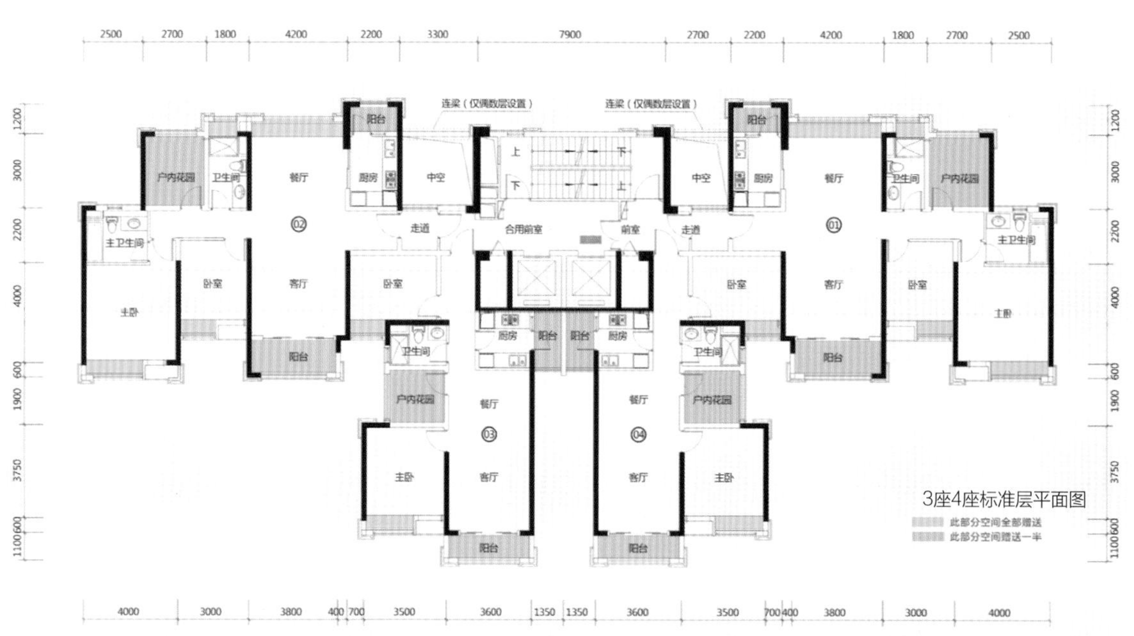
连梁（仅偶数层设置）
连梁（仅偶数层设置）
阳台
户内花园
卫生间
餐厅
厨房
中空
主卫生间
走道
合用前室
前室
卧室
客厅
主卧
01
02
03
04
此部分空间全部赠送
此部分空间赠送一半
3座4座标准层平面图

建筑立面的设计原则：建筑造型引入了古典主义元素，采用偏现代都会风格，强调细部的设计，如阳台栏杆、上下楼层立面衔接处的处理等，同时避免立面风格过于简洁，适当增加修饰元素和线条的变化。设计要保证中海锦苑公建立面和住宅立面效果的整体性、一致性、主次性。

整体采用新古典建筑立面风格，塔楼部分采用浅黄色和深色面砖的搭配，深色墙面局部点缀水平线条，强调垂直韵律与体量对比。形体上采用较为对称的形式，以基座、主墙面、顶部的体量分段为设计基准，体现垂直的韵律感，呈现整体形象的协调感、色彩质感、立面比例和造型细节的反复推敲，使其与主旨和实用功能的互相协调，使建筑整体庄重、典雅，立面细节则精致、大气。在周遭现代建筑风格充盈的环境中突显典雅、稳重、厚实、尊贵的独特地位。

因此，设计运用重复的竖向元素，以不同进出面来强化本身的韵律感和高耸感。

大堂入口的建筑体块镶嵌在住宅建筑中，并将其首层架空，与周围环境有很好的融合，视野开阔，提高社区住户品质，节点造型仍以古典主义元素来表现。

# 佛山 中海寰宇天下花园

项目名称：佛山中海佛山寰宇天下花园
开发单位：佛山中海环宇城房地产开发有限公司
设计单位
"规划、住宅设计：深圳市库博建筑设计事务所有限公司
商业设计：RTKL Architectural Design Consulting(shanghai)Co.,Ltd
景观设计：澳大利亚ASPECT Studios 澳派景观设计工作室"

**技术经济指标**
总用地面积：112 291.1$m^2$
总建筑面积：649 755.22$m^2$
计容建筑面积：431 278.56$m^2$
容积率：4.80
商业建筑面积：91 082.12$m^2$
居住配套面积：3400$m^2$
居住建筑面积：336 796.44$m^2$
总户数：2799

本案地处佛山市南海区桂城，紧连广州市南沙；在“广佛同城”的大环境下，拥有着得天独厚的发展机遇。同时，此项目位于千灯湖成熟商圈——地铁雷岗站上盖，属于千灯湖金融高新区中心地带。周边两公里范围内，商住项目林立，资源互补，基础实施完善，商场、地铁、公交总站、幼儿园等一应俱全。本案享受双地铁、多公交站等优势资源，具有巨大的发展潜力。

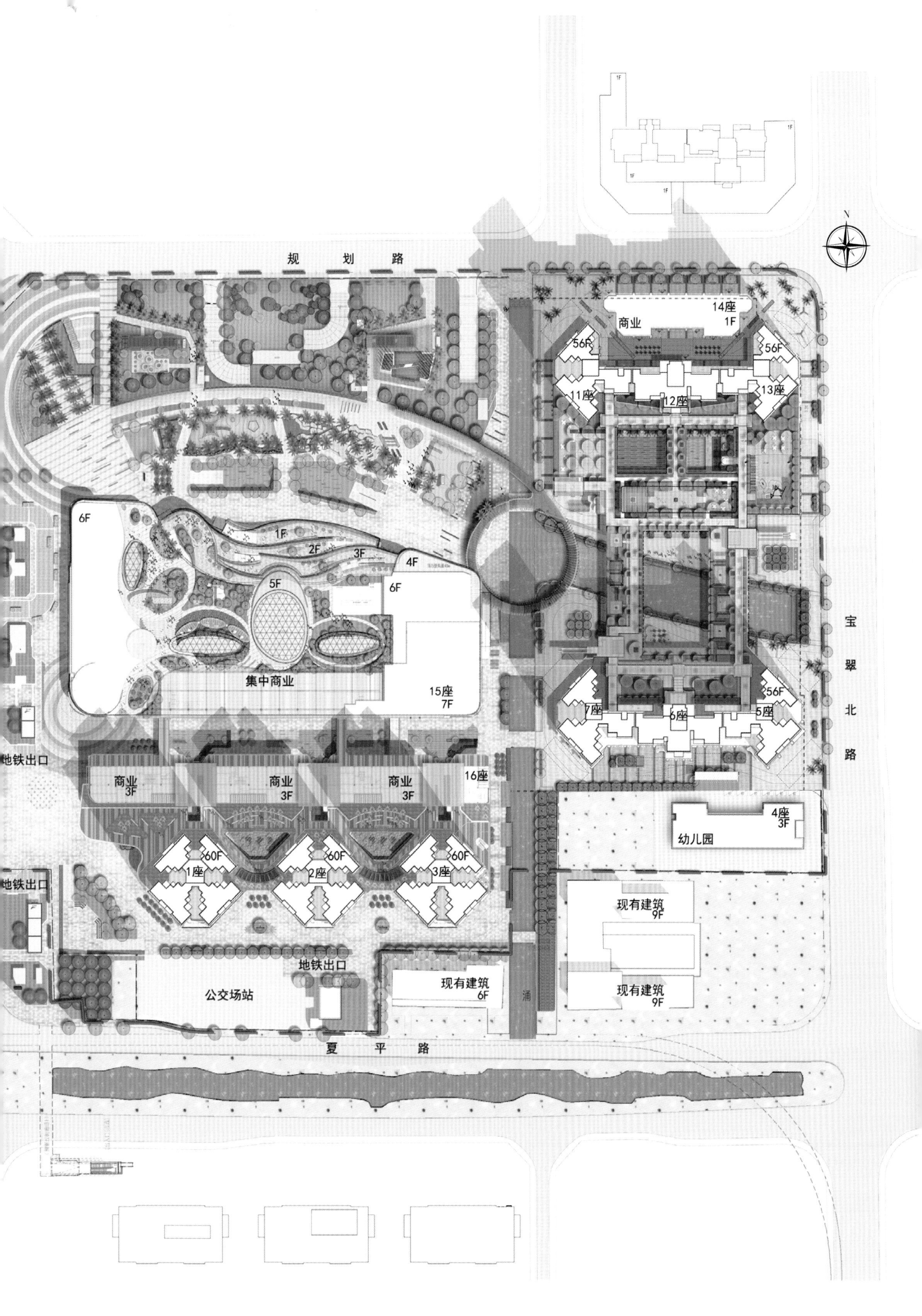
N
规 划 路
商业
14座
1F
56F
56F
11座
12座
13座
6F
1F
2F
3F
4F
5F
6F
集中商业
15座
7F
宝 翠 北 路
56F
7座
6座
5座
地铁出口
商业
3F
商业
3F
商业
3F
16座
4座
3F
幼儿园
60F
60F
60F
1座
2座
3座
地铁出口
现有建筑
9F
地铁出口
公交场站
现有建筑
6F
涌
现有建筑
9F
夏 平 路

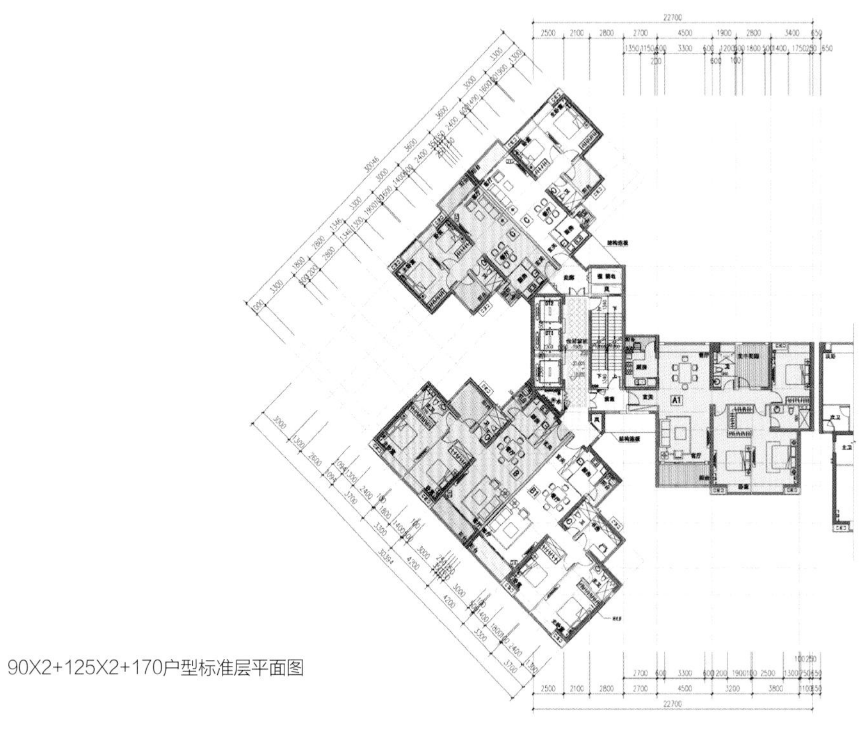

90X2+125X2+170户型标准层平面图

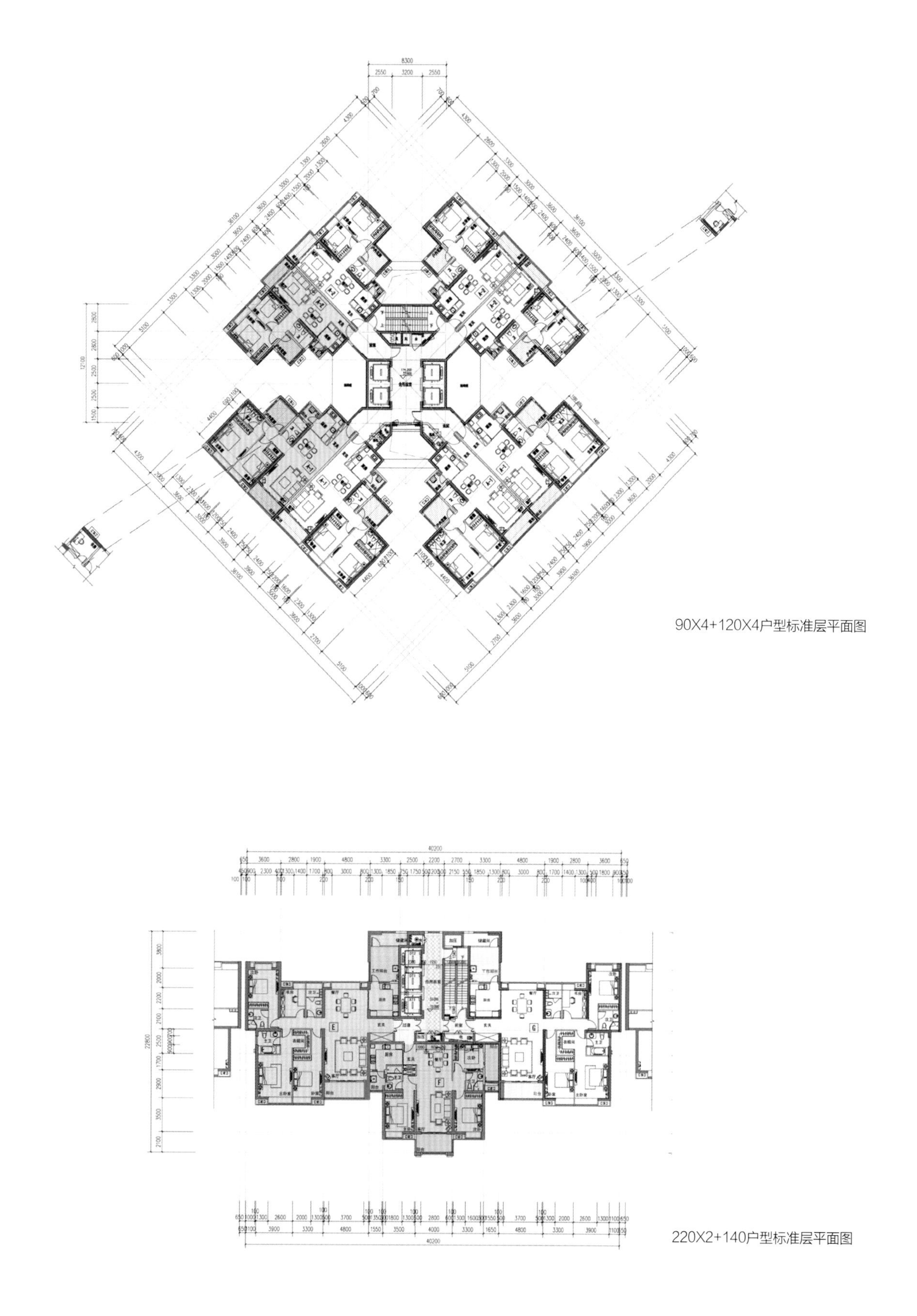

90X4+120X4户型标准层平面图

220X2+140户型标准层平面图

**总体规划**

1. 重叠式的功能布局

将居住、购物、餐饮、户外休闲、地铁和公交换乘等城市“元素”根据地块特点和各“元素”功能的需求，进行重叠式的布局，打造高效的功能互补型的城市综合体。

2. 景观资源最大化

在极高的容积率前提条件下，实现以较少的楼栋数带来较大的楼距，从而实现居住景观资源的最优化和视线的均好性，确保城市空间的通透和舒展。

3. 清晰便捷的交通组织

将居住车流与人流、商业车流与人流、地铁接驳、公交换乘、自行车换乘等特点不同的交通流线进行合理的衔接和分流，机动车和非机动车实现人车分流。建立一套安全、便利和高效的立体式交通换乘体系。

**细节设计**

1. 针对南方晴雨无常的气候条件，本案设计了一个超大的风雨廊系统，使人们可以全天候地亲近户外环境。

2. 风雨廊将超大的住区花园围合成大大小小的趣味空间，每个空间都可以提供不同主题的场所供人们休闲。

3. 景观式的花园入口。

4. 仪式感的单元入口。

Panasonic

# 贵阳 中铁阅山湖

项目名称：贵阳中铁阅山湖
开发单位：中铁置业集团贵州公司
设计单位：深圳市华汇设计有限公司

**技术经济指标**

总用地面积：2 740 030.98m²
建设用地面积：907 060.99m²
总建筑面积：2 600 967.17m²
地上计容总建筑面积：2 023 208.74m²
建筑密度：28%
绿化率：35%
容积率：2.23

本案位于贵阳市观山湖区核心位置，东临云潭北路，南接观山西路，西靠宾阳大道，北至林城西路。距贵阳市级行政中心1.5 公里，距贵阳高铁火车北站4 公里、龙洞堡国际机场约30 公里，区位优势明显，周边汇聚众多商业、办公、酒店、教育、医疗等配套资源。地块内自然环境优美、山青水秀，中东部为地势较高的林地，植被保存完好，南部十二滩水库流淌其间。

## 规划理念

1. 显山露水：项目发掘山体、水体、植被等资源的最大价值，构

N
阅山湖山地户外体育旅游休闲基地地块
SHOPPING MALL

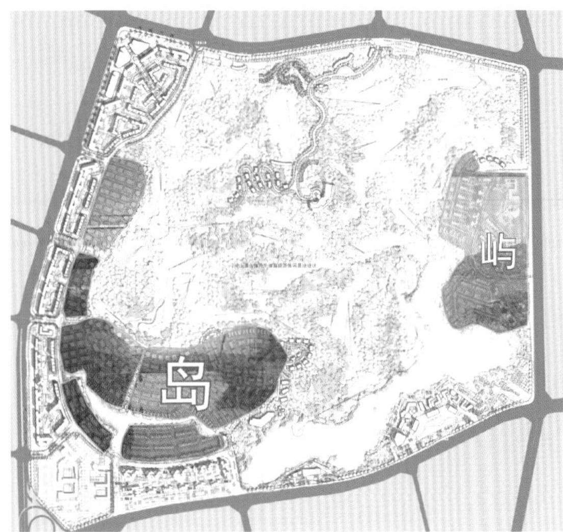


“多岛屿”最大限度的利用现有景观资源，借山引水，因地制宜，引入岛居理念，低层住宅与水体形成蜿蜒的半岛，构建出多样化的亲水界面。

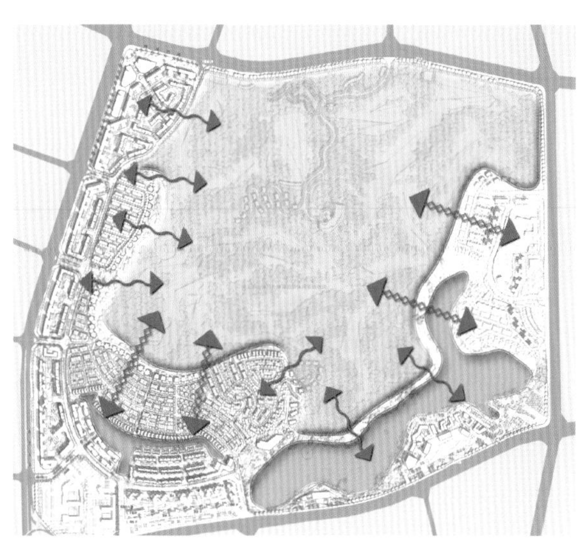

“山水渗透”沿湖设置滨水步道、亲水平台、涉水栈道和休闲茶座，形成贯通的绕湖休闲带，为居民提供更多形式的亲水空间。结合小区出入口形成多条视线通廊，显山露水，增加空间的通透性、景观的流动性和入户的仪式感。

建多层次、多视角的景观体系，与建筑完美相融，彰显贵阳地域特色。

2. 持续发展：项目因势而建，顺应地形，维持场地开发与生态维护之间的平衡。经过多年的完善，该项目将成为一个集居住、休闲、商业、文化为一体的多功能复合型生态聚集区。

3. 活力运动：以山为背景、水为依托，通过高尔夫球场、慢行系统及会所、俱乐部、运动会馆等配套设施，塑造健康宜居的现代社区典范。

4. 国内一流：项目无法估量的人文价值和社会价值将成为新的城市名片。

项目总体呈现出外高内低多组团、四心三带多视角、山水渗透多岛屿的规划布局。

沿地块外围的城市界面布置高层产品，力求其在享有地块内山体景观的同时能展现良好的城市形象。沿体育、旅游、休闲基地和十二滩湿地的周边布置近人尺度的低密度产品，营造慢节奏生活。

沿湖设置亲水设施，形成贯通的绕湖休闲带。休闲带结合小区出入口形成多条视线通廊，显山露水，增加空间的通透性、景观的流动性和入户的仪式感。因地制宜，引入岛居理念，多个临水组团形成半岛，构建出多样化的亲水界面。

项目采用一盘多做的开发模式，高层、别墅、洋房等混搭的建筑风格。

高层以带状布置为主，争取景观面，高低错落的天际线设计及前后有序的进退分布使其具有多样性和穿透性。低层住宅与水景结

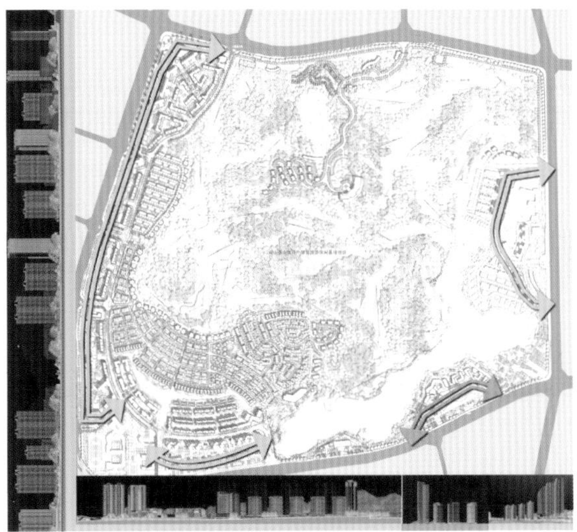

外高建筑形态上沿地块外围的城市界面布置高层产品，力求高层产品能享有地块内山体景观的同时作为城市形象展现。

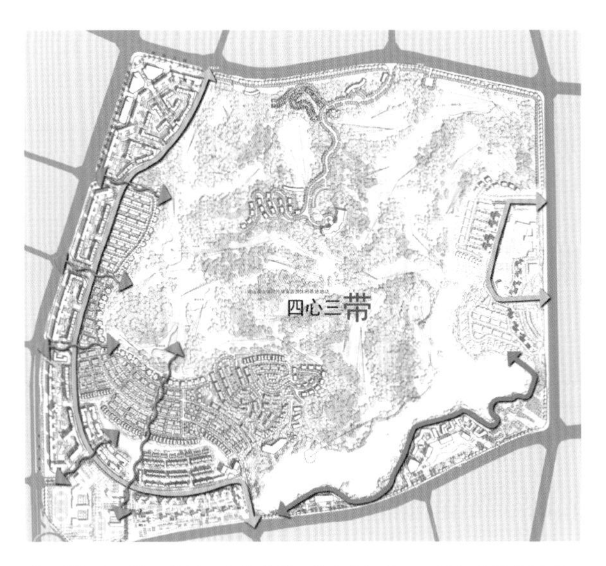


“三带”分别指两条社区绿化带以及绕湖休闲带。通过绿化带的设置，把居住组团中心和社区中心串联起来，形成有机联系的社区景观系统。

合，成岛状布局，形成生态化、情趣化的亲水界面。配套商业以底商及内街的形式呈现，形成较广的覆盖范围，与集中商业配合形成便民的商业体系。

立面设计上，高层格调简约，色彩以高雅、明快的颜色为基调，墙面局部的划分采用调和色，使建筑物在城市大环境中更加突出和稳重。低层和洋房采撷东南亚等地域建筑的精华，南北、通风采光俱佳，大面积采用褐色、深灰等深色系与浅米黄色进行搭配。

联排别墅户型一层平面图

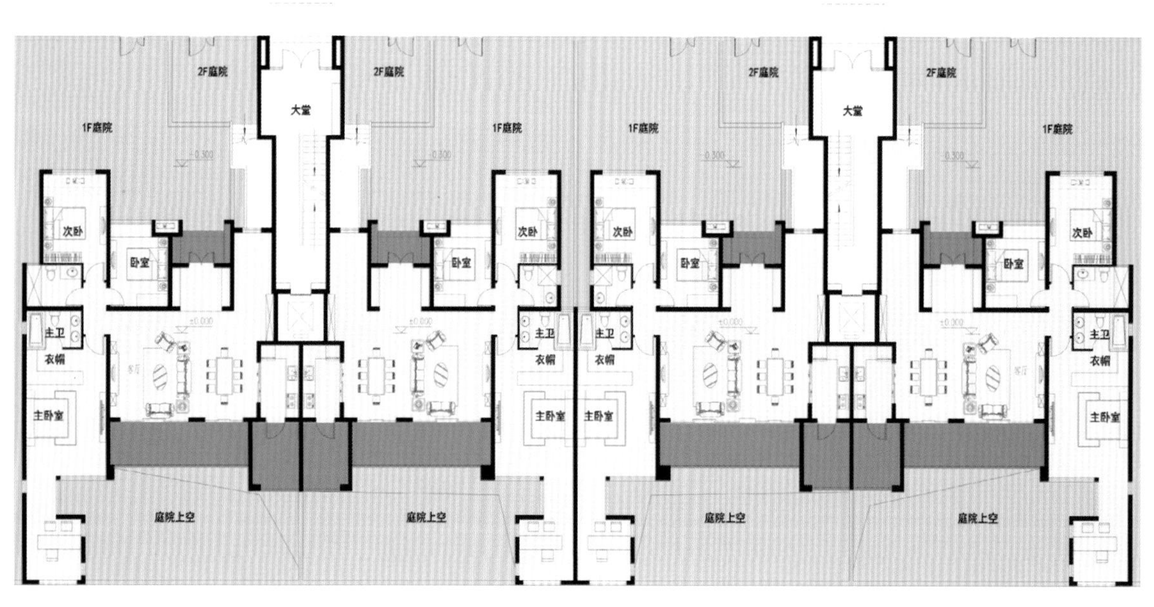

洋房户型一层平面图

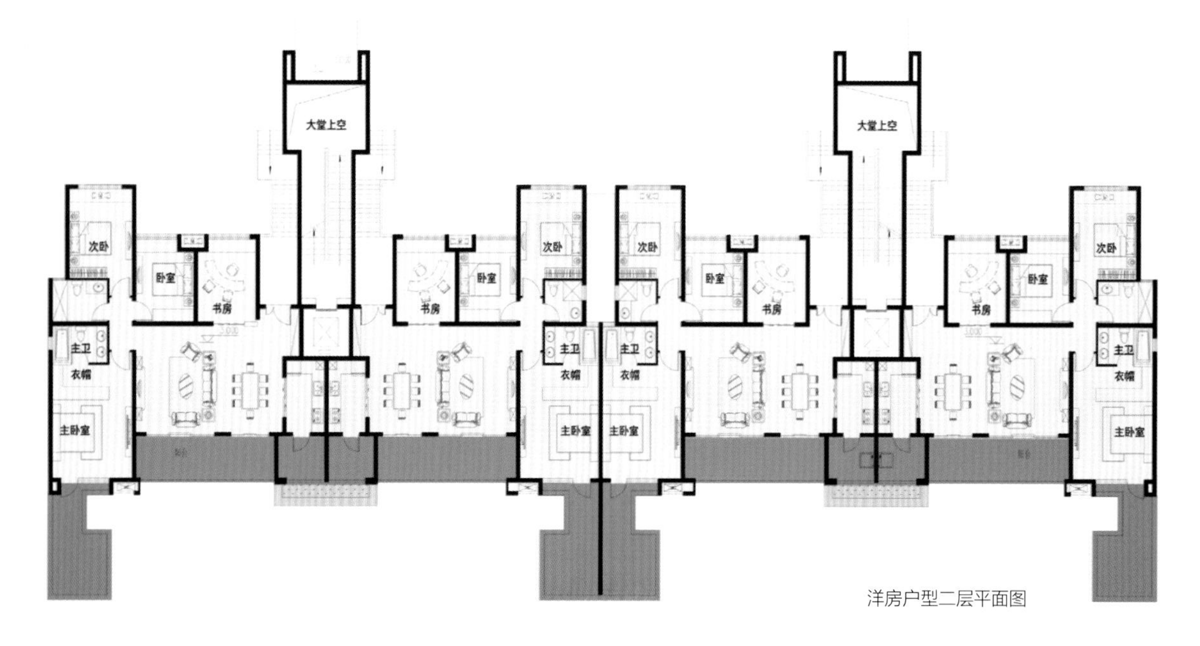

洋房户型二层平面图

GUCCI
Dior

# 西安 豪庭草堂宅院

项目名称：西安豪庭草堂宅院
开发单位：陕西盛景置业有限公司
设计单位：新加坡阿尔本建筑城市设计公司

**技术经济指标**
总用地面积：127 903m²
总建筑面积：32 010m²
建筑栋数：94
容积率：0.296
建筑覆盖率：18.1%

西安豪庭草堂宅院位于西安市西南部，长安区以南。远离城市喧嚣，风景优美，自然资源丰富。项目占地162.2亩，设计建筑栋数94栋。

我们执行的中心思想："草堂宅院"
宅院：带院落的房子，亦泛指住宅。
广义上：宅，可为私家住宅，也可为大院宅，大合院；院，可为私家庭院，也可为公共庭院，公共院宅；

**设计理念：求同存异**
"同"——建筑风格类同，以中式建筑风格为基调，适当地加入现代风格的元素。

区域建筑已经形成中式风格，延续现有的风格，以达到区域建筑风格的协调统一。

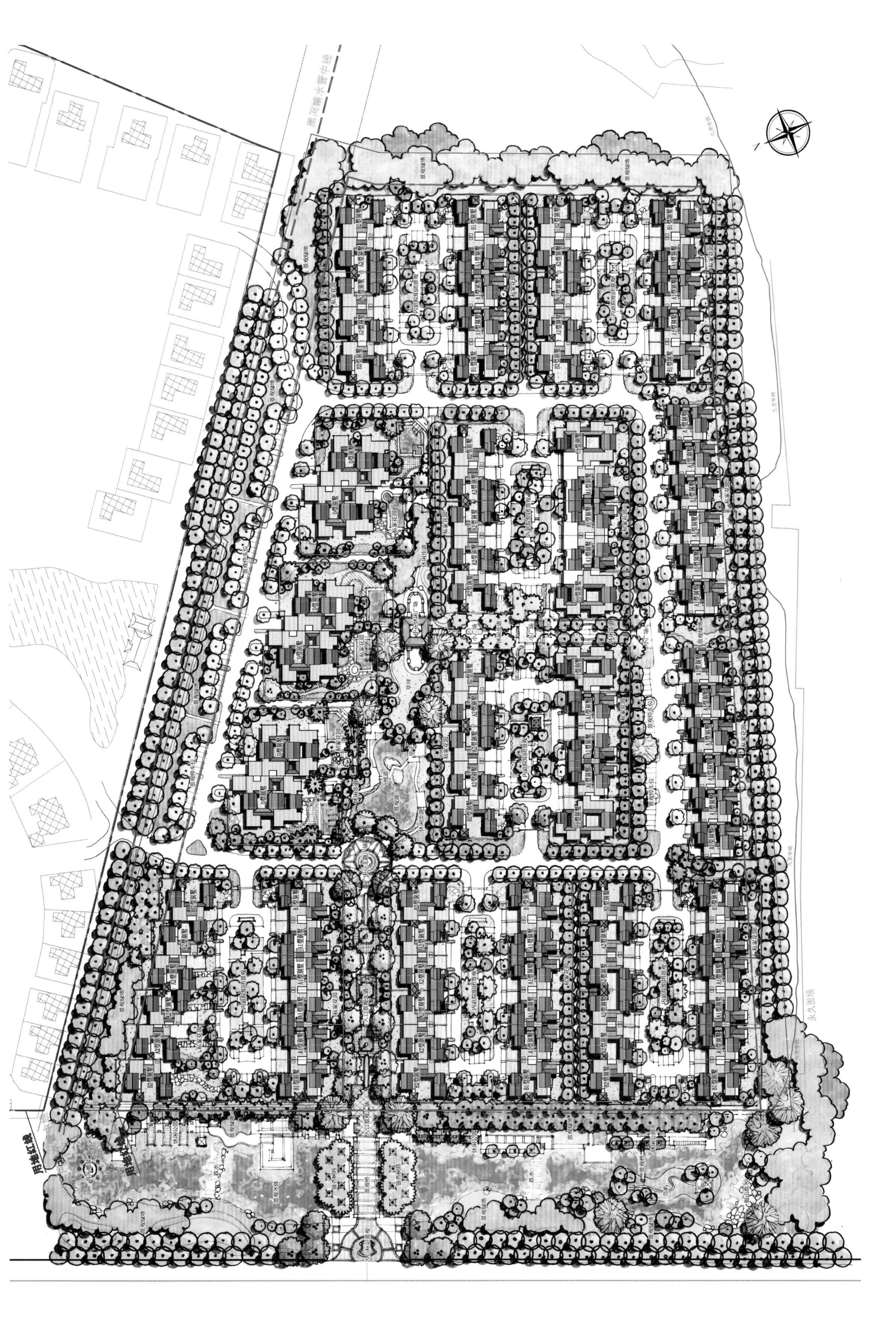
黑河输水管中线
用地红线
永久围墙

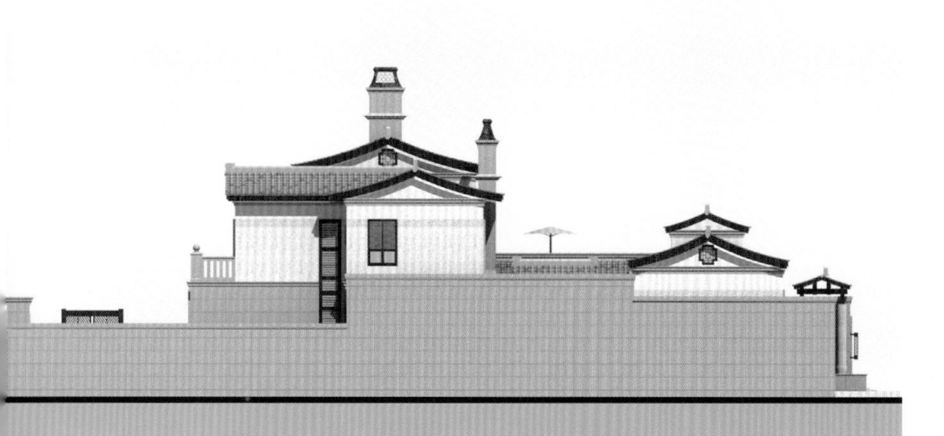

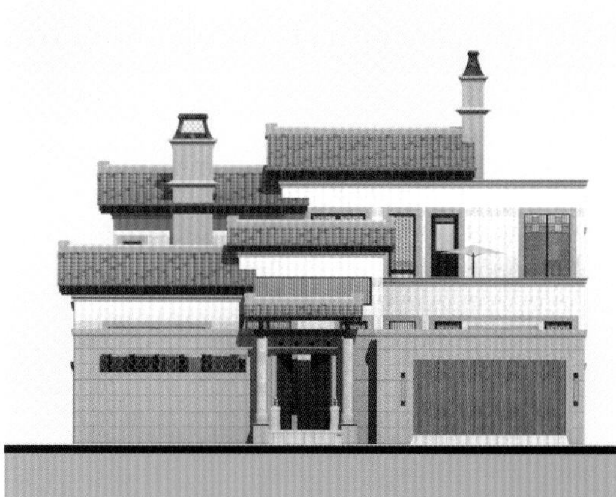

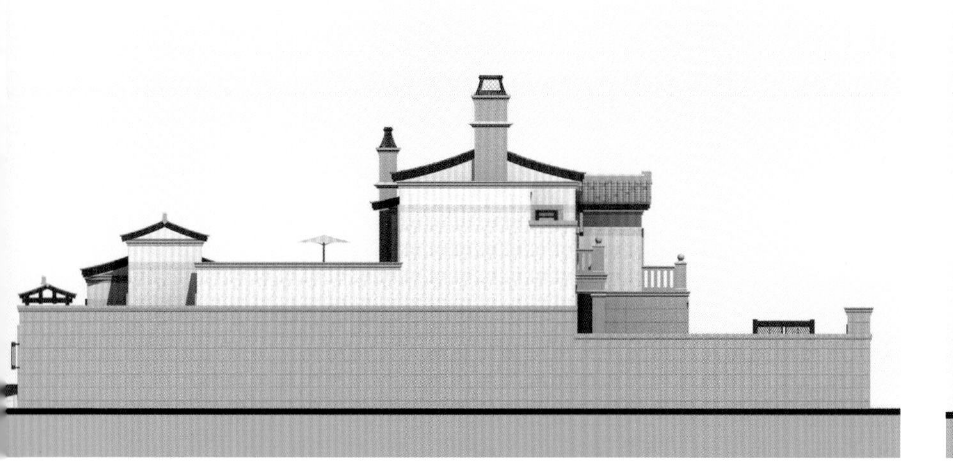

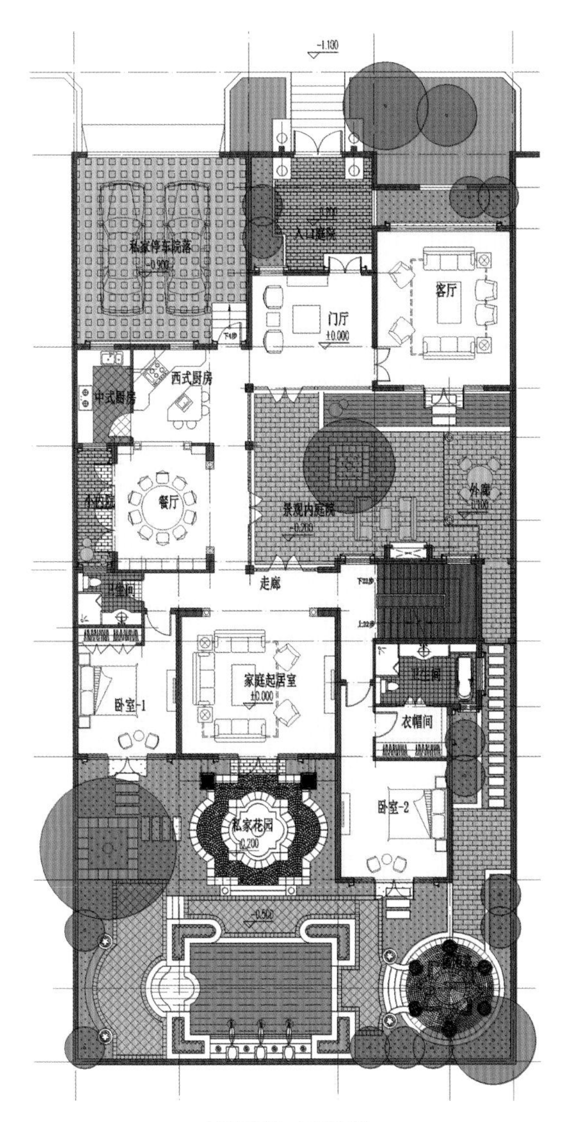

A1型别墅一层平面图

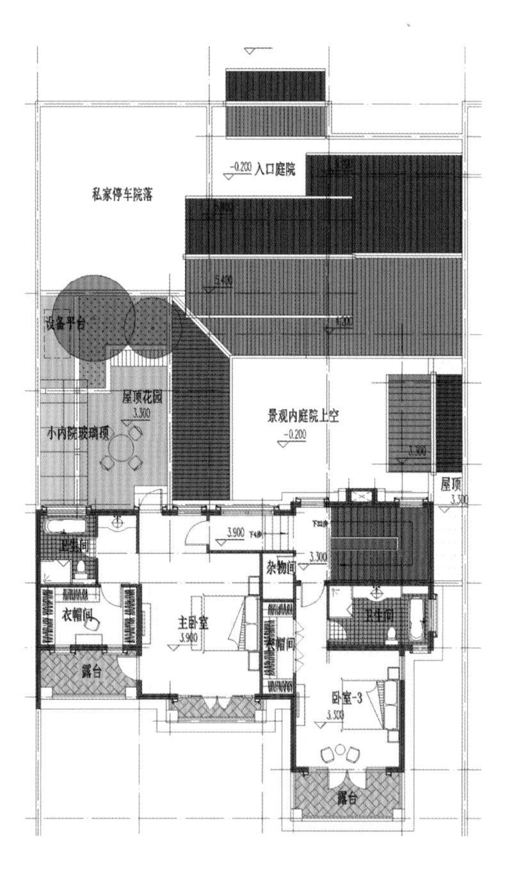

A1型别墅二层平面图

“异”——建筑总体布置、平面功能布置、建筑风格等方面的差异性，使得产品形态独一无二，增强竞争力。

1. 布局上脱离传统的独栋式布置方式，采用小宅院和大院落结合的布置方式，强调组团围合的空间。

2. 建筑平面采用小面积、单层围合的传统四合院建筑形式，不设地下室，控制建设成本和销售总价，与周边现有的楼盘形成强烈的对比。

3.建筑形式采用中式风格，并结合现代元素，传统而不失大气，适宜人居。

设计关注项目的社会效益，同时更兼顾局部与整体，以及短期与长期的社会整体利益，更加关注环境问题、可持续发展问题、人居生活质量问题，注重社区居住品质的提升、景观环境的设计，充分利用原有的自然环境特点，并适当加以改造，更好地提高生活品质。

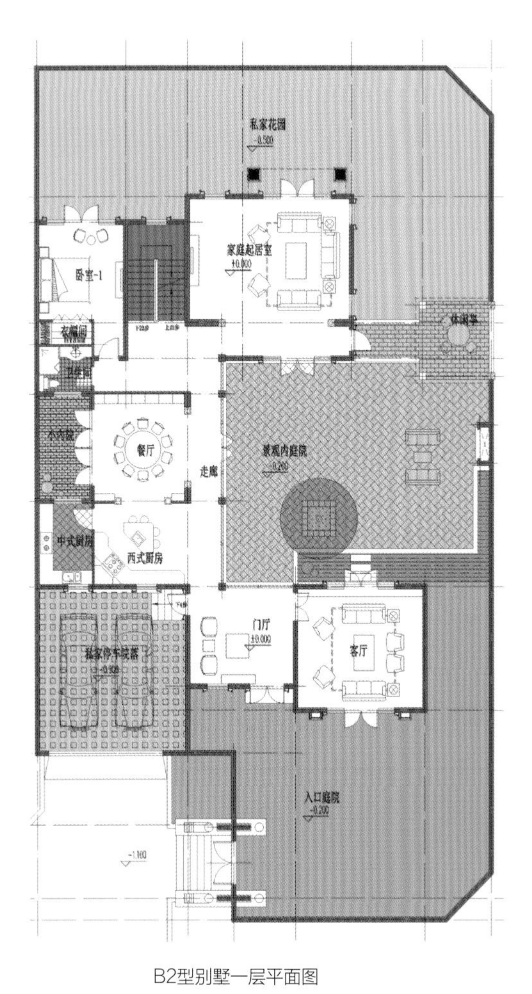


B2型别墅一层平面图

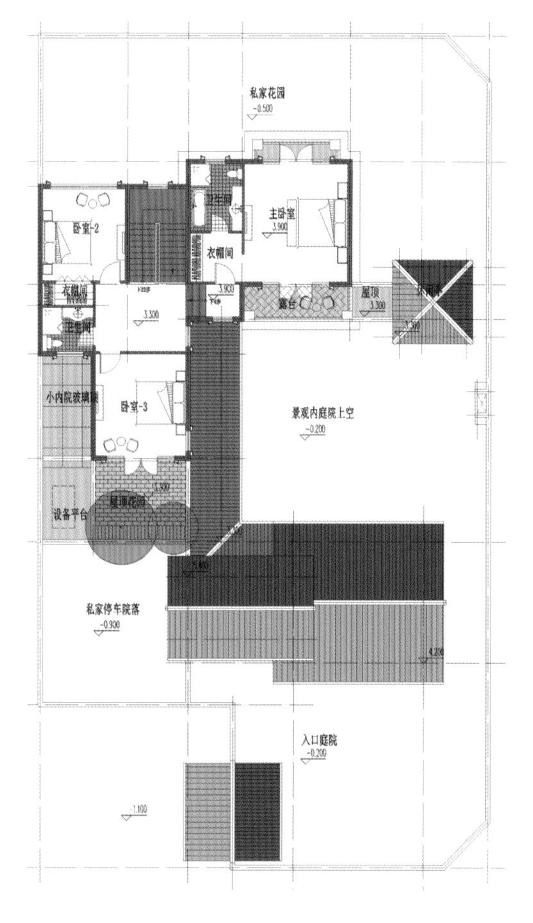


B2型别墅二层平面图

# 嵊州 新医院

项目名称：嵊州新医院
开发单位：嵊州绿城建设管理有限公司（嵊州市卫生局）
设计单位：大象建筑设计有限公司

**技术经济指标**
总用地面积：126 608m²
总建筑面积：185 000m²
一期总建筑面积：149 000m²
二期预留发展建筑面积：36 000m²
建筑密度：33%
绿化率：35%
容积率：1.46

嵊州市原人民医院，创建于1919 年，现已成为嵊州市唯一的国家二级甲等综合性医院。

为适应嵊州市当前医疗卫生事业的快速发展，满足广大人民群众日益增长的医疗需求，市政府提出建设嵊州市新医院项目的建议。新医院基地位于嵊州市城南新区，东临丽湖小区。南临南六路、西面隔环堤路与新昌江相邻，北面为领带园四路。整块用地南北深约490 m，东西长约300 m。建设规模为1000 床的综合性医院（远期规模为1500 床的综合性医院）。

**设计指导思想和设计特点**
总体布局力求功能分区明确，流线合理，环境宜人。为病人创造优美舒适的就医环境，同时为医务工作者提供安全高效的工作环境，并且为医院发展预留用地。

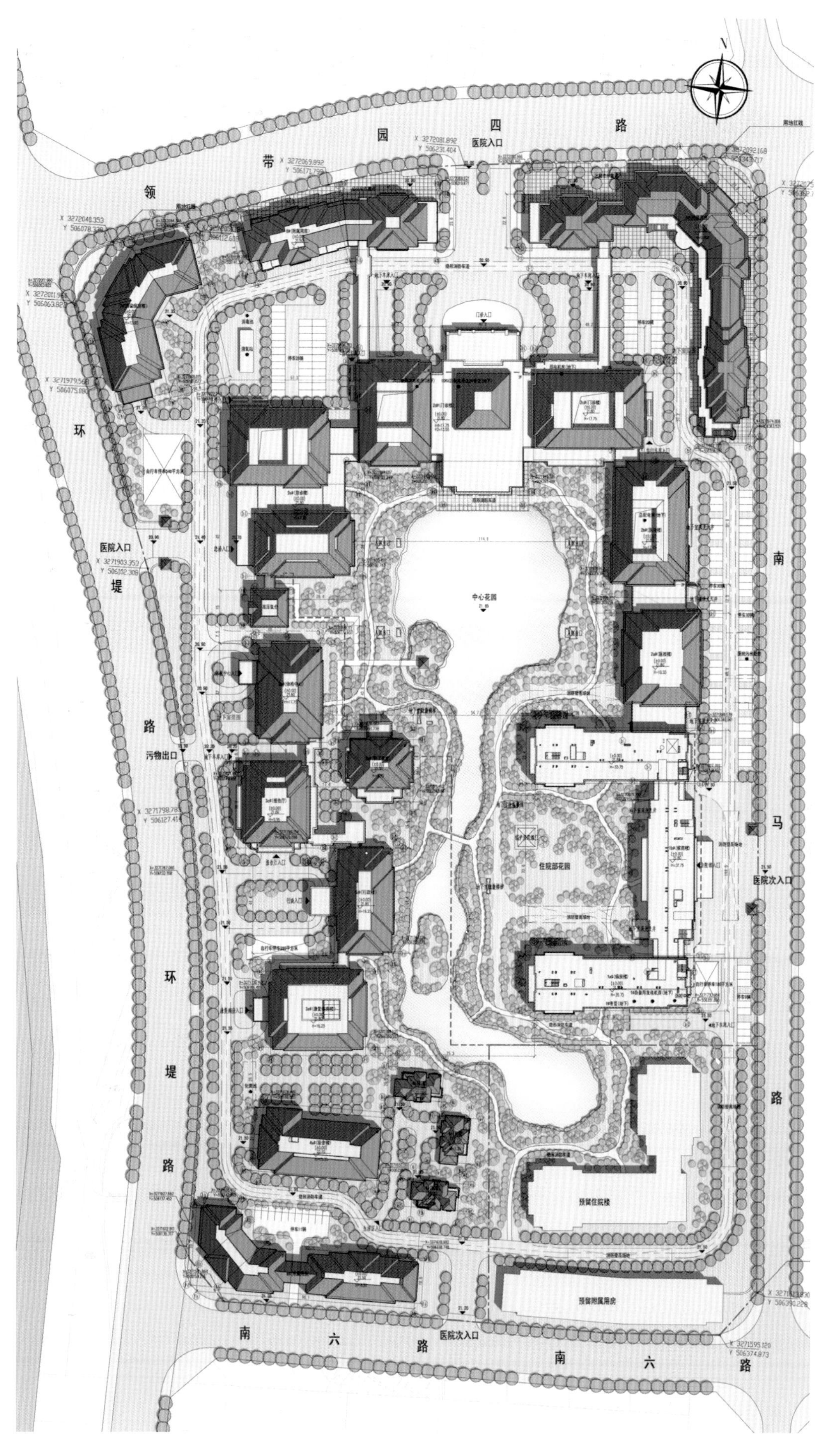

园
四
路
带
领
医院入口
环
堤
路
医院入口
污物出口
环
堤
路
中心花园
住院部花园
预留住院楼
预留附属用房
南
马
路
医院次入口
南
六
路
医院次入口
南
六
路

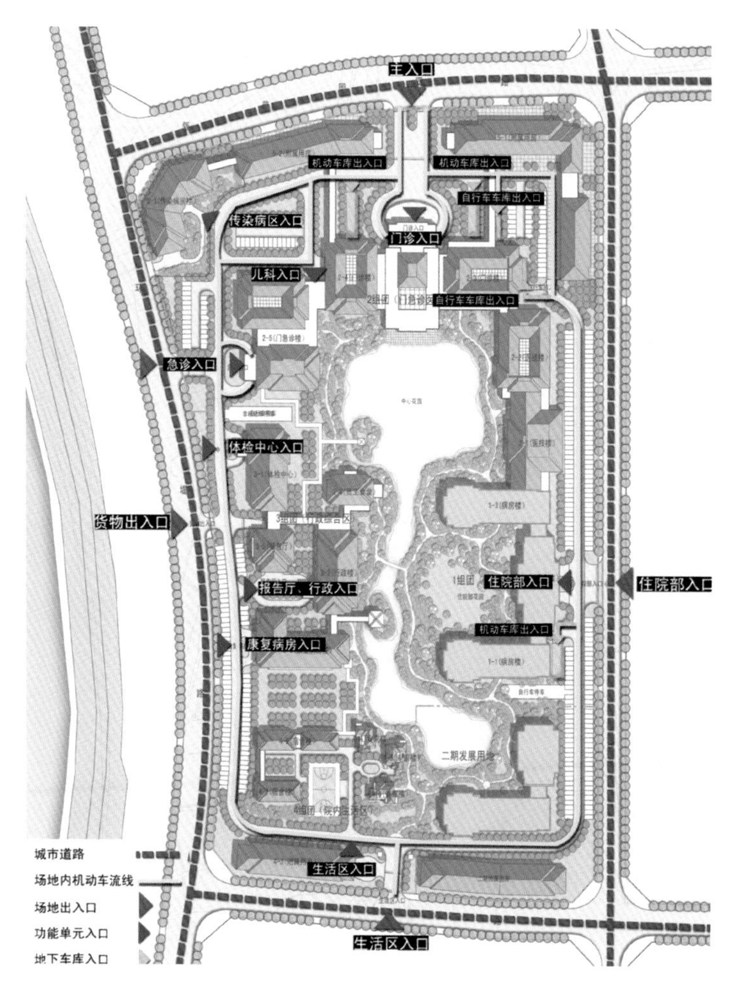


建筑单体设计上，关注平面布局的功能合理性、经济性和便捷性。各种空间合理分布、流线清晰，候诊和就诊空间宽敞明亮。医生和病人使用区域相对独立。

## 园林式的整体布局

在这个方案的设计上，设计师采用了园林式的整体布局。传统的医院为了提高运营的效率，以及节约用地等，多数采用集中的布局方式，尽量缩短各种流线，这种布局方式使得医疗人员和病患的心理感受被忽视了。设计师认为，这种高效的模式，不应该以牺牲医院的环境空间为代价。 因此，在这次设计中，设计师希望能够设计出一种新的医院空间形态，在满足医院有效运行这一功能要求的基础上，为医院营造出一种阳光、亲切、美好的空间，提供更加舒适宜人的环境。整个布局贯彻了一个宗旨，即各个空间单元相对独立， 以连廊串联起各个功能块。越是向江面方向，建筑的体量越分散。四个组团围合成一个大尺度的中心花园，给医患提供了一个安静、舒适的室外空间，使就医环境更加愉悦、轻松。

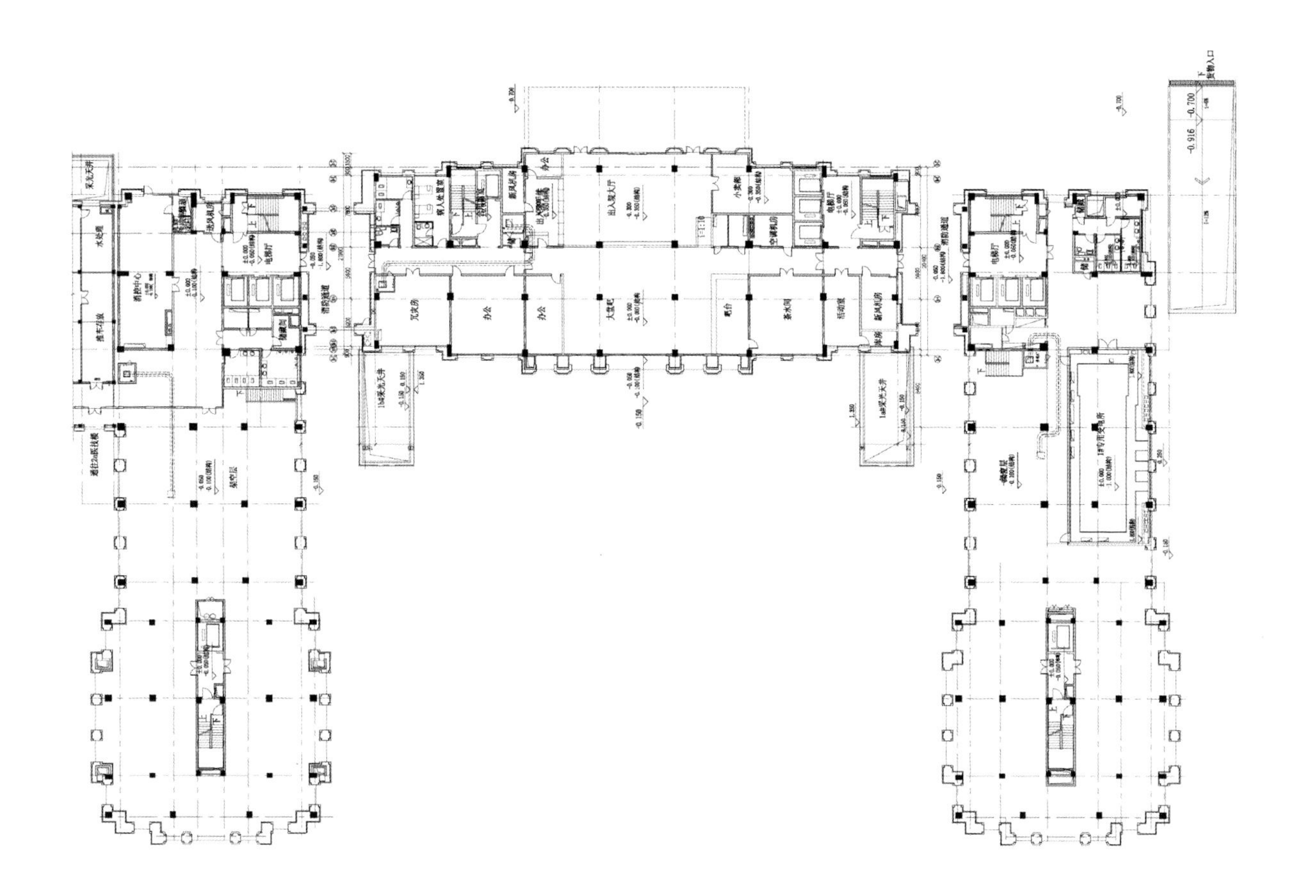

住院楼一层平面图

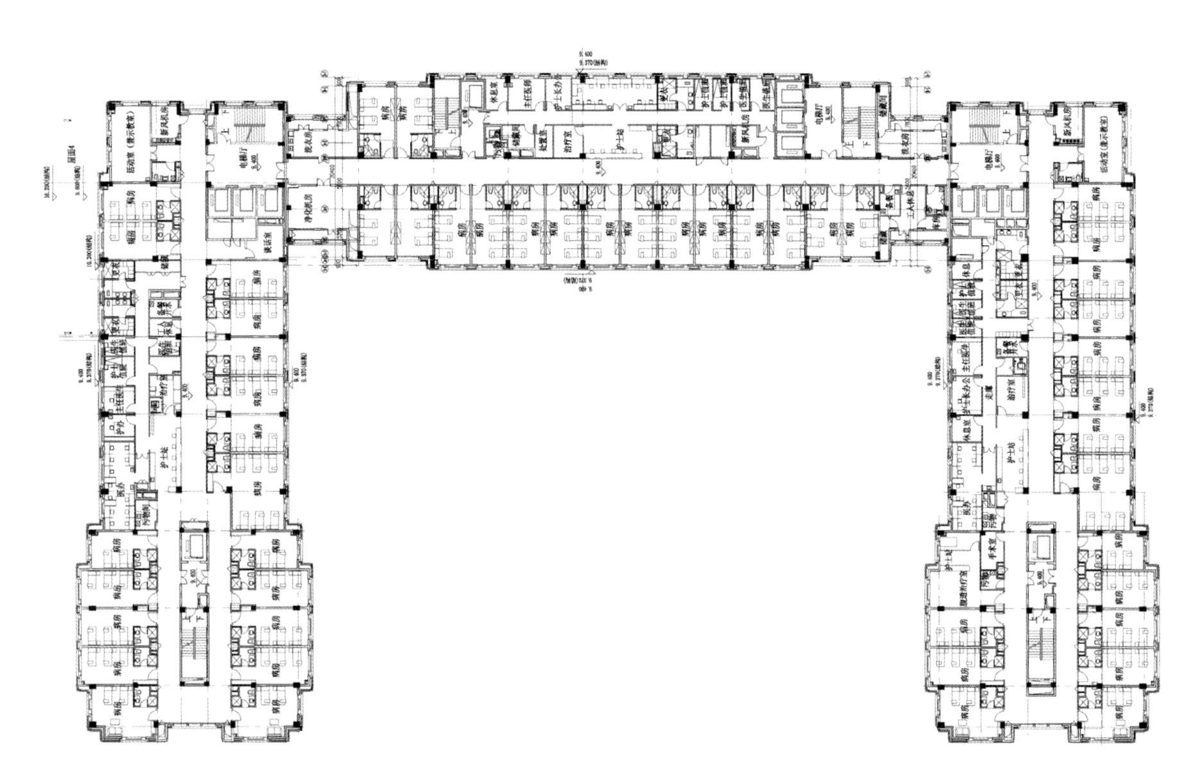

住院楼二层平面图

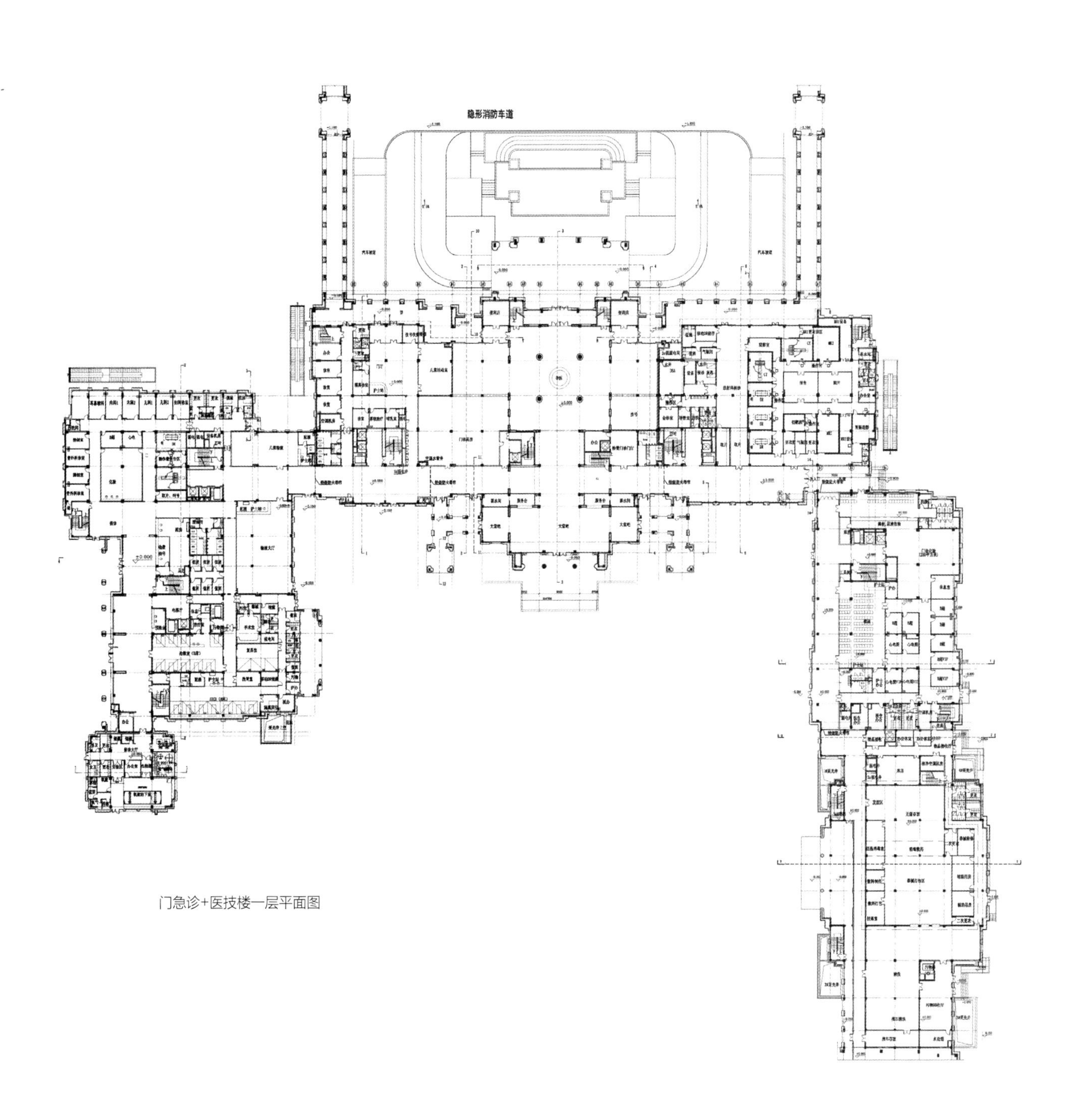


门急诊+医技楼一层平面图

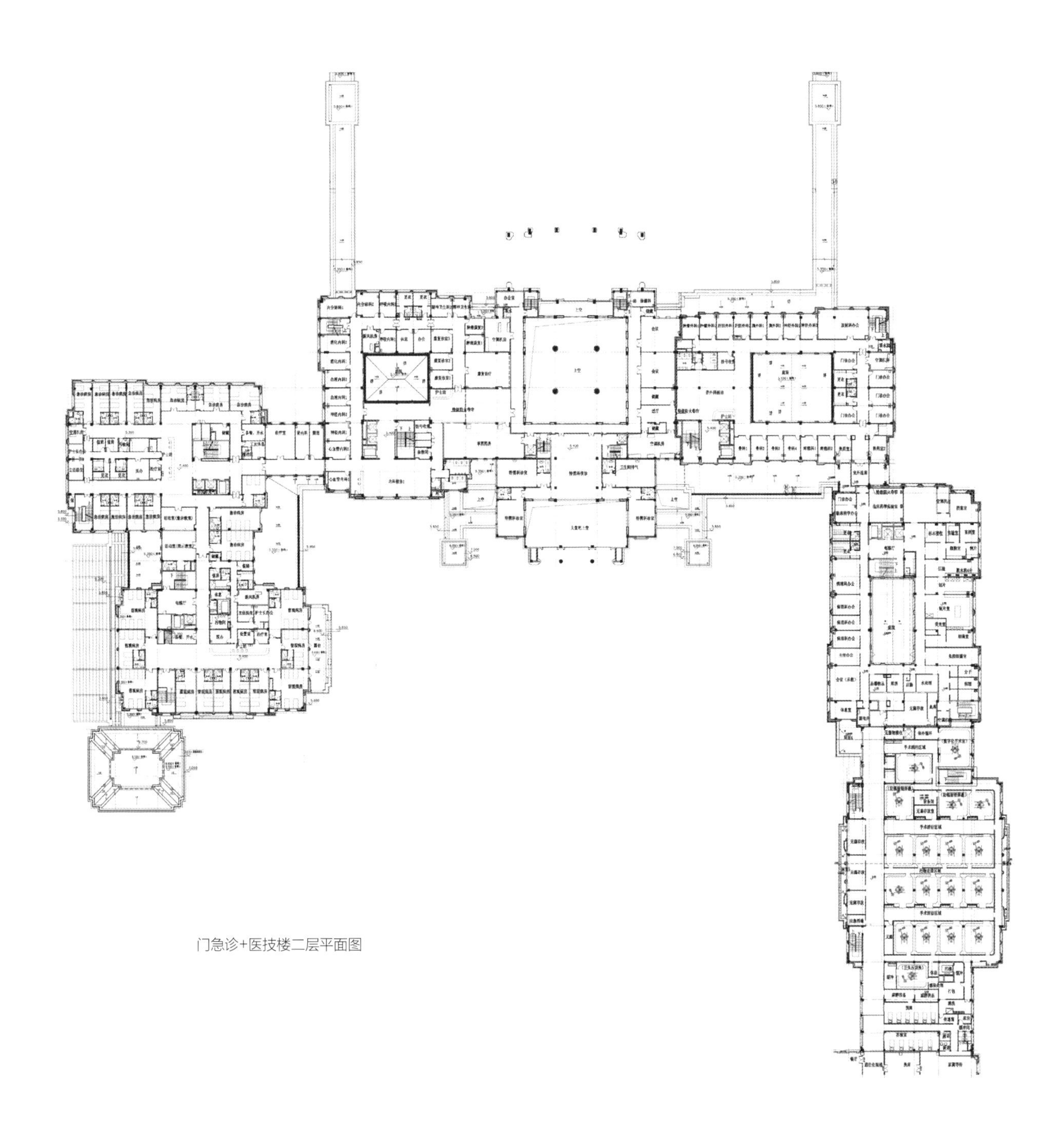

门急诊+医技楼二层平面图

# 泸州 赐富•天下御景

项目名称：北京中外建建筑设计有限公司重庆分公司
开发单位：泸州赐富房地产开发有限公司
设计单位：北京中外建建筑设计有限公司重庆分公司

**技术经济指标**
总用地面积：264 904m²
总建筑面积：580 484.32m²
容积率：1.599
住宅建筑面积：381 144.34m²
商业建筑面积：42 309.12m²
地下建筑面积：155 751.68m²
总户数：4242

项目位于江阳区城南大道，属于城市居家环境的优质地段。项目总占地约400亩，容积率1.6.地块形状呈不规则的长条型，面宽小，进深长，尾部窄，落差小，呈缓坡状分布。

该项目地势较高，东临待开发热土沙茜片区，西、北两个方位靠已成熟的城南大道片区，南拥长江，可以远眺群山，视野非常开阔，但市政配套目前还不够完善，主要集中在生活配套上。

在整体规划中以南北景观主轴线为重心，将地块划分为东、西两期开发，一条东西通透的轴线串联超大景观中庭。商业入口规划于城市道路交叉口及北侧的道路中部，通过交叉口的两栋酒店式公寓及城市广场增强项目为城市带来的形象感。沿北侧和西侧道路布置板

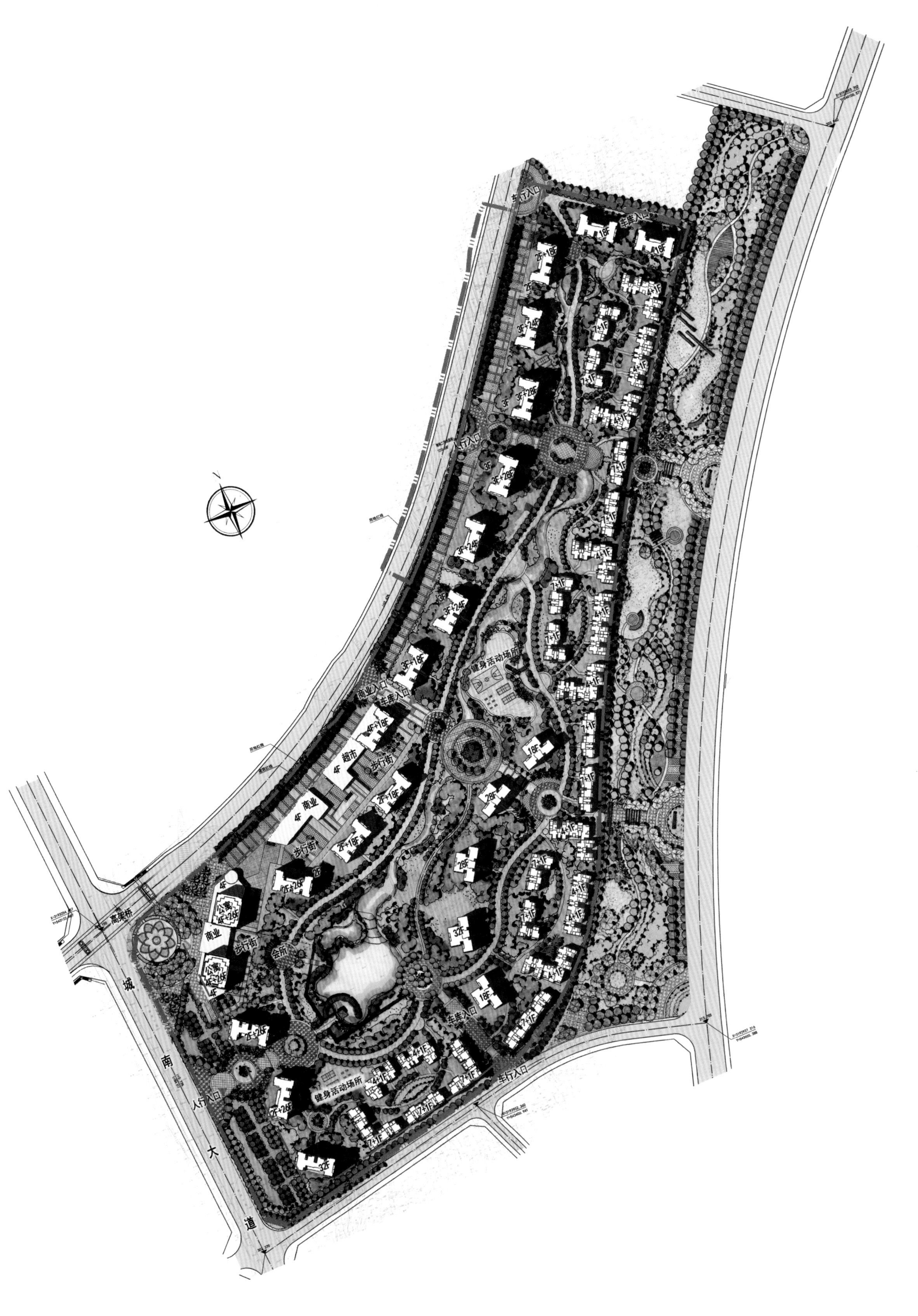
车行入口
车库入口
人行入口
商业入口
健身活动场所
超市
步行街
商业
公寓
会所
高架桥
城
南
大
道

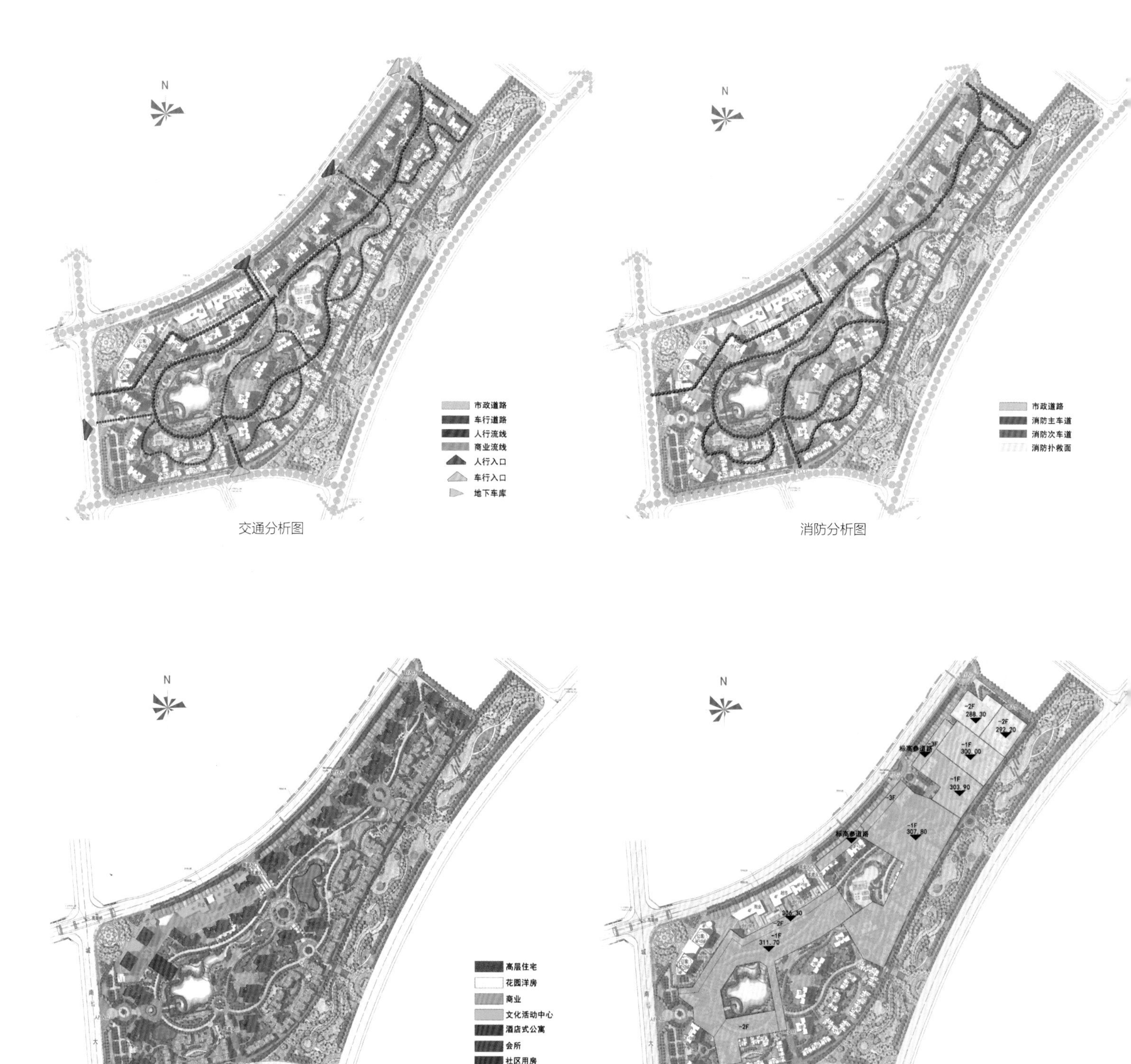


交通分析图　消防分析图　功能分析图　竖向分析图

式高层，南侧沿绿化带一线布置4＋1及7＋1的花园洋房。多层组团之间，拼接成“L”形或者“一”字形，建筑之间相互组合、错落布置，形成各自相对围合的组团形式。整体围合出独立于周围环境的内部空间，从而塑造优质而不受外界干扰的中庭内部空间。

位于北侧道路的商业街，能够给城市带来更多的驻足空间，提升社区形象，聚集更多的人气。利用地形高差形成分台的半地下商业及步行内街。商业依照便于停车的原则，利用建筑退距空出步行及停车的空间，方便车行购物、休闲。入口广场大景观带除了能带动一部分人锻炼外，更起到城市景观的作用。

1. 住宅设计：本项目为住宅小区，7+1板式多层住宅楼为一梯两户的电梯房。结合市面上流行的顶层跃层做法，做出既上档次又富有变化的洋房户型，加大使用面积。高层户型为一梯六户和一梯四户，户型设计中除充分考虑住宅的基本功能，良好的采光通风外，还设计了较大的花园，让户内外有更多的联系与互动，提升居住品质。

2.商业设计：本工程北侧商业部分退道路红线25m，增加商业价值的同时为城市带来较多的活动空间。每隔一层距离留出绿化空间，增加趣味多变的商业空间。

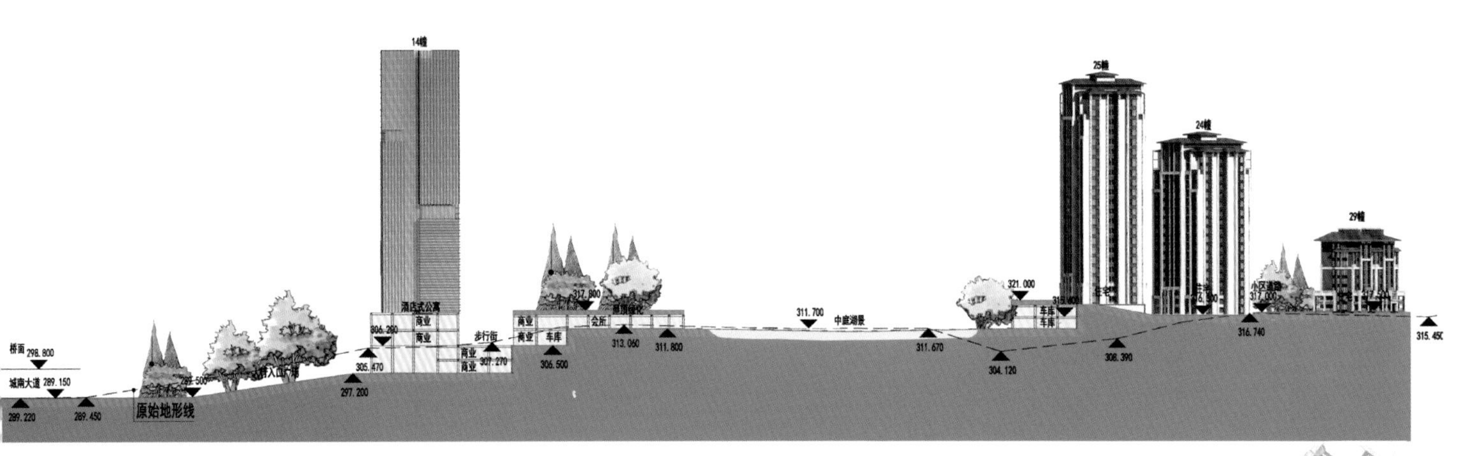

1-1纵向场地剖面

2-2纵向场地剖面

## 图书在版编目(CIP)数据

人居动态. 12, 2015全国人居经典建筑规划设计方案竞赛获奖作品精选 / 郭志明, 陈新主编 .
- 武汉 : 华中科技大学出版社, 2016.1
ISBN 978-7-5680-1287-4

Ⅰ. ①人… Ⅱ. ①郭… ②陈… Ⅲ. ①住宅 - 建筑设计 - 作品集 - 中国 - 2015 Ⅳ. ①TU241

中国版本图书馆CIP数据核字(2015)第238218号

人居动态Ⅻ
2015全国人居经典建筑规划设计方案竞赛获奖作品精选　　郭志明　陈新　主编

出版发行：华中科技大学出版社（中国・武汉）
地　　址：武汉市武昌珞喻路1037号（邮编:430074）
出 版 人：阮海洪

责任编辑：刘锐桢　鞠　翰　孙大亨　贾亮亮　　责任监印：秦　英
责任校对：杨　睿　刘增强　　装帧设计：高　猛

印　　刷：北京盛旺世纪彩色印刷有限公司
开　　本：965mm × 1270mm　1/16
印　　张：18.5
字　　数：148千字
版　　次：2016年1月第1版第1次印刷
定　　价：288.00元

投稿热线：(010)64155588-8000
本书若有印装质量问题，请向出版社营销中心调换
全国免费服务热线：400-6679-118 竭诚为您服务

人居动态 I 2004
人居动态 II 2005
人居动态 III 2006
人居动态 IV 2007
V 2008 人居动态
人居动态 2009 VI
人居动态 2010 VII
人居动态 2011 VIII
人居动态 2012 IX
人居动态 2013 X
人居动态 2014 XI
人居动态 2015 XII
全国人居经典建筑规划设计
方案竞赛获奖作品精选
12年
人居动态